MANUAL DE TERAPIA COGNITIVO-COMPORTAMENTAL
PARA CASAIS E FAMÍLIAS

A Artmed é a editora oficial
da Federação Brasileira de
Terapias Cognitivas

D234m   Dattilio, Frank M.
         Manual de terapia cognitivo-comportamental para casais e famílias / Frank M. Dattilio ; tradução: Magda França Lopes ; revisão técnica: Bernard Rangé. – Porto Alegre : Artmed, 2011.
         304 p. ; 23 cm

         ISBN 978-85-363-2447-0

         1. Terapia. 2. Terapia cognitivo-comportamental. I. Título.

CDU 615.85

Catalogação na publicação: Ana Paula M. Magnus – CRB 10/2052

MANUAL DE TERAPIA COGNITIVO-COMPORTAMENTAL PARA CASAIS E FAMÍLIAS

FRANK M. DATTILIO

Tradução
Magda França Lopes

Consultoria, supervisão e revisão técnica desta edição:
Bernard Rangé
Doutor em psicologia. Professor do programa de pós-graduação em psicologia do Instituto de Psicologia da Universidade Federal do Rio de Janeiro.

2011

Obra originalmente publicada sob o título *Cognitive-Behavioral Therapy with Couples and Families*
ISBN 9781606234532

©2009 The Guilford Press
A Division of Guilford Publications, Inc.

Capa
Gustavo Macri

Preparação do original
Kátia Michelle Lopes Aires

Leitura final
Lara Frichenbruder Kengeriski

Editora Sênior – Ciências Humanas
Mônica Ballejo Canto

Editora responsável por esta obra
Amanda Munari

Projeto e editoração
Armazém Digital® Editoração Eletrônica – Roberto Carlos Moreira Vieira

Reservados todos os direitos de publicação, em língua portuguesa, à
ARTMED® EDITORA S.A.
Av. Jerônimo de Ornelas, 670 – Santana
90040-340 Porto Alegre RS
Fone (51) 3027-7000 Fax (51) 3027-7070

É proibida a duplicação ou reprodução deste volume, no todo ou em parte,sob quaisquer formas ou por quaisquer meios (eletrônico, mecânico, gravação,fotocópia, distribuição na Web e outros), sem permissão expressa da Editora.

SÃO PAULO
Av. Embaixador Macedo de Soares, 10.735 – Pavilhão 5Cond. Espace Center
Vila Anastácio 05095-035 São Paulo SP
Fone (11) 3665-1100 Fax (11) 3667-1333

SAC 0800 703-3444

IMPRESSO NO BRASIL
PRINTED IN BRAZIL
Impresso sob demanda na Meta Brasil a pedido de Grupo A Educação.

Sobre o autor

Frank M. Dattilio é uma das principais autoridades mundiais em terapia cognitivo-comportamental (TCC). Ele ocupa cargos acadêmicos no Departamento de Psiquiatria da Harvard Medical School e na University of Pennsylvania School of Medicine. Trabalha também na prática de psicologia clínica e forense e terapia de casal e família em Allentown, na Pensilvânia. Dr. Dattilio está na lista do National Register of Health Service Providers in Psychology; tem título de especialista em psicologia clínica e psicologia comportamental concedido pelo American Board of Professional Psychology, e é membro clínico da American Association for Marriage and Family Therapy. Também trabalhou como professor visitante em várias das principais universidades do mundo todo.

Dr. Dattilio fez seu treinamento em terapia comportamental no Departamento de Psiquiatria da Temple University School of Medicine, sob a supervisão do falecido Joseph Wolpe, e recebeu um *fellowship* de pós-doutorado oferecido pelo Center for Cognitive Therapy e pela University of Pennsylvania School of Medicine, onde trabalhou sob a supervisão direta de Aaron T. Beck.

Frank Dattilio tem mais de 250 publicações profissionais nas áreas de problemas conjugais e familiares, ansiedade e transtornos comportamentais, e psicologia forense e clínica. Tem dado muitas conferências sobre TCC em todos os Estados Unidos, Canadá, África, Ásia, Europa, América do Sul, Austrália, Nova Zelândia, México, Índias Ocidentais e Cuba. Suas obras foram traduzidas para mais de 27 línguas e são utilizadas em mais de 80 países. Entre suas muitas publicações, Dr. Dattilio é coautor dos livros *Cognitive therapy with couples*, *The family psychotherapy treatment planner* e *The family therapy homework planner*; coeditor do *Comprehensive casebook of cognitive therapy, Cognitive-behavioral strategies in crisis intervention, Cognitive therapy with children and adolescents: a casebook for clinical practice* e *comparative treatments for couple dysfunction*; e editor de *Case studies in couple and family therapy: systemic and cognitive perspectives*. Em língua portuguesa, foram publicados pela Artmed os títulos *Estratégias cognitivo-comportamentais de intervenção em situações de crise* (2.ed.) e *Terapia cognitiva com casais*. Gravou vários vídeos e áudios profissionais, incluindo a popular série *Five approaches to Linda*, e atua nos conselhos editoriais de várias publicações profissionais, tanto nacionais quanto internacionais, incluindo o *Journal of Marital and Family Therapy* e *Contemporary Family Therapy*. Recebeu vários prêmios profissionais por realizações notáveis nos campos da psicologia e da psicoterapia. Reside em Allentown, na Pensilvânia, com sua esposa, Maryann, e visita regularmente seus três filhos adultos e oito netos.

À minha esposa, filhos e netos.
Vocês são realmente a luz da minha vida.

Agradecimentos

Com o passar do tempo, passei a perceber como eu havia sido afortunado por estudar sob a orientação de algumas das maiores mentes na história do nosso campo. Como um neófito, tive a distinta honra de ficar sob a tutela do falecido Joseph Wolpe, que, além de compartilhar comigo sua própria sabedoria clínica, me apresentou a muitos palestrantes convidados eminentes do seu centro de treinamento de Filadélfia no final da década de 1970. Entre esses conceituados convidados estavam os falecidos Viktor Frankl e Anna Freud. Foi durante o meu treinamento com Wolpe que Aaron T. Beck expressou interesse por meu trabalho e me ofereceu um *fellowship* de pós-doutorado através do Center for Cognitive Therapy e da University of Pennsylvania School of Medicine, no início da década de 1980. Meus anos de treinamento em terapia comportamental tradicional e, mais tarde, em terapia cognitiva, prepararam-me bem para o que finalmente iria se tornar uma frutífera carreira no campo da terapia de casal e família. Depois, tive a maravilhosa oportunidade de compartilhar muitas experiências de ensino e escrita com figuras proeminentes, como Arthur Freeman, Donald Meichenbaum, Norman Epstein, Harry Aponte, James Framo, Cloé Madanes, Arnold Lazarus, William Glasser e Peggy Papp, para citar apenas alguns. Minhas experiências com esses colegas me ajudaram a moldar minha perspicácia clínica como terapeuta cognitivo-comportamental, bem como terapeuta de casal e família, e por isso lhes agradeço imensamente. Também agradeço aos milhares de casais e famílias com os quais trabalhei em todo o mundo e que me ajudaram a moldar minhas habilidades clínicas até o que são hoje. Sem eles, minha experiência clínica e crenças teóricas seriam insulares.

A compilação de um texto de grande porte como este não é possível sem a ajuda de muitos assistentes talentosos. Tenho uma enorme dívida de gratidão com meu colega Michael P. Nichols, cujo esforço incansável e fantástica orientação editorial ajudaram a dar forma a este texto até o material final.

Jim Nageotte e Jane Keislar, da The Guilford Press, merecem agradecimentos por sua orientação no projeto do início ao fim. Suzi Tucker foi extremamente útil proporcionando *feedback* e orientação sobre o meu estilo de escrita. Devo também agradecer a Seymour Weingarten, Editor Chefe da Guilford, que sempre ofereceu apoio e foi paciente com minhas ideias durante as duas últimas décadas. É por causa da mente aberta e da flexibilidade de Seymour que este e muitos outros projetos do passado se tornaram realidade.

Um agradecimento de coração também é estendido às minhas assistentes de pesquisa, Kate Adams, Katy Tresco e, mais recentemente, Amanda Carr, que passaram muitas horas realizando buscas infinitas na literatura e reunindo cópias. Também agradeço às minhas secretárias pessoais, Carol Jaskolka e Roseanne Miller, por suas longas horas de digitação e suas excelentes habilidades em computação. Sua perícia em coordenar todos os detalhes deste livro é mais apreciada do que elas jamais saberão.

Finalmente, devo o maior agradecimento à minha amada esposa Maryann, e a meus filhos e netos, que suportaram minhas muitas ausências durante a preparação deste livro. Eles todos me ensinaram o verdadeiro significado da beleza de ser marido, pai e avô.

Prefácio

Estou encantado pelo fato de Frank Dattilio ter embarcado no desafio de produzir um texto realmente abrangente sobre terapia cognitivo-comportamental com casais e famílias. À medida que nos aproximamos rapidamente da quinta década da introdução da terapia cognitiva na área psicoterapêutica, é evidente que a modalidade cresceu exponencialmente em todo o mundo como uma das abordagens mais populares e eficazes no tratamento contemporâneo da saúde mental. Desde o desenvolvimento da aplicação da terapia cognitiva com casais, que criou raízes na década de 1980, tem havido uma proliferação de pesquisas sobre discórdia no relacionamento e sobre o papel dos processos cognitivos à medida que afetam a emoção e o comportamento. No final da década de 1980 e durante toda a década de 1990, a aplicação da terapia cognitiva foi expandida para abranger a dinâmica familiar, assim como o papel que os esquemas desempenham no processo de mudança.

Em *Love is never enough* (Beck, 1988), tornei a aplicação prática da abordagem da terapia cognitiva disponível para o público em geral, o que ajudou a aumentar a consciência do poder da terapia cognitiva no curso do tratamento das dificuldades no relacionamento. Frank Dattilio, que é meu ex-aluno e importante proponente da aplicação da terapia cognitiva com casais e famílias, tem sido instrumental, juntamente com vários outros colegas, na promoção da aceitação da terapia cognitiva no campo da terapia familiar. Seu bem recebido livro *Case studies in couple and family therapy: systemic and cognitive perspectives* (Dattilio, 1998a) tem ajudado a integrar a terapia cognitiva na comunidade da terapia familiar contemporânea e a reforçar sua aceitação entre os terapeutas de casal e família no mundo todo.

A adoção disseminada da abordagem da terapia cognitiva pode ser atribuída a muitos fatores, o principal dos quais é o fato de a terapia cognitiva estar sendo submetida a um número maior de estudos de resultados controlados do que qualquer outra modalidade terapêutica. As evidências de pesquisa que corroboram sua eficácia são encorajadoras para todos aqueles que trabalham no campo da terapia de casal e familiar, particularmente dada a crescente demanda por tratamentos baseados em evidências. A terapia cognitiva também tende a atrair os clientes que valorizam uma abordagem pragmática e proativa para resolver os problemas e desenvolver as habilidades vitais para a redução da disfunção no relacionamento. Além disso, a abordagem enfatiza um relacionamento colaborativo entre o terapeuta e o(s) cliente(s), postura que tem se tornado cada vez mais atrativa para os terapeutas de casal e família contemporâneos.

Este livro proporciona uma revisão atualizada do desenvolvimento da terapia cognitiva aplicada a casais e famílias. Há uma importante nova ênfase em como a família de origem influencia os sistemas de crença nos relacionamentos, e também os esquemas nos relacionamentos e a reestruturação de sistemas de crença disfuncionais. Amplo material de casos e a inclusão de populações especiais tornam este livro um material de leitura extremamente fácil e amplamente relevante. As seções específicas sobre os métodos de avaliação e intervenções clínicas apresentam aos leitores uma abordagem prática para lidar efetivamente com vários tipos de disfunção nos relacionamentos. Em resumo, este livro é um excelente recurso para os profissionais de saúde mental de todas as modalidades terapêuticas.

Aaron T. Beck, M.D.
Professor de Psiquiatria da University of Pennsylvania
School of Medicine e do The Beck Institute, Filadélfia.

Sumário

Prefácio xi
Apresentação 17

1 Introdução 21
    Visão geral da terapia cognitivo-comportamental para casais e famílias 21
    Aprendendo os princípios da teoria 22
    Princípios da terapia cognitiva 25
    Potencial integrativo da terapia cognitivo-comportamental 26

2 A mecânica da mudança com casais e famílias 30
    Processos cognitivos 30
    Apego e afeto 46
    O papel da mudança comportamental 69

3 O componente do esquema na terapia cognitivo-comportamental 76
    O conceito de esquema 76
    Pensamentos automáticos e esquemas 79
    Distorções e esquemas cognitivos básicos 82
    Identificando os esquemas da família de origem e o
        seu impacto nos relacionamentos de casal e família 84
    Cognições e esquemas transgeracionais 90

4 O papel dos processos neurobiológicos 98
    O papel da amígdala 102
    Cognição *versus* emoção 106

5 Métodos de avaliação clínica 109
    Entrevistas iniciais conjuntas 110
    Consulta com terapeutas anteriores e
        outros provedores de saúde mental 112

Inventários e questionários 114
Testes e avaliações psicológicas adicionais 118
Genogramas 119
Avaliação contínua e conceituação de caso no decorrer da terapia 120
Dificuldades específicas no processo de avaliação 121
Observações e mudanças comportamentais 123
Interação familiar estruturada 124
Avaliação das cognições 125
Entrevistas individuais 127
Identificação de padrões de macronível e questões básicas
    do relacionamento 129
Avaliação da motivação para a mudança 129
Feedback sobre a avaliação 130
Identificação de pensamentos automáticos e crenças básicas 131
Diferenciação entre crenças básicas e esquemas 133
Estruturação negativa e como a identificar 134
Identificação e rotulação de distorções cognitivas 135
Tradução dos pensamentos, emoções e comportamentos
    no processo de conceitualização 136
Atribuição e padrões e o seu papel na avaliação 136
Foco nos padrões de comportamento mal-adaptativos 137
Testagem e reinterpretação dos pensamentos automáticos 137
Formulação de um plano de tratamento 138

6 Técnicas cognitivo-comportamentais **140**
Educação e socialização de casais e de membros da
    família sobre o modelo cognitivo-comportamental 140
Identificação dos pensamentos automáticos e das
    emoções e comportamentos associados 141
Abordagem e reestruturação dos esquemas 142
Instituição da representação por meio do reenquadramento
    e da repetição 144
Técnicas comportamentais 145
Abordagem do potencial de recaída 180
Manejo dos obstáculos e da resistência à mudança 181
Negatividade e desesperança dos parceiros com relação à mudança .. 182
Diferenças nas agendas 182
Ansiedade com relação à mudança dos padrões existentes
    no relacionamento 183
Renúncia ao poder e ao controle percebidos 184
Os problemas de assumir a responsabilidade pela mudança 184
Obstáculos 186

7 Tópicos especiais **196**
Divórcio 196
Sensibilidade cultural 201

Depressão, transtorno de personalidade e outras doenças mentais 208
Casos extraconjugais 209
Abuso de drogas ou álcool 211
Abuso doméstico 213
Contraindicações e limitações da abordagem
    cognitivo-comportamental 219
Casais e famílias em crise 220
Casais do mesmo sexo e seus filhos 222
Consultas atípicas com casais e famílias 223
Coterapia com casais e famílias 226
Tratamento multinível 226

8 Aprimoramentos da terapia cognitivo-comportamental 230
Técnicas baseadas na aceitação 230
Mindfulness 231

9 Exemplos de caso 234
A armadilha da aposentadoria 234
Família de glutões 247

10 Epílogo 268

Apêndice A Questionários e inventários para casais e famílias 271
Apêndice B Registro do pensamento disfuncional 273
Referências 275
Índice 295

Apresentação

Dados recentes sugerem que 43% dos casais se divorciam nos primeiros 15 anos de casamento e que o segundo casamento tem uma probabilidade ainda maior de fracasso (Bramlett e Mosher, 2002). Os problemas conjugais e familiares são responsáveis por aproximadamente metade de todas as visitas aos consultórios dos psicoterapeutas. Pesquisas recentes informam que a maioria dos terapeutas que se especializam em terapia familiar trabalha principalmente com casais (Harvard Health Publications, 2007). Infelizmente, o registro de acompanhamento do sucesso na terapia de casal profissional não tem sido expressivo (Gottman, 1999). Mais de 30% dos casais que realizam terapia conjunta fracassam em exibir uma melhoria a longo prazo (Baucom, Shoham, Mueser, Caiuto e Stickle, 1998). Em parte alguma tal resultado tem sido mais enfatizado do que na ambiciosa Pesquisa de Relatos do Consumidor realizada em meados da década de 1990, que indicou que, entre os consumidores de psicoterapia, aqueles que participaram de terapia familiar eram os menos satisfeitos (Seligman, 1995). Em contraste, pesquisas que comparam a eficácia da terapia de casal com nenhum tratamento concluíram que a terapia inequivocamente aumentou a satisfação no relacionamento (Christensen e Heavey, 1999).

Então, com todas as excelentes modalidades contemporâneas de terapia de casal e família disponíveis, juntamente com o impulso atual das terapias baseadas em evidências, por que há ainda tanto descontentamento entre os consumidores?

Há muitas explicações prováveis para esse resultado desencorajador. Uma delas talvez seja o fato de os parceiros ou membros da família abrigarem crenças rígidas sobre seus companheiros ou familiares, e sobre o potencial de mudança no relacionamento. Grande parte da terapia de casal e família envolve os membros que chegam a cada semana descrevendo suas brigas e discordâncias. O terapeuta os acalma e os ajuda a explicitar seus sentimentos e a ouvirem um ao outro. Eles se sentem melhor e vão para casa, e então funcionam bem até passarem pela próxima briga. Os casais e as famílias não são fáceis de mudar. As personalidades individuais dos membros da família são com frequência muito complexas e podem envolver padrões comportamentais que se entrelaçam mal. Muitos procuram terapia querendo não mudar, mas se justificar e talvez fazer com que seus parceiros ou outros membros da família mudem. Alguns evitam olhar atentamente para si mesmos e se comprometer com o que necessitam mudar em si, como no caso daqueles que mantêm expectativas não realistas sobre seus relacionamentos. A menos que os familiares possam ser ajudados a ver seus próprios papéis nos problemas que os afligem, não terão motivação para mudar. Além disso, muitos casais e famílias apresentam dificuldade para tomar a decisão de iniciar um tratamento. Em estudos realizados com casais que buscam o divórcio, menos de um quarto deles relatou ter procurado ajuda de um conselheiro matrimonial antes de iniciar os procedimentos de separação (Albrecht, Bahr e Goodman, 1983; Wolcott, 1986). Quando aqueles que falharam em buscar tratamento foram questionados sobre a razão disso, citaram indisposição do cônjuge (33%), descrença de que algo estivesse errado ou convicção de que era tarde demais para qualquer tipo de intervenção (17%) (Wolcott, 1986).

Este livro apresenta um modelo abrangente de terapia cognitivo-comportamental com casais e famílias. Ele lida com áreas da neurobiologia, apego e regulação emocional, enfatizando esquemas de reestruturação em contraposição ao pano de fundo de uma abordagem sistêmica. Além disso, este livro aborda os aspectos fundamentais do trabalho com famílias paralisadas pelo pensamento rígido e por padrões comportamentais que os clínicos com frequência consideram difíceis de tratar.

Com o passar dos anos, a terapia cognitivo-comportamental de casal e família evoluiu para uma abordagem precisamente concentrada e integrativa. Ela é perfeitamente adaptável por parte dos praticantes das diferentes modalidades. Na verdade, nas pesquisas recentes, mais da metade de todos os profissionais declararam que usam a terapia cognitivo-comportamental em combinação com outros métodos com maior frequência (Psychotherapy Networker, 2007). O conceito de esquema foi expandido muito além do modelo tradicional e, de muitas maneiras, tem sido uma das pedras fundamentais na facilitação da mudança. A terapia cognitivo-comportamental coloca uma grande ênfase na importância dos sistemas de crença e naqueles elementos que influenciam tão profundamente a emoção e o comportamento.

Quando comecei a usar as estratégias cognitivo-comportamentais com casais e famílias, há mais de trinta anos, encontrei uma oposição considerável por parte dos terapeutas familiares que adotavam os modelos mais tradicionais do campo. Eles com frequência criticavam a abordagem cognitivo-comportamental, considerada "demasiado linear" ou "superficial", deixando de se referir ao conceito da "circularidade ou a algumas das dinâmicas subjacentes" encontradas na disfunção do relacionamento (Nichols e Schwartz, 2001; Dattilio, 1998a). Muitos dos meus colegas também achavam que a teoria cognitivo-comportamental ignorava o componente emocional dos membros da família e estava preocupada apenas com os pensamentos e os comportamentos. Finalmente, percebi que a crítica de meus colegas tinha algum mérito. Seu *feedback* me encorajou a repensar como a abordagem da TCC pode ser aperfeiçoada para abraçar esses importantes componentes durante o tratamento. A maneira como a terapia cognitivo-comportamental aplicada a casais e famílias foi de início retratada, infelizmente deixou muitos com a impressão de uma abordagem rígida e inflexível, apesar do fato de a maioria das intervenções ser bastante eficaz e poder ser integrada com outras modalidades. Por exemplo, alguns dos primeiros trabalhos realizados com casais e famílias falharam em considerar a dimensão sistêmica do tratamento ou em destacar como o sistema de crença de um indivíduo foi influenciado por sua família de origem (Dattilio, 1989; Dattilio e Padesky, 1990). Entretanto, desde essa época fui fortemente influenciado por meus colegas Norman Epstein e Donald Baucom, que melhoraram a abordagem da TCC no trabalho com casais, de modo a incluir um maior foco na emoção. Ambos contribuíram muito para a literatura empírica. Seu trabalho também influenciou meu desenvolvimento e a expansão de minha abordagem na aplicação da terapia cognitivo-comportamental às famílias. Alguns dos trabalhos acadêmicos mais recentes nessa área também abraçaram um modelo expandido em contraposição ao pano de fundo de uma perspectiva sistêmica e ao destaque do componente emocional do tratamento. Esse modelo revisado oferece a flexibilidade para integrar outras modalidades de tratamento (Dattilio, 1998a, 2004a, 2006a), que serve para ampliar o escopo da abordagem.

O ímpeto para escrever este livro foi duplo – apresentar uma versão mais contemporânea da terapia cognitivo-comportamental aplicada a casais e famílias e melhorar sua eficácia por meio de ênfase específica nos esquemas. Desde o início da década de 1990 tem havido uma quantidade substancial de literatura empírica, bem como clínica e de estudos de caso, publicada sobre o uso de terapia cognitivo-comportamental com casais e famílias, que mudou o panorama do que anteriormente era considerado o modelo tradicional. Este texto oferece alguns dos componentes básicos da abordagem cognitivo-comportamental, mas os aplica com ênfase na identificação e reestruturação dos esquemas. Parte do conteúdo deste livro se baseia no belo trabalho de Jeffrey Young e colaboradores (Young, Klosko e Weishaar, 2003), mas é grandemente expandido para refletir uma apreciação da dinâmica do relacionamento e da interação sistêmica encontradas no trabalho clínico com indivíduos.

Foi um desafio escrever este livro, por várias razões. Primeiro, houve uma expansão da literatura profissional nos últimos 20 anos sobre vários aspectos da terapia de casal e família, grande parte da qual, embora importante, excede o que pode se adequar a um único texto. Por isso, sintetizar o que é essencial e o que não é se tornou um empreendimento de grande porte. Por isso, este livro se destina a oferecer ao leitor um guia abrangente para a prática com famílias, sem listar estudo após estudo, mas usando um foco maior na experiência clínica.

Segundo, o campo da psicoterapia em geral tem gravitado na direção da prática baseada em evidências (Sue e Sue, 2008). Daí a necessidade de a documentação requerida ser muito mais empírica do que anteriormente – quando os profissionais podiam simplesmente escrever sobre o que eles próprios achavam ser eficaz no tratamento, sem ter de apresentar evidências científicas rigorosas. A escrita de relatos não tem mais o mesmo peso que tinha antes no campo. Entretanto, um problema importante no relato das evidências empíricas é que o texto com frequência se torna tão atolado de referências que a ênfase na prática clínica se perde.

Para mim foi um malabarismo manter a cientificidade e ao mesmo tempo criar um texto interessante e que mostre os detalhes da prática clínica. Espero que este livro ofereça uma versão expandida e contemporânea da terapia cognitivo-comportamental aplicada a casais e famílias que seja útil para os clínicos e preencha um vazio muito necessário na literatura cognitivo-comportamental, assim como no campo da terapia de casal e familiar em geral.

NOTA DO AUTOR

Em todo este livro, o termo *casal* é usado para qualquer parceria (casados ou não casados) e *família* para qualquer parceria com filhos.

Introdução

VISÃO GERAL DA TERAPIA COGNITIVO-COMPORTAMENTAL PARA CASAIS E FAMÍLIAS

A terapia cognitivo-comportamental (TCC) para casais e famílias entrou recentemente na comunidade da terapia familiar contemporânea e aparece em lugar de destaque na maioria dos principais compêndios do campo (Sexton, Weeks e Robbins, 2003; Nichols e Schwartz, 2008; Goldenberg e Goldenberg, 2008; Becvar e Becvar, 2009; Bitter, 2009).

Em um levantamento conduzido na última década pela American Association for Marriage and Family Therapy (AAMFT) [Associação Americana de Terapia de Casal e Família], terapeutas relataram "sua principal modalidade de tratamento" (Northey, 2002, p. 448). Das 27 diferentes modalidades mencionadas, a que contou com mais incidências foi a terapia familiar cognitivo-comportamental (Northey, 2002). Mais recentemente, um levantamento adicional, em parceria com a Universidade de Columbia, relatou que, dos 2.281 respondentes, 1.566 (68,7%) declararam que com frequência usam a TCC em combinação com outros métodos (Psychotherapy Networker, 2007). Esses dados e refletem a utilidade e a eficácia da TCC de casais e famílias.

Aplicações da TCC a problemas com relacionamentos íntimos foram introduzidas quase 50 anos atrás com os primeiros escritos de Albert Ellis sobre o importante papel que a cognição desempenha nos problemas conjugais (Ellis e Harper, 1961). Ellis e colaboradores sugeriam que a disfunção do relacionamento ocorre quando os indivíduos:

1. abrigam crenças irracionais ou irrealistas sobre seus parceiros e sobre o relacionamento;
2. fazem avaliações negativas quando o parceiro e o relacionamento não correspondem às expectativas irrealistas.

Quando esses processos cognitivos negativos ocorrem, o indivíduo pode experienciar fortes emoções negativas (raiva, desapontamento e amargura) e se comportar de maneiras negativas com relação ao parceiro. Os princípios da terapia racional emotiva (TRE) de Ellis foram aplicados ao trabalho com casais disfuncionais, desafiando a irracionalidade do pensamento destes (Ellis, 1977; Ellis, Sichel, Yeager, DiMattia e DiGiuseppe, 1989). Entretanto, apesar da popularidade da TRE como uma forma de tratamento individual e de grupo para muitos problemas, sua aplicação aos relacionamentos íntimos teve uma recepção quase indiferente por parte dos terapeutas de casal e família durante as décadas de 1960 e 1970. Essas décadas marcaram o desenvolvimento inicial do campo da terapia de casal e da terapia familiar, liderado por teóricos e clínicos que evitaram modelos que se concentrassem nos processos psicológicos e na causalidade linear, dando preferência aos padrões de interação familiar e aos conceitos causais circulares de sistema (Nichols e Schwartz, 2008). A ênfase de Ellis na cognição individual e na natureza geralmente linear desse modelo "ABC", em que as crenças irracionais mediavam as reações emocionais e comportamentais individuais aos eventos da vida, era vista como incompatível com uma abordagem familiar sistêmica.

APRENDENDO OS PRINCÍPIOS DA TEORIA

Outro avanço importante na psicoterapia durante a década de 1960 e início da de 1970 envolveu a utilização, por terapeutas comportamentais, dos princípios da teoria da aprendizagem para lidar com vários comportamentos problemáticos de crianças e adultos. Mais tarde, os princípios e as técnicas comportamentais usados com sucesso no tratamento individual foram aplicados a casais e famílias disfuncionais. Por exemplo, Stuart (1969), Liberman (1970) e Weiss, Hops e Patterson (1973) descreveram o uso da teoria do intercâmbio social e as estratégias de aprendizagem operantes para facilitar interações mais satisfatórias em casais disfuncionais. Similarmente, Patterson, McNeal, Hawkins e Phelps (1967) e outros (por exemplo, LeBow, 1976; Wahler, Winkel, Peterson e Morrison, 1971) aplicaram o condicionamento operante e procedimentos de contingência e contenção para ajudar os pais a controlar o comportamento de uma criança agressiva. A abordagem operante oferecia sólido apoio empírico e se tornou popular entre os terapeutas de orientação comportamental, mas ainda recebia pouco reconhecimento dos terapeutas de casal e família.

As abordagens comportamentais compartilhavam com as abordagens familiares sistêmicas um foco no comportamento observável e nos fatores que o influenciam nos relacionamentos interpessoais. Entretanto, havia diferenças fundamentais que não tornavam atrativas as terapias comportamentais para muitos terapeutas de casal e família. Primeiro, o modelo comportamental, com sua ênfase no estímulo e na resposta, tendia a ser demasiado linear para os terapeutas com orientação sistêmica. Segundo, os teóricos sistêmicos acreditavam que o comportamento sintomático de um indivíduo servia a uma função na família, o que parecia compatível com a noção dos behavioristas de "análise funcional" ou de antecedentes e consequências dos comportamentos problemáticos. Os terapeutas familiares comumente se concentram mais nos sintomas do indivíduo como tendo um significado simbólico para um problema familiar mais amplo. Por isso, mesmo que as formas iniciais de terapia familiar comportamental se ocupassem das influências recíprocas que o comportamento dos pais e dos filhos tem um sobre o outro, os terapeutas de casal e família tendiam a considerá-las relativamente lineares e simplistas quando se tratava de cuidar de interações familiares complexas. A abordagem comportamental inicial da terapia familiar foi destacada pela especificação dos problemas da família em termos concretos, observáveis, e com o planejamento de estratégias terapêuticas específicas de base empírica. Essas estratégias foram submetidas à análise empírica de seus efeitos no alcance de objetivos comportamentais específicos (Falloon e Lillie, 1988).

Robert Liberman (1970) afirmou que nem o terapeuta familiar nem a família por ele tratada precisava entender particularmente a dinâmica da família para produzir uma mudança no sistema familiar. Liberman acreditava que tudo o que era necessário era uma análise comportamental cuidadosa.

O falecido Ian Falloon (1988), no entanto, encorajou os terapeutas de casal e família comportamentais a adotar uma abordagem sistêmica aberta que examinasse a multiplicidade das forças que podem operar dentro de uma família. Ele enfatizava um foco na condição fisiológica do indivíduo, assim como em suas reações cognitivas, comportamentais e emocionais, juntamente com as transações interpessoais que ocorrem dentro das redes familiar, social, profissional e cultural-política. "Nenhum sistema isolado é o foco para a exclusão de outros" (Falloon, 1988, p. 14). Por isso, Falloon defendia uma abordagem mais contextual, em que cada fator potencialmente causativo deveria ser considerado em relação a outros fatores. Essa abordagem contextual foi elaborada por Arnold Lazzarus (1976) em sua avaliação multimodal. Ironicamente, as abordagens familiares sistêmicas se concentravam na dinâmica intrafamiliar, encarando os fatores de estresse extrafamiliares como quase irrelevantes. O objetivo de uma análise comportamental é explorar todos os sistemas que operam em cada cônjuge ou membro da família que contribui para os problemas apresentados. É por essa razão que o terapeuta familiar comportamental pioneiro, Gerald Patterson (1974), enfatizava a necessidade de que a avaliação ocorresse em diferentes ambientes, como em agências secundárias ou nos ambientes escolares ou profissionais.

Como os terapeutas de orientação comportamental acrescentavam os componentes do treinamento das habilidades de comunicação e resolução de problemas às suas intervenções com casais e famílias (por exemplo, Falloon, 1988; Falloon, Boyd e McGill, 1984; Jacobson e Margolin, 1979; Stuart, 1980), essas intervenções eram com frequência adotadas pelos terapeutas familiares tradicionais. Uma razão para essa integração parece ser o fato de que os terapeutas sistêmicos têm comumente considerado os processos de comunicação fundamentais na interação familiar e valorizado técnicas estruturadas para reduzir o número de mensagens obscuras que os membros da família enviam uns aos outros.

Entretanto, ainda havia diferenças entre as suposições dos terapeutas sistêmicos e as dos terapeutas comportamentais sobre o papel da comunicação no funcionamento familiar. Baseados no legado de conceitos, como a hipótese *duplo-cega* (Bateson, Daveson, Haley e Weakland, 1956), que afirmava que as mensagens contraditórias e coercitivas dos pais contribuiriam para o desenvolvimento do pensamento psicótico, os terapeutas de orientação sistêmica encaravam o treinamento da comunicação como um meio de reduzir a função homeostática do comportamento perturbado de um paciente identificado dentro da família. A teoria duplo-cega desde então foi refutada (Firth e Johnstone, 2003; Kidman, 2007).

A pesquisa sobre comunicação familiar e transtornos mentais não corroborou a visão de que a comunicação desorganizada causa transtornos mentais, mas sim que ela atua como um fator de estresse na vulnerabilidade biológica de um indivíduo a um transtorno (Mueser e Glynn, 1999). Os terapeutas familiares comportamentais, como Falloon e colaboradores (1984), concentraram-se em alterar a comunicação familiar confusa e negativa que atua como um dos principais fatores de estresse na vida e aumenta a probabilidade de que sejam exibidos sintomas de psicopatologia. A pesquisa sobre a *emoção expressada* – ou grau de criticismo, hostilidade e superenvolvimento emocional demonstrado pela família em relação a um membro diagnosticado com transtorno mental importante – demonstrou que essas condições no interior da família diminuíram a probabilidade de o paciente identificado melhorar com o tratamento e aumentaram a probabilidade de que ele sofresse recaídas (Miklowitz, 1995). Além disso, os terapeutas familiares comportamentais encararam a expressão clara e construtiva de pensamentos e emoções, escuta empática e habilidades eficientes de resolução de problemas como fundamental para a resolução de conflitos entre os membros da família, incluindo conflitos de casal e entre pais e filhos. Os achados de pesquisadores de vários países indicaram que a terapia de orientação comportamental que incluía o treinamento das habilidades de comunicação e de resolução de problemas produziu uma melhoria importante no funcionamento da família (Mueser e Glynn, 1999). Além disso, estudos sobre comunicação de casais conduzidos por pesquisadores como Christensen (1988) e Gottman (1994) indicaram a importância da redução de comportamentos de evitação, além de atos agressivos, entre parceiros estressados. Parece que a falta de consciência desses desenvolvimentos perpetrou a ideia de que a terapia comportamental é simplista.

Quando os terapeutas de orientação comportamental desenvolveram abordagens mais abrangentes para modificar as interações familiares que contribuem para os relacionamentos estressados, seus métodos se tornaram mais atrativos para os terapeutas de casal e família cujo trabalho era guiado pela teoria sistêmica (Falloon, 1988). Não obstante, as escolas de terapia familiar que enfatizaram a modificação dos padrões de comportamento (por exemplo, abordagens estruturais e estratégicas, abordagens concentradas na solução) tipicamente continuaram a usar intervenções diferentes daquelas usadas pelos terapeutas de casal e família (por exemplo, intervenções diretivas, prescrições paradoxais e intervenções desequilibradas, como apoiar temporariamente um membro da família).

PRINCÍPIOS DA TERAPIA COGNITIVA

Só no final da década de 1970 as cognições foram introduzidas como um componente do tratamento dentro de um paradigma comportamental (Margolin e Weiss, 1978). Os terapeutas comportamentais de início encaravam as técnicas cognitivas com desdém, percebendo-as como difíceis de mensurar com qualquer grau de confiabilidade. Entretanto, tal pensamento pouco a pouco mudou com a publicação de novos resultados de pesquisa. Pesquisadores comportamentais como Jacobson (1992) e Hahlweg, Baucom e Markman (1988) apresentaram exemplos do uso sistemático de estratégias cognitivas em terapia de casal: ensinar os cônjuges a reconhecer os precipitantes de discórdias e subsequentemente reestruturar seus comportamentos. Isso foi mais tarde seguido por vários pesquisadores, mais especificamente por Baucom e Epstein (1990).

Durante a década de 1980, os fatores cognitivos se tornaram uma área de enfoque cada vez maior na literatura de pesquisa e terapia de casal. As cognições foram tratadas de maneira mais direta e sistemática por terapeutas de orientação comportamental (por exemplo, Baucom, 1987; Dattilio, 1989; Eidelson e Epstein, 1982; Epstein, 1982; Epstein e Eidelson, 1981; Fincham, Beach e Nelson, 1987; Weiss, 1984) do que por partidários de outras abordagens teóricas para a terapia de casal e família. Evidentemente, os processos de pensamento dos membros da família foram considerados importantes em várias orientações teóricas da terapia familiar (por exemplo, a reestruturação na abordagem estratégica, a "conversa sobre o problema" na terapia concentrada na solução, e histórias de vida na terapia narrativa). No entanto, nenhuma das abordagens originais da terapia familiar das correntes predominantes usou os conceitos e métodos sistemáticos da TCC para avaliar e intervir por meio da cognição em relacionamentos íntimos. Os terapeutas familiares tradicionais consideravam a cognição apenas de maneira muito simples, como ao lidar com os pensamentos específicos que os membros da família expressavam e suas atitudes conscientes óbvias. Todavia, os terapeutas cognitivos estavam ocupados desenvolvendo maneiras mais completas e complexas de lidar com os sistemas de crença básicos dos membros da família que direcionavam a interação de uns com os outros.

A avaliação cognitiva e os métodos de intervenção estabelecidos derivados da terapia individual foram adaptados pelos terapeutas cognitivo-comportamentais para o uso na terapia de casais a fim de identificar e modificar cognições distorcidas que os parceiros experienciam um sobre o outro (Baucom e Epstein, 1990; Dattilio e Padesky, 1990). Como na psicoterapia individual, as intervenções cognitivo-comportamentais para casais foram utilizadas a fim de melhorar as habilidades dos parceiros para avaliar e modificar suas próprias cognições problemáticas, assim como as habilidades para comunicar e resolver problemas construtivamente (Baucom e Epstein, 1990; Epstein e Baucom, 2002).

Similarmente, as abordagens comportamentais à terapia familiar foram ampliadas para incluir as cognições dos membros da família uns sobre os outros. Ellis (1982) foi um dos primeiros a introduzir uma abordagem cognitiva para a terapia familiar, usando sua abordagem TRE. Ao mesmo tempo, Bedrosian (1983) aplicou o modelo de terapia cognitiva de Beck para entender e tratar a dinâmica familiar disfuncional, como fizeram Barton e Alexander (1981), que se desenvolveu para o que mais tarde ficou conhecido como terapia familiar funcional (Alexander e Parsons, 1982). Durante as décadas de 1980 e 1990, o modelo de terapia familiar cognitivo-comportamental (TFCC) teve uma rápida expansão (Alexander, 1988; Dattilio, 1993; Epstein e Schlesinger, 1996; Epstein, Schlesinger e Dryden, 1988; Falloon et al., 1984; Schwebel e Fine, 1994; Teichman, 1981, 1992) e a TFCC é agora apresentada como uma importante abordagem de tratamento nos manuais de terapia familiar (por exemplo, Becvar, 2008; Goldenberg e Goldenberg, 2000; Nichols e Schwartz, 2008; Bitter, 2009).

POTENCIAL INTEGRATIVO DA TERAPIA COGNITIVO-COMPORTAMENTAL

Infelizmente, há poucos estudos de resultado empíricos sobre a TCC aplicada a famílias. Faulkner, Klock e Galé (2002) conduziram uma análise de conteúdo sobre artigos publicados na literatura sobre terapia de casal e terapia familiar de 1980 a 1999. *The American Journal of Family Therapy, Contemporary Family Therapy, Family Process* e o *Journal of Marital and Family Therapy* estavam entre as principais publicações das quais foram examinados 131 artigos que utilizaram a metodologia da pesquisa quantitativa. Desses 131 artigos, menos da metade envolvia estudos de resultado. Nenhum dos estudos examinados considerou a TCC. Uma varredura mais recente da literatura profissional indica que essa estatística permaneceu consistente (Dattilio, 2004a).

Entretanto, a terapia de casal cognitivo-comportamental (TCCC) tem sido submetida a mais estudos controlados do que qualquer outra modalidade terapêutica. Há evidências empíricas substanciais de estudos de resultado de tratamento de casais indicando a eficácia da TCC no âmbito dos relacionamentos, embora a maioria dos estudos tenha se concentrado nas intervenções comportamentais do treinamento da comunicação, do treinamento da resolução de problemas e dos contratos comportamentais. Alguns poucos examinaram o impacto dos procedimentos de reestruturação cognitiva (ver Baucom et al., 1998, para uma revisão que empregou critérios rigorosos de exame da eficácia). A revisão de Baucom e colaboradores (1998) dos estudos de resultado indicou que a TCC é eficaz na redução do estresse do relacionamento. Um número menor, porém crescente, de estudos sobre outras abordagens da terapia de casal e família, como as terapias de casal focadas na emoção (Johnson e Talitman, 1997) e aquelas orientadas ao *insight* (Snyder, Wills e Grady-Fletcher, 1991), sugerem que elas têm resultados ainda melhores do que as abordagens cognitivo-comportamentais. Estudos adicionais são necessários para nos permitir extrair conclusões sobre as eficácias relativas desses tratamentos com suporte empírico, mas há um apoio encorajador às terapias cognitivo-comportamentais, focadas na emoção e orientadas ao *insight* como tratamentos úteis para muitos casais estressados (Davis e Piercy, 2007).

Tem havido menos pesquisa sobre as aplicações genéricas com transtornos individuais, como esquizofrenia e transtornos de conduta com início na infância. Estudos de resultado têm demonstrado a eficácia de intervenções familiares de orientação comportamental (psicoeducação e treinamento em habilidades de comunicação e resolução de problemas) com tais desordens (Baucom et al., 1998), embora as intervenções cognitivas, por si, não tenham sido avaliadas. Como se tem enfatizado os tratamentos empiricamente validados no campo da saúde mental, a abordagem cognitivo-comportamental vem conquistando popularidade e respeito entre os clínicos, incluindo os terapeutas de casal e família (Dattilio, 1998a; Dattilio e Epstein, 2003; Epstein e Baucom, 2002; Davis e Piercy, 2007). Sprenkle (2003) observou a aplicação de critérios de resultado mais rigorosos na pesquisa sobre terapia de casal e família, e o movimento do campo em geral para uma disciplina mais baseada em evidências. Além disso, na literatura da terapia familiar parece que se tem dado mais atenção aos relatos baseados em casos. Tradicionalmente, a pesquisa baseada em casos não é considerada científica por muitos do campo devido à ausência de condições controladas e de objetividade. No entanto, os materiais dos estudos de caso podem servir de base para se extrair inferências causais em casos clínicos adequadamente planejados (Dattilio, 2006a) e, de muitas maneiras, parecem ser os preferidos entre os estudantes e estagiários.

Em um texto editado por Dattilio (1998a), uma maioria esmagadora de especialistas em várias teorias de terapia de casal e família reconhece a contribuição proveitosa das técnicas cognitivo-comportamentais às suas abordagens particulares do tratamento. Muitos desses especialistas realmente indicaram a incorporação de muitas das mesmas técnicas em suas abordagens, mas as identificaram por outros termos.

A crescente adoção dos métodos cognitivo-comportamentais pelos terapeutas de casal e família parece se dever a vários fatores além das evidências de pesquisa que corroboram sua eficácia. Em primeiro lugar, as técnicas de TCC tendem a atrair os clientes, que valorizam a abordagem pragmática, mais pró-ativa para a resolução de problemas e para a construção de habilidades que a família pode usar para enfrentar dificuldades futuras (Friedberg, 2006). Além disso, a TCC enfatiza o relacionamento colaborativo entre terapeuta e cliente, uma postura que está se tornando cada vez mais popular nas abordagens pós-modernas da terapia de casal e família. Melhorias recentes na TCC para os relacionamentos íntimos (ver Epstein e Baucom, 2002, para uma apresentação detalhada) ampliaram os fatores contextuais considerados no ambiente físico e interpessoal do casal ou da família (por exemplo, família ampliada, local de trabalho, ambiente adjacente, condições socioeconômicas). Por exemplo, uma exploração recente envolveu integrar a TCC com outras intervenções, como a terapia comportamental dialética (TCD), no tratamento de desregulação emocional em relações íntimas (Kirby e Baucom, 2007).

A TCC se tornou uma abordagem teórica das correntes predominantes e continua a se desenvolver por meio dos esforços criativos de vários profissionais. O modelo cognitivo-comportamental tem sido propenso à mudança, dada a sua ênfase no empirismo e maximização da eficácia clínica através da pesquisa que identifica o que funciona e o que não funciona. Devido à sua adaptabilidade e ao quanto compartilha com muitos outros modelos de tratamento a suposição de que a mudança nos relacionamentos conjugais e familiares envolve mudanças nos campos cognitivo, afetivo e comportamental, a TCC tem um grande potencial de integração com outras abordagens (Dattilio, 1998a; Dattilio e Epstein, 2005).

Alguns trabalhos têm enfatizado o poder integrativo das abordagens cognitivo-comportamentais no tratamento de indivíduos (Alford e Beck, 1997), assim como de casais e famílias (Dattilio, 1998). Os terapeutas cognitivo-comportamentais têm também integrado cada vez mais conceitos e métodos derivados de outras orientações teóricas: por exemplo, os conceitos de limites sistêmicos, hierarquia (controle) e a capacidade da família para se adaptar às mudanças desenvolvimentais, enfatizados na terapia familiar estrutural (Minuchin, 1974), são cada vez mais proeminentes no trabalho de Epstein e Baucom (2002) com casais.

Como os casais e as famílias incorporam um conjunto complexo de dinâmicas que estão direta ou indiretamente relacionadas em uma rede causal, é essencial considerar a condução da TCC em contraponto ao pano de fundo de uma abordagem sistêmica. Ou seja, a decomposição de fatores na circularidade e no fluxo de influência multidirecional entre os membros da família é importante para a eficácia da intervenção. A natureza sistêmica do funcionamento familiar requer que a família seja considerada uma entidade composta de partes que interagem. Consequentemente, para entender qualquer comportamento em um relacionamento familiar, é preciso observar as interações entre os membros, assim como as características da família como uma unidade. Da mesma forma, uma perspectiva cognitivo-comportamental se concentra na interação entre os membros da família com ênfase particular na natureza inter-relacionada das expectativas, crenças e atribuições dos membros da família. Nesse sentido, pois, tanto a TCC quanto a terapia familiar tradicional sistêmica compartilham uma ênfase na influência multidirecional e recíproca e na necessidade de observar os comportamentos nesse contexto particular.

Embora os conceitos cognitivo-comportamentais sejam, em geral, integrados a modelos, pode haver alguns que sejam fundamentalmente incompatíveis com a TCC. Por exemplo, os terapeutas focados na solução ignoram em grande parte aspectos atuais e históricos dos problemas apresentados pela família, em vez de enfatizar os esforços para implementar as mudanças desejadas (ver Nichols e Schwartz, 2001, para uma revisão). Embora os terapeutas cognitivo-comportamentais também desejem identificar e construir sobre as forças existentes nos clientes e melhorar suas habilidades de resolução de problemas, avaliam e intervêm nos aspectos cognitivos, afetivos e comportamentais de padrões problemáticos que com frequência estão enraizados e são difíceis de mudar. Por isso, os profissionais de abordagens alternativas precisam determinar o quanto os conceitos e métodos cognitivo-comportamentais melhoram ou se contrapõem a aspectos fundamentais dos seus modelos. À medida que os pesquisadores continuarem a testar os efeitos da adição de intervenções derivadas de outros modelos aos procedimentos cognitivo-comportamentais, o potencial para a integração na prática clínica deve aumentar.

2
A mecânica da mudança com casais e famílias

PROCESSOS COGNITIVOS

Percepções

> O que você percebe seletivamente e o que você cuida são o que compõe a sua experiência.
>
> – William James, filósofo do século XIX

Todos temos percepções sobre as pessoas e sobre a vida em geral. As percepções envolvem aqueles aspectos de um indivíduo ou de uma situação que se ajustam em categorias que possuem um significado particular para nós. Nos relacionamentos conjugais e familiares, as percepções dizem respeito à maneira como interagimos e como percebemos um cônjuge ou um membro da família durante todo o curso de nossas interações. Por exemplo, o marido pode ver sua esposa, ou até um de seus irmãos, como "suscetíveis" ou demasiado "sensíveis". Consequentemente, como as percepções determinam a maneira de cuidarmos das pessoas, elas com frequência superam outras cognições, como as atribuições, as expectativas e as suposições, que estão delineadas na próxima seção. Ao mesmo tempo, essas outras cognições prosseguem para mais adiante afetar e influenciar nossas percepções e, posteriormente, mudar nossas percepções. Como resultado, as percepções são suscetíveis à mudança, dependendo das novas informações que encontrarmos. No entanto, de acordo com o impacto das nossas experiências, as percepções talvez sejam difíceis de alterar. Por exemplo, se um homem desde o início percebe sua esposa como sendo em geral uma pessoa "altruísta", provavelmente vai incorporar essa percepção à sua visão geral dela. Em consequência, quando ele prossegue e experiencia outros eventos na companhia da esposa, as novas informações serão sempre julgadas à luz dessa percepção inicial, e ele acabará por ignorar ou perdoar muitos atos "egoístas".

Às vezes podem ocorrer vieses perceptuais, dependendo do curso das experiências de uma pessoa com o parceiro ou com os membros da família. Alguns desses vieses estão delineados na discussão que se segue.

Expectativas e padrões

Os processos cognitivos são a espinha dorsal da abordagem cognitivo-comportamental da disfunção do relacionamento. Baucom, Epstein, Sayers e Sher (1989) desenvolveram uma tipologia de cognições que frequentemente vem à tona no decorrer dos estresses em relacionamentos. Embora cada tipo seja uma forma normal de cognição humana, é também suscetível de distorções (Baucom e Epstein, 1990; Epstein e Baucom, 2002). Os processos cognitivos incluem:

1. *Atenção seletiva.* Tendência do indivíduo a perceber apenas alguns aspectos dos eventos que ocorrem nos relacionamentos e negligenciar outros (por exemplo, concentrar-se nas palavras do parceiro e ignorar suas ações).
2. *Atribuições.* Inferências sobre os fatores que têm influenciado as ações de um parceiro (por exemplo, concluir que um parceiro deixou de responder uma pergunta porque quer controlar o relacionamento).
3. *Expectativas.* Previsões sobre a probabilidade de que eventos particulares venham a ocorrer no relacionamento (por exemplo, que expressar os sentimentos com relação ao parceiro resultaria em deixá-lo zangado).
4. *Suposições.* Crenças sobre as características gerais das pessoas e dos relacionamentos (por exemplo, a suposição de uma esposa de que os homens não necessitam de ligação emocional).
5. *Padrões.* Crenças sobre as características que as pessoas e os relacionamentos "devem" ter (por exemplo, que os parceiros não devem ter limites entre si, compartilhando um com o outro todos os seus pensamentos e emoções).

Como há tipicamente muitas informações disponíveis em qualquer situação pessoal, algum grau de atenção seletiva é inevitável, mas o potencial para casais e membros da família criarem percepções tendenciosas um sobre o outro é uma importante área de foco. As inferências envolvidas nas atribuições e expectativas são também aspectos normais do processamento de informações humanas envolvidas no entendimento do comportamento das outras pessoas e na realização de previsões sobre o seu comportamento futuro. Entretanto, erros nessas inferências podem apresentar efeitos danosos sobre os relacionamentos do casal e da família, especialmente quando um indivíduo atribui as ações do outro a características negativas (por exemplo, intenção maligna) ou julga mal a maneira como os outros vão reagir às suas próprias ações. As suposições são adaptativas quando configuram representações realistas das pessoas e dos relacionamentos, e muitos padrões mantidos pelos indivíduos, como padrões morais sobre a incorreção de abusar de outras pessoas, contribuem para a qualidade dos relacionamentos familiares. Não obstante, suposições e padrões imprecisos ou extremados podem levar os indivíduos a interagir de maneira inadequada com os outros, como quando um pai mantém o padrão de que as opiniões e os sentimentos dos filhos não devem ser levados em conta enquanto estes morarem na casa dos pais.

Beck e colaboradores (p. ex., Beck, Rush, Shaw e Emery, 1979; J. S. Beck, 1995) se referem ao fluxo de ideias de momento a momento, crenças e imagens da consciência como pensamentos automáticos – por exemplo, "Meu marido deixou novamente as roupas no chão. Ele não liga para os meus sentimentos" ou "Meus pais disseram 'não' de novo porque não querem me ajudar". Os terapeutas cognitivo-comportamentais observaram como indivíduos comumente aceitam os pensamentos automáticos ao pé da letra. Embora todos os cinco tipos de cognição identificados por Baucom e colaboradores (1989) possam se refletir nos pensamentos automáticos de um indivíduo, os terapeutas cognitivo-comportamentais têm enfatizado a maior probabilidade de as percepções e inferências seletivas de momento a momento envolvidas nas atribuições e nas expectativas estarem na consciência da pessoa. Imagina-se que as suposições e os padrões são aspectos básicos mais amplos da visão de mundo de um indivíduo, considerados esquemas no modelo cognitivo de Beck (Beck et al., 1979; J. S. Beck, 1995; Leahy, 1996).

O modelo cognitivo propõe que o conteúdo das percepções e inferências de um indivíduo é moldado por esquemas básicos relativamente estáveis, ou por estruturas cognitivas, como os construtos pessoais descritos pela primeira vez por Kelly (1955). Os esquemas são como mapas rodoviários que as pessoas seguem para conduzi-los através da vida e através de seus relacionamentos. Supõe-se que são relativamente estáveis e podem, às vezes, se tornar inflexíveis. Muitos esquemas sobre os relacionamentos e sobre a natureza das interações familiares são aprendidos no início da vida, de fontes primárias como a família de origem, tradições e costumes culturais, como os meios de comunicação de massa, como o primeiro encontro amoroso e outras experiências de relacionamento. Os *modelos* do *self* em relação aos outros que foram descritos pelos teóricos do apego parecem ser formas de esquemas que afetam os pensamentos automáticos e as reações emocionais dos indivíduos a outras pessoas importantes (Johnson e Denton, 2002). Além dos esquemas que os parceiros ou membros da família levam para um relacionamento, cada membro desenvolve um esquema específico para o relacionamento atual.

Como o resultado de anos de interação entre os membros da família, os indivíduos com frequência desenvolvem crenças mantidas em conjunto que constituem um esquema familiar (Dattilio, 1994). À medida que o esquema familiar envolve distorções cognitivas, ele pode resultar em interações disfuncionais. Exemplo disso pode ser o caso de membros da família que encaram coletivamente um irmão como não sendo confiável. Eles podem habitualmente passar a fazer coisas para o seu irmão, permitindo assim o estabelecimento do comportamento não confiável, o que conduz à sua continuação.

Os esquemas sobre os relacionamentos muitas vezes não estão claramente articulados na mente de um indivíduo, mas existem como noções vagas do que é ou deve ser (Beck, 1988; Epstein e Baucom, 2002). Uma vez desenvolvidos, influenciam a maneira como um indivíduo subsequentemente processa a informação em novas situações. Por exemplo, influenciam o que a pessoa percebe seletivamente, as inferências que faz sobre as causas do comportamento de outra pessoa, e se ela está satisfeita ou insatisfeita com os relacionamentos familiares. Os esquemas existentes podem ser difíceis de modificar, mas repetidas experiências novas com outras pessoas importantes têm o potencial de mudá-las (Epstein e Baucom, 2002; Johnson e Denton, 2002). De muitas maneiras, os esquemas são como fobias raramente desafiadas. As pessoas simplesmente evitam as coisas a que são fóbicas. Se um pai acredita firmemente que sua filha deve se casar com alguém da sua própria cultura, ele pode permanecer firme nessa crença, a menos que alguma nova informação mude o seu sistema de crenças, como observar diretamente o quanto sua filha está feliz com o companheiro que escolheu. Os esquemas em geral mudam quando a nova informação é suficientemente relevante para modificar as crenças individuais.

Distorções cognitivas comuns com casais e famílias

Além dos pensamentos automáticos e dos esquemas, Beck e colaboradores (1979) identificaram distorções cognitivas, ou erros de processamento de informação, que contribuem para as cognições se tornarem fontes de estresse e conflito na vida das pessoas. Em termos da tipologia de Baucom e colaboradores (1989), elas resultam em percepções, atribuições, expectativas, suposições e padrões distorcidos ou inadequados. A lista que se segue inclui descrições dessas distorções cognitivas, com exemplos de como podem ocorrer durante as interações em casal e família.

    I. *Inferência arbitrária.* As conclusões são extraídas na ausência de evidências substanciais – por exemplo, pais cuja filha chega em

casa meia hora depois do horário de se recolher concluem: "Ela está fazendo alguma coisa errada de novo".
2. *Abstrações seletivas*. A informação é extraída do contexto, e alguns detalhes são enfatizados, enquanto outras informações importantes são ignoradas – por exemplo, um homem cuja esposa responde às suas perguntas com respostas monossilábicas conclui: "Ela está louca comigo".
3. *Supergeneralização*. Um ou dois incidentes isolados podem servir como uma representação de todas as situações similares, relacionadas ou não – por exemplo, quando o pai ou a mãe declina da solicitação de uma criança para sair com seus amigos, e a criança conclui: "Vocês nunca me deixam fazer nada".
4. *Maximização e minimização*. Uma situação é percebida como mais ou menos importante do que o adequado – por exemplo, um marido zangado explode ao descobrir que o seu talão de cheques não está devidamente preenchido e diz à esposa: "Estamos com um grande problema".
5. *Personalização*. Os eventos externos são atribuídos à própria pessoa quando não há evidências suficientes para se chegar a uma conclusão – por exemplo, a mulher percebe que o marido está adicionando mais sal na sua comida e supõe: "Ele detesta a minha comida".
6. *Pensamento dicotômico*. As experiências são codificadas como branco ou preto, um completo sucesso ou um absoluto fracasso, o que é também conhecido como *pensamento polarizado* – por exemplo, o marido está reorganizando o guarda-roupas, e sua esposa questiona a colocação de um dos itens; o marido pensa consigo mesmo: "Ela nunca está satisfeita com nada que eu faço".
7. *Rotulação e rotulação inadequada*. A identidade da pessoa é retratada tendo por base suas imperfeições e os erros que cometeu no passado, e ela permite que estes a definam – por exemplo, após erros contínuos no preparo das refeições, a esposa pensa: "Eu não valho nada", em vez de reconhecer o erro como pouco importante.
8. *Visão de túnel*. Às vezes os parceiros só percebem o que querem perceber ou o que se ajusta ao seu estado de espírito atual. Um homem que acredita que sua esposa "de todo modo só faz o que quer" pode acusá-la de fazer uma escolha baseada puramente em razões egoístas.
9. *Explicações tendenciosas*. Este é um tipo de pensamento que os parceiros desenvolvem durante períodos de estresse, considerando automaticamente que o cônjuge tem um motivo negativo alternativo por trás da sua intenção – por exemplo, a esposa diz a si mesma:

"Ele está representando um 'romantismo' real porque quer algum favor meu. Ele está me preparando".

10. *Leitura da mente*. Este é o dom mágico de ser capaz de saber o que a outra pessoa está pensando sem a ajuda da comunicação verbal. Alguns cônjuges acabam atribuindo intenções injustificadas um ao outro. É o caso, por exemplo, do marido que pensa consigo mesmo: "Eu sei o que está se passando na cabeça dela. Ela acha que não estou percebendo o que ela está fazendo".

Atenção seletiva

Em seu primeiro trabalho em terapia cognitiva aplicada ao tratamento da depressão, Aaron Beck e colaboradores (1979) sugeriram que os indivíduos que experienciam depressão com frequência se concentram em aspectos seletivos de uma situação ou evento, deixando de reconhecer outros aspectos igualmente importantes. Essa foi a base da teoria de Beck de que os indivíduos se engajavam em "interpretações tendenciosas". Os membros de famílias com frequência se engajam nas mesmas tendências, particularmente quando estão em conflito um com o outro ou quando há tensão em um relacionamento. Muitas vezes, vemos esse viés perceptual na terapia quando os membros da família ou os casais não conseguem concordar sobre a maneira como um determinado evento ocorreu ou com o que foi dito durante uma discussão. Esse viés pode envolver atributos positivos ou negativos a que os indivíduos dão uma atenção seletiva. Um exemplo clássico é o da adolescente que afirma que seus pais só lhe dizem o que ela fez de errado e não a elogiam pelas boas coisas que faz. Os parceiros ou membros da família com frequência se queixam de que a atenção seletiva é uma das principais áreas de dissensão em seus relacionamentos.

Quando os membros da família tendem a se ocupar seletivamente dos aspectos negativos um do outro, isso pode ter um efeito prejudicial no seu relacionamento. Não surpreende que indivíduos que se engajam nesse tipo de atenção seletiva, ou viés, também tenham baixos níveis de concordância sobre conversas, eventos ou interações passadas (Epstein e Baucom, 2002). A atenção seletiva pode certamente contribuir para distorções cognitivas e mais alienação.

Desenvolver uma perspectiva mais equilibrada sobre o parceiro ou sobre um membro da família é com frequência o foco da TCC. Quando interações negativas ocorrem durante um período de tempo, percepções tendenciosas podem se tornar arraigadas e alienam ainda mais os indivíduos um do outro. Exemplo perfeito disso é uma garota que vê sua irmã como a "menina de ouro" aos olhos de seus pais – aquela que não faz nada errado. Por isso, ela pode encarar sua irmã como alguém que sempre escapa ilesa de tudo e desenvolver um ressentimento em relação a ela que evoca as censuras de seus pais para que trate a irmã com mais bondade. Tal percepção pode exacerbar seu ressentimento e fazer com que as irmãs se tornem ainda mais estranhas uma para a outra, estimulando futura inveja e sentimentos negativos. Então, o objetivo do terapeuta é tentar restaurar o equilíbrio para ajudar os indivíduos a reduzir a disfunção em seu relacionamento.

Três dos processos cognitivos mais comuns mencionados anteriormente neste capítulo estão explicados em detalhes nos parágrafos que se seguem.

Atribuições

A maioria das pessoas atribui as interações a uma dinâmica de causa e efeito, e cada uma das partes dessas interações tem sua própria explicação para a direção da causa e do efeito. Especificamente, quando um membro da família se concentra em determinados comportamentos de uma interação, ele desenvolve inferências para explicar esses comportamentos. Tais inferências são denominadas *atribuições* e servem como explicações para os eventos relacionais. As atribuições são um componente fundamental da experiência subjetiva que a pessoa tem do seu relacionamento.

O caso de Dave e Brenda

Dave e Brenda foram de carro até o hospital para o nascimento de seu primeiro filho. No caminho, Dave parou na farmácia para comprar aspirina, prevendo que ele poderia sentir dor de cabeça. Brenda interpretou a decisão de Dave de parar na farmácia como maior preocupação em satisfazer suas próprias necessidades do que chegar a tempo com ela no hospital. A principal preocupação de Dave era com a possibilidade de sentir dor de cabeça e não conseguir se concentrar. Queria evitar sair do lado de sua esposa enquanto ela estivesse dando à luz. Apesar de suas explicações, Brenda se ateve à sua própria interpretação de que a necessidade de parar na farmácia era egoísta, o que se tratava de uma interpretação tendenciosa e acabou os perseguindo durante anos em seu casamento. Na verdade, toda vez que Brenda acusava Dave de ser egoísta, ela se referia ao nascimento de seu primeiro filho e ao desejo de Dave de "cuidar de suas próprias necessidades" como um ponto de referência. Essa provocação acabou se tornando um tema doloroso e prejudicou a lembrança do nascimento de seu primeiro filho. O evento desencadeou emoções fortes e desdenhosas tanto em Dave quanto em Brenda, que terminaram chegando ao ponto de litígio.

Muitos estudos empíricos indicam que os parceiros estressados tendem a culpar mais um ao outro pelos problemas e a atribuir as ações negativas um do outro a traços amplos e imutáveis do que os parceiros não estressados (Bradbury e Fincham, 1990; Epstein e Baucom, 2003). Na verdade, o *viés atribucional* é percebido como responsável por manter um estresse contínuo nos casais desencantados (Holtzworth-Munroe e Jacobson, 1985). Os membros da família estressados têm uma propensão a perceber o comportamento negativo dos outros membros como devido a traços duradouros, o que reforça a noção de que esses comportamentos são difíceis de mudar e provavelmente se tornem características permanentes. Isso é com frequência o que alguns membros da família usam para explicar ou justificar seu próprio comportamento em reação aos padrões de comportamento negativo dos outros membros. Consequentemente, podem ficar aprisionados em uma situação em que acentuam o indesejável e menosprezam o desejável, e às vezes até atribuem o comportamento desejável ao acaso ou a fatores externos ao relacionamento. Considere o relacionamento entre Dave e Brenda: toda vez que ocorria um evento importante, Brenda previa que Dave estaria concentrado em suas próprias necessidades, acima das de qualquer outra pessoa, e, por isso, procurava encontrar falhas nas ações dele, optando por interpretá-las como egoístas. Desse modo, engajava-se em distorções cognitivas que afetavam suas emoções e comportamentos, repetindo o ciclo de dissensão. Esse conceito, obviamente, tende a afetar comportamentos de resolução de problemas, assim como de comunicação, e estimular um intercâmbio comportamental negativo (Bradbury e Fincham, 1990; Miller e Bradbury, 1995).

Expectativas

As atribuições que os indivíduos fazem sobre os comportamentos um do outro com frequência os conduzem a fazer previsões sobre o comportamento futuro. Essas atribuições criam *expectativas*. As expectativas assumem a forma de previsões sobre o curso que um relacionamento pode seguir e tendem a ficar arraigadas. As expectativas têm um efeito profundo sobre as pessoas e sobre a sua maneira de se comportarem. Não é raro as famílias chegarem à terapia repletas dessas expectativas, queixando-se de que elas basicamente "as tinham" e não viam luz no fim do túnel. Com frequência, um parceiro pode anunciar que a terapia é o "último recurso" em prol da família e que está pouco otimista sobre a sobrevivência do relacionamento.

Quando os membros da família tentam prever os padrões de comportamento um do outro, em geral se tornam menos propensos a fazer qualquer movimento para melhorar o relacionamento. As previsões e expectativas negativas criam uma sensação de desesperança nos casais e nas famílias.

> ### O caso de Ted e Doris
>
> Ted mantinha uma crença inabalável de que sua esposa, Doris, foi uma "pirralha mimada" durante sua infância e seus pais permitiam que ela fizesse tudo o que queria. Ted alegava que os pais de Doris a mimavam demais e reforçavam suas "exigências absurdas". Como resultado, quando se desenvolveu o conflito em seu relacionamento conjugal, Ted passou a acreditar que Doris faria o que quisesse, porque seus pais continuavam a apoiá-la, independentemente de quais fossem suas ações. Em consequência disso, Ted não via chance de mudança no relacionamento. Doris, por outro lado, achava que Ted usava a sua queixa como uma desculpa conveniente, da qual podia se valer toda vez que quisesse obter a simpatia de outras pessoas.

As expectativas raramente ocorrem isoladas. Elas são em geral baseadas em alguns fios de verdade, o que as torna muito difíceis de negar ou desafiar. As expectativas e as atribuições estão em geral estreitamente integradas. Uma pesquisa interessante conduzida por Pretzer, Epstein e Fleming (1991) revelou que, nos casos em que os cônjuges atribuíam os problemas de relacionamento mais ao seu próprio comportamento do que ao comportamento do seu parceiro ou a fatores externos, os cônjuges tinham uma maior probabilidade de prever melhoria em seus relacionamentos no futuro. Em essência, quanto mais os parceiros insistem em culpar um ao outro, mais pessimistas se tornam suas suposições. Epstein e Baucom (2002) escreveram que a atenção seletiva, as atribuições e as expectativas estão integralmente relacionadas umas às outras e às emoções. Por isso, se o membro de uma família se concentra seletivamente nos comportamentos indesejáveis de outra pessoa, aquele tem maior probabilidade de encarar tais comportamentos como característicos dessa pessoa. Em consequência, pode considerar improvável a mudança de comportamento, o que talvez conduzisse a expectativas pessimistas para o futuro do relacionamento. Além disso, as cognições pessimistas podem gerar emoções inquietantes, variando desde depressão até ansiedade com relação ao futuro.

Suposições

As suposições envolvem crenças que os membros da família têm sobre os relacionamentos. As suposições governam ou envolvem o que as pessoas pensam sobre o mundo e sobre a maneira de agir dos demais, o que é parte do modelo que usam para seguir o seu caminho pela vida. Todos aqueles envolvidos em um relacionamento íntimo, seja ele o de uma família, seja o de um casal, mantêm um modelo básico de como seu par ou os membros da família funcionam na vida. Esse modelo delineia os humores, as ações, o comportamento, os gostos, as antipatias e assim por diante. Se uma mãe encara a filha como basicamente uma boa pessoa, agradável e gentil, ela pode fazer concessões à filha se esta falar de maneira indelicada com alguém, alegando que ela "está sob estresse" ou "simplesmente não se sente bem". Faz isso para explicar a inconsistência das ações de sua filha e para lhe permitir manter firmemente a imagem de uma boa filha. As percepções dessa mãe não são facilmente desmentidas, a menos que ocorra uma série de eventos importantes que venham a mudar radicalmente sua percepção sobre a própria filha. Infelizmente, o mesmo acontece quando os membros da família supõem o pior um sobre o outro.

Os membros da família regularmente fazem suposições um sobre o outro que com frequência envolvem sistemas de valores básicos. Esses sistemas de valores são usados para governar os estilos de vida das pessoas. Gordon e Baucom (1999) descobriram que os eventos negativos são experienciados como traumáticos quando destroem suposições básicas que os indivíduos mantêm sobre seus parceiros ou membros da família. Se um homem se comporta de maneira contrária à visão da esposa que acredita que ele a adora, isso pode devastá-la ou chocá-la. Epstein e Baucom (2002) indicam que, quando as suposições são destruídas nos relacionamentos, o parceiro não sabe mais como interpretar o comportamento do outro, ou como se comportar, porque essa destruição é muito devastadora. Em momento algum isso é mais perturbador do que quando um dos parceiros tem um caso extraconjugal. Com frequência, um caso extraconjugal faz com que a parte traída diga coisas como "Eu não sei com quem eu me casei", "Esta não é a pessoa por quem eu me apaixonei", "Eu jamais poderia imaginar que isto pudesse acontecer".

O caso de Tom e Jennifer

Quando Tom passou uma noite com uma mulher que conheceu em um bar durante uma viagem de negócios, Jennifer pensou: "Meu mundo virou de cabeça para baixo". Jennifer prosseguiu, dizendo que se esforçava para entender por que seu marido faria uma coisa dessas e ficou surpresa quando ele lhe disse que estava se sentindo zangado e isolado por não estar recebendo a atenção e o apoio emocional que achava que merecia. As declarações de Tom deixaram Jennifer completamente confusa sobre o seu relacionamento em geral. Mais tarde, ela comentou: "Eu me senti como se estivesse vivendo uma mentira. Tinha a impressão de que o nosso casamento era muito mais do que isso. Agora não sei o que é real". O caso teve um efeito similarmente destrutivo para os filhos de Tom e Jennifer, especialmente para as filhas adolescentes que consideravam o pai a sua "rocha" e não imaginavam que ele pudesse "fazer nada de errado". A filha mais velha, Analice, disse durante uma sessão familiar: "Isto realmente afetou a maneira como vou confiar nos homens em geral. Não quero ter nenhum relacionamento se é isso que pode acontecer".

As suposições constituem fortes cognições que governam nossos relacionamentos. Elas em geral não são explícitas e precisam ser reveladas e mantidas em aberto.

Padrões

De acordo com o que foi anteriormente discutido, as atribuições são explicações de por que as pessoas fazem o que fazem, e as expectativas são previsões sobre a maneira como vão agir no futuro. As suposições atuam como crenças que os indivíduos mantêm sobre as características de seus parceiros e relacionamentos íntimos. Diferentemente das atribuições, os padrões são baseados em princípios, em crenças individuais sobre o que deve ser. Os esquemas familiares, também já mencionados, emergem do conceito abrigado pelos membros da família de que há uma maneira certa de as famílias agirem (Dattilio, 1993). Tanto os casais quanto as famílias tipicamente usam padrões para avaliar se o comportamento de cada membro é apropriado e aceitável no relacionamento. Esses padrões servem como uma diretriz aproximada a seguir, baseada em um padrão histórico do comportamento esperado. Os padrões orientam o modo de se expressar afeição ou de os membros da família se relacionarem uns com os outros. Também podem prescrever como os contatos externos com outras pessoas fora do relacionamento devem ser tratados. Em essência, os padrões guiam a maneira como devemos governar nossas vidas no que diz respeito aos nossos relacionamentos uns com os outros e com o mundo. Muitos homens abrigam a antiga crença de que a mulher pertence ao lar e deve se manter presente junto à família, cabendo ao homem ser o provedor. Esse padrão tem causado muita dissensão nos relacionamentos, particularmente na sociedade contemporânea. Em consequência, pode-se esperar que um indivíduo que mantém padrões sobre os limites ou papéis nos casamentos e nas famílias vá avaliar os eventos tendo por base esses padrões. Por isso, quando os problemas surgem em uma situação familiar, provavelmente serão atribuídos a questões de limites e à violação desses limites (Baucom, Epstein, Daiuto, Carels, Rankin e Burnett, 1996).

> **O caso de Lorena e Bart**
>
> Um exemplo de padrões conflitantes envolve Lorena e Bart. Na família de Bart, o padrão era o seguinte: quando você recebe um presente de alguém, você o guarda ou faz bom uso dele. O que você nunca deve fazer é dá-lo para outra pessoa. Seria um sinal de grande desrespeito à pessoa que o presenteou. O padrão na família de Lorena, de descendência mexicana, era outro: se uma pessoa admira muito alguma coisa sua,

> você a oferece a ela. Então, quando Lorena recebeu de presente da sogra uma echarpe que estava há gerações na família de seu marido, ela não tinha ideia de que provocaria grande dissensão quando deu a echarpe para sua própria mãe, que a admirou. Lorena encarou sua ação como uma maneira de homenagear tanto a sogra quanto a mãe, porém o marido e a sogra de Lorena ficaram insultados e viram isso como um sinal de desrespeito.

Os padrões emanam de vários lugares. Podem também se desenvolver como resultado de exposição à mídia, à experiência religiosa ou cultural, aos seus relacionamentos ou às interações sociais anteriores. Os padrões são provavelmente mais pertinentes às experiências da família de origem. Os padrões que os membros da família sustentam, assim como os limites que descrevem os comportamentos apropriados que assumem, tornam-se intrincados. Schwebel (1992) sugeriu que os membros da família estabelecem uma espécie de "constituição familiar".

Vários padrões estabelecem os inter-relacionamentos entre os membros da família, como a maneira de manifestar os comportamentos e as emoções, e a manutenção do poder e do controle na família. Schwebel (1992) também sugeriu padrões para a divisão do trabalho, para a maneira de se atribuírem tarefas e quem faz o quê, para os modos de lidar com o conflito, com o que é tolerado, para a forma de buscar soluções e o equilíbrio restaurado, para limites e privacidade, para como e que linhas são traçadas, e para quem tem permissão a fazer o quê e quando. O autor apontou ainda padrões para os relacionamentos dos membros da família com indivíduos de fora da unidade familiar, como os procedimentos devem ser usados com os membros da família ampliada, assim como com os amigos e conhecidos.

Na literatura tem havido algum enfoque nos esquemas transgeracionais, que com frequência incluem padrões específicos que são transmitidos para os relacionamentos conjugais e, subsequentemente, para as interações familiares (Dattilio, 2005b, 2006a). Grande parte do trabalho inicial do pioneiro terapeuta familiar Murray Bowen se concentrou no conceito de que o que pensamos foi transmitido através das gerações, o que desempenha um impacto importante na tradição e na lealdade. Alguns padrões também têm uma qualidade pessoal, pois os indivíduos colocam um valor adicional nos padrões que herdaram baseados em suas experiências pessoais, e assim os fortaleceram. Esses padrões tipicamente dizem respeito a coisas como comportamento sexual, honestidade e integridade. Isso pode explicar por que alguns achados de pesquisa corroboram a noção de que os indivíduos que compartilham uma orientação espiritual ou religiosa tendem a ter um casamento ou uma vida familiar mais gratificante (Clayton e Baucom, 1998). Baucom, Epstein, Caiuto e Carels (1996) encontraram ainda indícios de que os casais que mantinham padrões orientados para o relacionamento tendiam a achar seus relacionamentos mais compensadores. Baucom e Epstein (2002) declaram que, em muitos exemplos, os padrões dos indivíduos sobre os relacionamentos íntimos estão bem arraigados e têm uma grande importância. Os autores (Baucom e Epstein, 2002, p. 73) ainda alegam que a importância dos padrões de relacionamento nas vidas dos indivíduos parece variar de pelo menos três maneiras:

1. o grau de desenvolvimento de vários padrões, pelos indivíduos, sobre os relacionamentos interpessoais e de articulação de tais padrões;
2. o quanto os padrões internos influenciam o seu comportamento;
3. até que ponto os indivíduos ficam emocionalmente perturbados quando seus padrões não são satisfeitos.

Baucom, Epstein, Rankin e Burnett (1996) descobriram que, independentemente dos padrões específicos que um indivíduo mantém, ele tende a ser mais feliz se esses padrões estiverem satisfeitos no relacionamento. Assim, dentro de limites razoáveis, ter os próprios padrões satisfeitos contribui para a satisfação no relacionamento, independentemente dos padrões particulares.

Por isso, é essencial que os terapeutas familiares tentem entender quais são os padrões dos membros da família em relação aos seus relacionamentos e como eles devem funcionar. Tal entendimento pode ser muito útil quando tentam ajudar seus clientes a explicar se os padrões são ou não satisfeitos. Esse conceito me causou impacto no início de minha carreira, quando eu estava trabalhando com um jovem casal bicultural que expressava um grave conflito no casamento sobre o que o marido considerava impróprio por parte da esposa.

O caso de Sal e Maureen

Sal e Maureen se conheceram quando Sal foi visitar seu irmão na América. Sal vinha de uma pequena cidade das montanhas no centro da Sicília. Maureen era americana, descendente de irlandeses. Sal e Maureen estavam casados há apenas um ano quando importantes diferenças culturais começaram a surgir. Maureen era uma ruiva vibrante, conhecida por travar conversa com praticamente qualquer pessoa. Seus amigos e familiares com frequência diziam que "sua simpatia era contagiante". Sal admitia que a sociabilidade de Maureen foi um dos atributos que o fizeram se apaixonar por ela, mas esse atributo se tornou amargo para ele quando certo dia chegou em casa e encontrou Maureen no terraço tomando um drinque com um vizinho solteiro. Esse comportamento era uma importante violação dos padrões nas famílias sicilianas – uma jovem casada estar sozinha em casa com outro homem, ingerindo álcool. Sal ficou furioso por Maureen ter agido de forma tão desrespeitosa e começou a chamá-la de *puttana* (prostituta). Maureen achava "ridícula" a reação de Sal, particularmente porque a criação dela fora o oposto da dele, e não via nada de errado nesse comportamento social. Na verdade, Maureen acreditava que esse conflito se baseava na questão da confiança e que os dois cônjuges deviam ter suficiente confiança um no outro para acreditar que nem um nem outro violaria o relacionamento conjugal.

Há muito mais pesquisa sobre atribuições e padrões do que sobre outras formas de cognição (ver tipologia de Baucom et al., 1989, e Epstein e Baucom, 2002, para uma revisão dos achados). Boa parte da pesquisa sobre as atribuições dos casais indica que os casais estressados têm maior probabilidade do que os casais não estressados de atribuir o comportamento negativo dos parceiros a traços globais estáveis e a intenção negativa, a motivações egoístas e a falta de amor (ver Bradbury e Fincham, 1990, e Epstein e Baucom, 2002, para revisões). Além disso, os casais em relacionamentos estressados têm menor probabilidade de atribuir os comportamentos desejáveis de um parceiro a causas globais, estáveis. Essas inferências tendenciosas contribuem para o pessimismo dos membros da família sobre a melhoria de seus relacionamentos, para a comunicação negativa e para a falta de resolução dos problemas.

Evidentemente, os conceitos de suposições, expectativas e atribuições, bem como de padrões, se justapõem assim como o fazem muitas das distorções cognitivas. Se o terapeuta está tratando uma família em geral, tem de identificar e fazer emergir muitas forças em ação, como no caso que se segue.

O caso de Nick e Alice

Nick e Alice eram um casal de pouco mais de 40 anos que estava casado há 15 anos. Eles procuraram terapia queixando-se de extrema tensão no relacionamento devido a diferenças de opinião quanto às finanças. Nick dizia que, devido aos gastos excessivos de Alice, provavelmente enfrentariam a falência. Nick e Alice admitiam que esse era um padrão existente durante todo o seu casamento, e Nick acreditava que isso finalmente os havia colocado em uma situação difícil.

O padrão consistia em Alice gastar mais do que podiam se permitir. Toda vez que isso acontecia, Nick fazia hora extra no trabalho para cobrir os gastos. Toda vez que ele trabalhava mais horas e cobria as despesas, Alice achava que eles agora estavam bem de finanças e podiam se permitir outros gastos. Apesar de suas frequentes discussões sobre dinheiro, Nick afirmava que Alice os obrigava a viver acima de suas possibilidades. Alice havia desenvolvido essa atitude em relação a dinheiro e consumo no início do relacionamento. Ela era filha única, e seus pais lhe davam tudo o que ela queria, estivesse ou não dentro das suas possibilidades. Nick declarava que os pais de Alice haviam iniciado um ciclo vicioso de ela "obter qualquer coisa que quisesse". Nick achou que havia se tornado vítima desse ciclo quando se casou com Alice. "Eu só queria fazê-la feliz, mas agora estou nessa loucura de ter de trabalhar constantemente além da hora porque Alice não consegue dizer não a si mesma." Quando inquirido por que havia se sujeitado a isso, Nick admitiu que temia que Alice o deixasse se ele não fizesse todas as suas vontades. "Mas agora estamos provavelmente diante da falência, e eu não sei o que fazer." Alice, por outro lado, achava que Nick estava exagerando. "Nós sempre conseguimos dar um jeito", disse ela. "O que há de tão terrível? Ele se preocupa demais – e nós não estamos falindo." Alice admitiu que gastava demais, mas declarou: "Ei, nós só viajamos uma vez – afinal, pra que serve o dinheiro?".

Nick vinha de um ambiente familiar diferente. Seus pais eram pobres e nunca gastaram muito dinheiro. "Minha mãe conseguia se arranjar com o que meu pai trouxesse para casa, e era assim que as coisas funcionavam! Não havia brigas por causa de gastos excessivos. Sempre tivemos o suficiente." Por isso, a *atribuição* nessa situação era: "Estamos endividados porque Alice não consegue controlar seus gastos, e eu permito isso porque quero fazê-la feliz". Ambos admitiam que esse era o processo cognitivo que operava no relacionamento e que eles contribuíam igualmente para o círculo vicioso. Nick também admitia que estava consciente do fato de que a sua disposição para repetidas vezes "dar um jeito" trabalhando além da hora era um comportamento de reforço de sua parte.

Quanto às *expectativas*, ambos acreditavam que esse ciclo de comportamento provavelmente continuaria, visto que nenhum deles estava disposto a mudar seu jeito de ser. Durante anos, os dois haviam contribuído para o que se tornou um padrão de comportamento enraizado, o que, de muitas maneiras, parecia agora estar saindo do controle.

A *suposição* básica mantida por Nick era: "É assim que as coisas são". Alice nunca conseguia dizer não para si mesma porque acreditava que ela sempre devia ter o que queria. Nick não conseguia impor qualquer limitação ao comportamento de Alice porque ficava inibido por seu medo de dizer não a ela, pondo em risco a sua felicidade e a possibilidade de ela deixá-lo. Assim, continuava a reforçar esse comportamento como um meio de evitar o pior – Alice deixá-lo.

Então, o *padrão* no relacionamento havia sido fazer pouco com relação à situação, embora ambos soubessem que as coisas deviam mudar ou ser modificadas. Agora estavam tão endividados que corriam o risco de perder tudo. Enquanto Alice mantinha o padrão de gastar quanto quisesse, o padrão de Nick consistia em julgar necessário serem comedidos e começarem a renunciar a algumas coisas. Esse conflito também envolvia uma questão de controle para ambos no relacionamento. É interessante notar que as duas partes pareciam ignorar um possível campo intermediário (a moderação nos gastos) e assumiam pouca responsabilidade por seus comportamentos e pela situação geral.

Déficits nas habilidades de comunicação e resolução de problemas

Há consideráveis evidências empíricas sugerindo que os membros de famílias estressadas exibem vários padrões disfuncionais envolvendo sua expressão de pensamentos e emoções. A escuta deficiente e as habilidades de resolução de problemas também têm sido identificadas como fatores que causam estresse (Dattilio e Van Hout, 2006; Epstein e Baucom, 2002; Walsh, 1998). A expressão de pensamentos e emoções envolve autoconsciência, um vocabulário apropriado para descrever as próprias experiências, a liberação de fatores inibidores, como o medo de rejeição por parte do ouvinte, e um grau de autocontrole (por exemplo, não sucumbir à urgência de retaliar uma pessoa que o perturba). A resolução de problemas eficaz envolve a capacidade para definir claramente as características de um problema, gerar potenciais soluções alternativas, colaborar com os outros membros da família na avaliação das vantagens e desvantagens de cada solução, atingir o consenso sobre a melhor solução, e desenvolver um plano específico para implementar a solução. Portanto, a resolução eficaz dos problemas familiares requer tanto boas habilidades quanto boa vontade.

Os déficits na comunicação e na resolução de problemas podem se desenvolver como resultado de vários processos, tais como padrões de aprendizagem mal-adaptativos durante a socialização na família de origem, déficits no funcionamento cognitivo, formas de psicopatologia como depressão, e experiências passadas traumáticas nos relacionamentos que deixaram o indivíduo vulnerável a reações cognitivas, emocionais e comportamentais destrutivas (por exemplo, raiva ou pânico) durante interações com outras pessoas importantes. A pesquisa tem indicado que os indivíduos que se comunicam mal em seus relacionamentos de casal podem exibir habilidades de comunicação construtivas em relacionamentos externos relativamente neutros, sugerindo que questões crônicas no relacionamento íntimo interferem na comunicação produtiva (Baucom e Epstein, 1990). Esses tópicos estão discutidos em mais detalhes no Capítulo 5.

Excessos de comportamento negativo e déficits no comportamento positivo entre os parceiros ou entre os membros da família

Habilidades de comunicação e de resolução de problemas destrutivas e ineficientes não são as únicas formas de interação comportamental problemática em casais e famílias estressadas. Os membros de relacionamentos próximos em geral direcionam vários tipos de *comportamento de não comunicação* em relação um ao outro (Baucom e Epstein, 1990; Epstein e Baucom, 2002). São atos positivos e negativos (realizar uma tarefa para atingir um objetivo, como cumprir tarefas domésticas, ou não conseguir fazê-lo) que se destinam a afetar os sentimentos da outra pessoa (por exemplo, dar-lhe um presente ou se esquecer de lhe dar um presente). Embora tipicamente configurem mensagens implícitas comunicadas por um comportamento, não envolvem a expressão explícita de pensamentos e emoções. Membros de relacionamentos estressados direcionam mais atos negativos e menos atos positivos um em relação ao outro do que aqueles que estão em relacionamentos não estressados

(Epstein e Baucom, 2002). Além disso, os casais estressados têm maior possibilidade de retribuir de maneira pouco produtiva, o que resultaria em um aumento do conflito e do estresse. Consequentemente, uma premissa básica da TCC é que a frequência do comportamento indesejável deve ser reduzida, e a frequência de mais comportamentos produtivos deve ser aumentada. Como o comportamento indesejável tende a ter um impacto maior na satisfação no relacionamento do que o comportamento produtivo (Gottman, 1994; Weiss e Heyman, 1997), ele tem recebido mais atenção dos terapeutas. Embora este seja um conceito básico, não obstante é muito importante porque cada parceiro em um casal em geral busca interações produtivas para satisfazer suas próprias necessidades. Os terapeutas auxiliam os casais usando algumas das estratégias *quid pro quo* descritas no Capítulo 6, em que se discutem as técnicas comportamentais. Essas técnicas são altamente eficazes com casais paralisados em relacionamentos estressados.

Embora os teóricos e pesquisadores da família venham se concentrando em aspectos menos importantes do comportamento desejável e indesejável, Epstein e Baucom (2002) propõem que, em muitos casos, a satisfação no relacionamento se baseia em padrões comportamentais maiores que têm um significado importante para cada parceiro. Algumas das questões maiores envolvem limites entre e em torno de um casal ou família, a distribuição de poder e controle, e a quantidade de tempo e energia que cada pessoa coloca no relacionamento. Como foi anteriormente notado, os padrões de relacionamento dos indivíduos com relação a essas dimensões estão associados à satisfação e à comunicação no relacionamento, e a literatura de terapia familiar sugere que tais padrões de comportamento são aspectos fundamentais da interação familiar (Epstein e Baucom, 2002; Walsh, 1998).

Epstein e Baucom (2002) também descreveram padrões de interação destrutivos entre os membros de casais que comumente interferem na satisfação das necessidades dos parceiros dentro do relacionamento. Esses padrões incluem ataque mútuo (recíproco), exigência-retraimento (uma pessoa insiste, e a outra se retrai), e evitação e retraimento mútuos. Os terapeutas com frequência precisam ajudar os clientes a reduzir esses padrões individualmente antes que sejam capazes de trabalhar juntos colaborativamente como um casal para resolver questões como preferências diferentes *versus* autonomia. O mesmo pode valer também para os membros de uma família.

APEGO E AFETO

Modelos de apego e conexão emocional segura

Na década de 1940 e início da década de 1950, o psicanalista britânico John Bowlby desenvolveu o que chamou de *teoria do apego*. Bowlby desenvolveu essa teoria a partir de vários *insights*, combinando a teoria das relações objetais, a etnologia pós-darwiniana, a psicologia do desenvolvimento cognitivo moderno, a cibernética (teorias sistêmicas de controle) e a psiquiatria comunitária (Mikulincer e Shaver, 2007).

Desde o início da teoria do apego, tem havido uma riqueza de literatura de pesquisa sobre a questão de como as ligações da primeira infância afetam nossas vidas (Ainsworth, Blehar, Waters e Wall, 1978; Cassidy e Shaver, 1999; Mikulincer e Shaver, 2007; Mikulincer, Florian, Cowan e Cowan, 2002; Wallin, 2007). Esse conceito se concentra em como os casais e os membros da família lidam um com o outro e em como isso se reflete em sua história de apego. A teoria do apego pode ser remontada aos estudos pioneiros de John Bowlby e Mary Ainsworth. Bowlby (1979, p. 129) acreditava que os padrões de apego humanos observados nas interações bebê-cuidador desempenhariam um papel vital no desenvolvimento humano "desde o berço até o túmulo". Bowlby (1979) também foi o primeiro a discutir as diferenças individuais no funcionamento do sistema de apego no contexto dos relacionamentos românticos e conjugais. Shaver, Hazan e Bradshaw (1988) foram adiante e propuseram o conceito de que os vínculos de apego românticos na idade adulta são vitais, sugerindo sua semelhança com os vínculos que os bebês formam com seus cuidadores primários. Seu trabalho prosseguiu gerando muita pesquisa sobre os estilos de apego dos casais e sobre o sucesso ou fracasso de seus relacionamentos românticos e conjugais (Johnson e Whiffen, 2003).

Questões como os processos relacionados ao apego que afetam a formação, consolidação e manutenção de relacionamentos românticos de longo prazo e o efeito de tais relacionamentos na qualidade, satisfação e estabilidade do relacionamento estão incluídos neste tópico. Bowlby propôs o conceito de que os vínculos de ligação são caracterizados por quatro comportamentos básicos:

1. busca de proximidade;
2. comportamento de abrigo seguro;
3. estresse de separação;
4. comportamento de base segura (Bowlby, 1969, 1973).

Bowlby acreditava que esses comportamentos básicos se tornavam mais evidentes quando se observava o conforto e a segurança que os cônjuges derivariam um do outro, particularmente durante os períodos de estresse.

Estilos de apego

De acordo com Mary Ainsworth (1967), os bebês usam sua figura de apego (em geral a mãe) como uma base segura para exploração. Quando um bebê se sente ameaçado, ele recorre ao cuidador em busca de proteção e conforto. Variações nesse padrão são evidentes em duas estratégias de apego inseguros. Na estratégia de *evitação*, o bebê tende a inibir a busca de apego; na estratégia da *resistência*, o bebê se apega à mãe e evita a exploração (Nichols e Schwartz, 2008, p. 108).

O estilo de apego pertence à cognição, às emoções, aos comportamentos e à fisiologia que se desenvolvem como parte do repertório de um indivíduo nos relacionamentos. Os estilos de apego começam no início da vida, baseados em nosso relacionamento com os pais ou cuidadores, e são mais tarde transferidos, mas reformulados, quando nos envolvemos em relacionamentos românticos. Hazan e Shaver (1987) propuseram o conceito de que os adultos formam ligações com seus parceiros ou cônjuges e subsequentemente desenvolvem um modelo de trabalho interno de relacionamento romântico maduro. Outro avanço da teoria básica foi alcançado por Bartholomew e Horowitz (1991), que sugeriram que os estilos de apego maduro são caracterizados por processos de pensamento, que se ajustam nos fundamentos de uma crença ou esquema: considerar-se digno ou indigno de amor e de intimidade e julgar os outros não confiáveis ou confiáveis. Bartholomew e Horowitz (1991) expandiram esse conceito em quatro estilos de apego:

1. *Seguro* – visão de si mesmo como digno e dos outros como confiáveis, o que permite ao indivíduo se sentir à vontade com a intimidade e autonomia.
2. *Preocupado* – manutenção de uma visão negativa de si mesmo, mas de uma visão positiva dos outros, tornando-se superenvolvido em relacionamentos próximos e dependente dos outros para uma sensação de autovalor.
3. *Intimidado-esquivo* – visão negativa tanto de si mesmo quanto dos outros, o que faz o indivíduo temer a intimidade e evitar relacionamentos com outras pessoas.
4. *De rejeição* – manutenção de uma visão positiva de si mesmo, mas de uma visão negativa dos outros, o que faz com que o indivíduo evite relacionamentos com outras pessoas, preferindo permanecer independente e evitar os relacionamentos íntimos.

A pesquisa tem apoiado uma correlação positiva entre o apego adulto e a satisfação no relacionamento (Mikulincer et al., 2002). Quando os dois parceiros de um relacionamento têm um apego seguro, relatam a mais alta satisfação em seu relacionamento romântico (Senchak e Leonard, 1992).

Além disso, constatou-se que a orientação do apego pode afetar a progressão da intimidade nos relacionamentos, assim como o compromisso e a tolerância. Em seu manual abrangente sobre o apego na idade adulta, Mikulincer e Shaver (2007) citam estudos indicativos de que as pessoas que sofrem de insegurança devido a um apego deficiente têm probabilidade de reagir ao comportamento desfavorável de um parceiro com mais hostilidade, mais raiva disfuncional e menos disposição a perdoar do que as pessoas que experimentam apego seguro. Elas também têm dificuldade para lidar com o conflito interpessoal.

As questões de apego são vitalmente importantes nos relacionamentos familiares. A pesquisa demonstrou que o apego rompido e um ambiente familiar negativo inibem as crianças de desenvolver as habilidades de enfrentamento internas e interpessoais necessárias para se proteger contra algumas vulnerabilidades e fatores de estresse social (Diamond, Diamond e Hogue, 2007). Por isso, a insegurança devido a dificuldades no início da vida afeta o quanto os indivíduos expressam respeito, admiração e gratidão para com o parceiro. Isso tem um profundo impacto na manutenção de relacionamentos de longo prazo (Gottman, 1994). Markman, Stanley e Blumberg (1994) postulam que expressar um olhar positivo pelo parceiro é um dos quatro valores cruciais do relacionamento, juntamente com o compromisso, com a intimidade e com o perdão. Evidentemente, se as inseguranças do apego reduzem a qualidade dos relacionamentos do casal, o dano e as dificuldades podem se generalizar para outros subsistemas familiares e afetar o funcionamento da família como uma unidade (Paley et al., 2005; Leon e Jacobvitz, 2003). O efeito de transmissão que segue de pais para filhos pode ser profundo.

Processos cognitivos no apego

Tal como as emoções, os processos cognitivos também desempenham um papel importante no apego, particularmente quando se trata de questões de apego e de mudanças nos relacionamentos. Young e colaboradores (2003) discutem a noção de apego por meio de esquemas iniciais mal-adaptativos. Destes, um que se destaca é o domínio da desconexão e da rejeição, também conhecido como *esquema do abandono* (Young et al., 2003). Os indivíduos que mantêm esse tipo de esquema esperam constantemente perder as pessoas mais próximas a eles. Temem o abandono, quer através da doença, da morte ou de ser deixado por outra pessoa. De algum modo, preveem que serão deixados, particularmente em um momento difícil. Os sinais desse esquema são a vigilância generalizada e uma ansiedade crônica com relação aos seus entes queridos. Isso pode ser também manifestado na forma de tristeza ou depressão. Quando há a perda real, ela pode produzir sofrimento ou, se o sofrimento for doloroso demais para suportar, pode produzir raiva. As pessoas com esse esquema podem também tender a serem muito "apegadas" nos relacionamentos ou exibir comportamentos possessivos ou controladores – o ciúme é com frequência usado para impedir o abandono. Alguns indivíduos podem evitar totalmente os relacionamentos íntimos na tentativa de evitar o sofrimento antecipado de ser deixado por outra pessoa.

Young e colaboradores (2003) também acreditam que o esquema do abandono está frequentemente ligado a outros esquemas, como o *esquema da subjugação*. O indivíduo acredita que será abandonado pelo par caso não faça o que este quer. Já vimos isso anteriormente no exemplo de caso envolvendo Nick e Alice. Então, há um senso de renúncia de si em prol do outro, às vezes a ponto de o indivíduo perder a própria integridade. O abandono também está frequentemente ligado ao *esquema de dependência/independência*, em que os indivíduos estão convencidos de que serão incapazes de funcionar sozinhos se forem deixados por seu par. O caso que se segue envolve um exemplo clássico desse tipo de esquema.

O caso de Wilma e Charles

Uma mulher de meia idade chamada Wilma era tão dependente do marido que jamais discutia com ele. Ela era completamente passiva e jamais desafiava Charles, por medo de que ele se desencantasse e a deixasse. Na verdade, em certa ocasião, Wilma soube que Charles mantinha uma relação extraconjugal com sua secretária. Quando Charles admitiu a leviandade, Wilma lhe implorou que não a deixasse e até lhe prometeu que não se queixaria sobre o relacionamento extraconjugal contanto que ele sempre continuasse casado com ela. Às vezes, Wilma até encobria Charles com os filhos para que ninguém soubesse que ele era infiel. Ela lhe prometeu que esse sempre seria seu "pequeno segredo". Esse tipo de ligação patológica está com frequência enraizado em um *esquema rígido de abandono*, que leva uma pessoa a renunciar à sua própria identidade e aos seus valores para evitar ficar sozinha. Quando questionada sobre a justificativa para o seu comportamento, Wilma explicou: "É melhor tolerar que Charles tenha um caso do que enfrentar a vida sozinha. Eu não conseguiria viver sozinha, e 'fechar os olhos' à sua infidelidade é um preço pequeno a pagar pela segurança de tê-lo na minha vida". Para Wilma, essa segurança era essencial para a sua sobrevivência.

Charles, por sua vez, achava que de certa forma se beneficiava do medo de rejeição de Wilma porque isso lhe permitia fazer o que quisesse. No entanto, ele mais tarde também descobriu que os comportamentos dependentes de Wilma eram um aborrecimento e um desestímulo.

Reestruturando o esquema

Lidar com as questões de apego com frequência acompanha a necessidade de lidar com as questões de regulação emocional. Trabalhar essas questões na terapia requer que o cliente examine seu próprio esquema com relação às ligações íntimas e emoções que o acompanham e que com frequência se originam das experiências na sua família de origem. Grande parte do formato padrão para a reestruturação do esquema também se aplica aos esquemas sobre a vulnerabilidade provocada pela proximidade nos relacionamentos. O medo de perder o próprio senso de identidade e de autonomia pode muitas vezes ser a base dessa resistência. Isso explicaria a reticência de um cônjuge em se tornar tão próximo e teria a ver com as questões de ligação iniciais na sua vida. A literatura de terapia cognitiva (Beck, 2002; Young, Klosko e Weishaar, 2003) tem enfatizado que os esquemas mal-adaptativos relacionados à ligação e ao vínculo que se desenvolvem cedo dentro da família nuclear tendem a ser os esquemas mais fortes e mais resistentes à mudança. Esses esquemas são tipicamente fortalecidos pelas experiências posteriores da vida. Por isso, qualquer exame das experiências da primeira infância é importante no entendimento dos problemas de desregulação e ligação emocional. A formação inicial de crenças arraigadas sobre ser abandonado ou incapaz de despertar amor está no centro da resistência e de um fracasso em se vincular ou expressar emoções nos relacionamentos. O caso que se segue, de Jenna, é um excelente exemplo de como um esquema desse tipo se desenvolve. O caso mostra ainda como as técnicas cognitivo-comportamentais foram implementadas para que as questões do relacionamento de Jenna com seu noivo, e também com seu pai, pudessem ser tratadas.

Emocionalmente cauterizada: o caso de Jenna

Jenna, uma mulher de 41 anos, procurou a terapia acompanhada de seu noivo, Ken, de 48 anos, porque ela apresentava dificuldade de se envolver com ele emocionalmente. Jenna explicou que havia namorado muitos homens ao longo dos anos, mas nunca tivera nenhum relacionamento prolongado. Os relacionamentos duravam apenas alguns meses e terminavam porque ela não conseguia corresponder à emoção do namorado. A maioria dos homens que namoraram Jenna ficou frustrada com ela e em consequência terminou o relacionamento, queixando-se de que ela era fria e rígida demais com eles. Só no último ano e meio Jenna conheceu Ken, que parecia ser mais tolerante quanto ao seu comportamento e estar apaixonado por ela, apesar da sua rigidez. Jenna estava muito apaixonada por Ken, mas eles estavam passando por dificuldades no relacionamento porque ela tinha problemas em ficar emocionalmente próxima e era incapaz de exibir afeição emocional. Jenna prosseguiu para mim explicando que conseguia ficar fisicamente íntima com Ken, mas lutava com a intimidade e não era capaz de reagir emocionalmente às suas demonstrações afetivas, como lhe dizer que o amava. Por exemplo, ambos me disseram que quando Ken se sentia afetivo em relação à Jenna, ele a abraçava, mas Jenna tinha dificuldade em continuar abraçando Ken por um tempo prolongado. Após alguns segundos de abraço, ela o empurrava. Ken, no entanto, queria mais de Jenna e ficava frustrado com ela. Jenna também disse que, quando eles faziam amor, conseguiam ter relações sexuais e ser íntimos até certo ponto, mas isso durava pouco porque Jenna evitava se aprofundar muito "nisso" com Ken.

Apesar de todas as dificuldades que me descreveu, Jenna disse que amava muito Ken e achava que ele era a primeira pessoa com quem ela queria se casar. Entretanto, embora estivessem noivos, ambos se preocupavam de que Jenna jamais fosse capaz de se soltar emocionalmente para se envolver em um relacionamento íntimo duradouro.

A família de origem de Jenna

Decidi passar algum tempo lidando com as origens de Jenna e investigando sua família em uma tentativa de entender melhor sua dinâmica familiar e a maneira como ela foi criada. Jenna descendia de uma família sérvia-americana, e seu pai era extremamente controlador e dominante. Sua mãe, no entanto, era passiva e dócil. Jenna (que tendia a ser assertiva já na adolescência) entrava em choque com o pai e desenvolveu um relacionamento muito tenso com ele. Ela se descreveu como "detestando" o pai, devido ao seu estilo dominador e arrogante e à maneira como tratava sua mãe. Ela nunca se sentiu ligada ao pai e, na verdade, até se referia a ele por seu primeiro nome. Jenna prosseguiu dizendo ter sofrido de um transtorno alimentar durante a adolescência e também de um pouco de depressão. Finalmente, ficou tão indignada com a arrogância do pai que saiu de casa aos 18 anos. Conseguiu se dar muito bem como corretora de valores, tal como o pai, mas continuava a ter pouco o que ver com ele. Encarava-o como uma "figura paterna", mas se ressentia da maneira como sua mãe se submetia a ele, quase como uma criada. (É interessante notar que Jenna tinha um irmão mais moço, mais parecido com a mãe, que se casou com uma mulher dominadora, como o pai.)

Consequentemente, Jenna cuidava-se para não ser "consumida pelos homens", como dizia, e não revelava muito sua vulnerabilidade nos relacionamentos. Afirmava ter sido "emocionalmente traumatizada" pelo pai, o que fez com que desenvolvesse uma defesa que impedia que qualquer homem se tornasse mais íntimo dela. Ken era o primeiro a chegar tão longe, e Jenna admitia que isso era muito difícil para ela. Jenna também explicou: "Sinto que, se permitisse que ele se aproximasse demais, eu perderia uma parte de mim e, portanto, perderia o controle".

Questões de apego inicial

Grande parte do meu trabalho com Jenna girou em torno de suas questões de apego inicial com o pai. Ela queria ser a "garotinha do papai" quando bem pequena, mas nunca conseguira corresponder às expectativas dele. De muitas maneiras, Jenna achava que seu pai a afastava, criticando-a e sendo sempre extremamente exigente. Ela se lembrava de um incidente ocorrido quando tinha 10 anos. Levou para casa um boletim escolar em que obtivera nota 10 na maioria das disciplinas e apenas um 9. Seu pai a repreendeu por ser tão "fraca e insolente" e arruinar um recorde potencialmente perfeito. Jenna se lembra do pai como um tirano que tinha expectativas absurdas, e ela se ressente com ele por isso. Não obstante, tentou corresponder às expectativas do pai para ganhar o seu amor. Nesse aspecto, Jenna aprendeu a nunca confiar muito nos homens e transferiu a ligação deficiente que tinha com o pai para os relacionamentos românticos com os homens em geral. Tentou compensar essa falta tornando-se muito próxima da mãe e criou uma barreira em seus relacionamentos com os homens.

Jenna relatou que tentava se aproximar do pai, mas que ele sempre a afastava, criticando-a e diminuindo-a, e assim destruindo a autoestima da filha. Quando Jenna começou a namorar, descobriu que muitos de seus namorados faziam a mesma coisa e basicamente só queriam usá-la para um relacionamento sexual. Essas experiências fizeram com que Jenna endurecesse ao longo dos anos e aumentasse ainda mais a barreira que a separava de qualquer homem. Desenvolveu o esquema de que não era muito importante para os homens senão para satisfazer suas necessidades físicas. Esse sistema de crença fez com que ela endurecesse ainda mais e se isolasse de qualquer emoção.

Mostrei a Jenna que era interessante o fato de ela ter escolhido se consultar com um terapeuta homem, de idade próxima à do seu pai. Isso era irônico, no sentido de que parecia uma oportunidade para Jenna reavivar um vínculo com uma figura paterna vicariamente através de mim, embora me rejeitasse, e consequentemente a terapia, se eu me aproximasse demais dela. Jenna foi muito aberta e honesta comigo sobre seus sentimentos, o que interpretei como sendo sua necessidade de retomar o vínculo com o pai. Ela parecia confiar em mim, particularmente porque tomei o cuidado de jamais a criticar.

Foco do tratamento

Entre os focos do nosso trabalho juntos estava ajudar Jenna a aprender a se soltar e se abrir para Ken. A maior parte da terapia se concentrou em sua solicitação de aprender a sentir. Jenna com frequência dizia: "Eu quero me abrir emocionalmente para o Ken, mas como posso fazer isso se estou 'emocionalmente cauterizada'?". Achei muito interessante o termo que Jenna usou, "emocionalmente cauterizada". Certamente era um termo que a descrevia bem. Ensinar Jenna a ser menos defensiva se tornou um importante desafio na terapia. Trabalhamos muito a sua ausência de apego com Ken e o seu medo de confiar nele. Uma das áreas que usei como instrumento foram as relações sexuais de Jenna com Ken. Quando reuni informações com relação à sua intimidade sexual, Jenna me informou que conseguia atingir o orgasmo durante a relação vaginal com Ken. Informou-me que isso não era problema, era sim algo de que ela gostava. Perguntei-lhe especificamente como ela conseguia se soltar e atingir o orgasmo sem se sentir cautelosa e vulnerável. Ela não conseguiu me explicar como fazia isso, além de dizer que se "concentrava no momento". Usei isso como uma estrutura em uma tentativa de ajudar Jenna a se soltar e experienciar emoção com Ken. Por exemplo, eu a envolvi em vários exercícios comportamentais e cognitivos, em que a fazia deliberadamente se aproximar de Ken e lhe pedir um abraço, e nesse ponto a instruía a deliberadamente prolongar o abraço. Também fiz Jenna examinar o que ela sentia ao fazer isso e identificar os pensamentos específicos que ela tinha sobre vulnerabilidade ou perda de controle.

Durante o primeiro exercício, Jenna disse que conseguiria concluir a tarefa, mas não conseguiria penetrar em seus pensamentos. Ela simplesmente ficava inexpressiva e se sentia como se estivesse emocionalmente entorpecida. Isso não era raro e é referido como *evitação cognitiva*. Pedi a Jenna para repetir o exercício em várias ocasiões, mas se concentrar na sensação do corpo de Ken e no calor dos dois juntos, assim como em suas respectivas respirações durante o abraço. Por certo tempo, encorajei Jenna a entrar em contato com uma sensação de gostar de estar envolvida nos braços de Ken, visto que ele era muito maior do que ela, mas, ao mesmo tempo, lembrar-lhe a sua sensação de "medo e vulnerabilidade". Eu a fiz repetir o exercício de exposição várias vezes, encorajando-a a sentir o que quisesse sentir e evitando fazer quaisquer julgamentos sobre a adequação de seus sentimentos.

Ao longo do tempo, fiz Jenna se reexpor durante períodos de tempo mais longos e a encorajei a dizer em voz alta o que sentia, quais eram seus pensamentos sobre o que estava sentindo. Também a fiz se envolver em várias outras atividades, como deliberadamente chegar atrasada para algumas atividades e ir além de muitos dos limites rígidos que ela com frequência havia imposto a si própria, como deixar os pratos sem lavar na pia, para romper seus padrões repetidos de comportamento compulsivo.

Sessão com a família de origem

Propus convidar o pai de Jenna para uma sessão, a fim de que pudéssemos tratar do relacionamento deles. Pedi sua permissão para entrar em contato com seu pai e o convidei para uma sessão conjunta. De início, Jenna se irritou diante da ideia e expressou suas reservas sobre como a sessão poderia transcorrer. Passamos a discutir alguns dos benefícios potenciais dessa reunião conjunta, e Jenna finalmente concordou com ela. Surpreendentemente, o pai de Jenna foi muito aberto a comparecer à sessão. Disse que estava estressado há anos devido ao seu relacionamento deficiente com a filha e que gostaria de tentar melhorá-lo. Jenna foi muito resistente, mas, após algum encorajamento e apoio de Ken, concordou com o encontro. Inicialmente nos reunimos com Jenna, sua mãe e seu pai para discutir a dinâmica familiar. A mãe de Jenna reforçou a ideia de que, durante anos, ela havia se sentido desconfortável com o relacionamento de Jenna com o pai e achava bom que eles concordassem em fazer terapia juntos.

Conduzi várias sessões com Jenna e seu pai, George, em que conversamos sobre seu apego e vínculo. O pai de Jenna admitiu a existência de um vínculo muito pequeno porque ele nunca soubera como se vincular com sua própria mãe. Sua mãe era uma imigrante sérvia rígida, descrita por ele como "desprovida de emoções". Seu pai morreu muito jovem, de colapso cardíaco. Por isso, era muito difícil para George expressar emoções até conhecer a mãe de Jenna. Embora sua esposa fosse muito afetiva e oferecesse apoio, George admitia que ele com frequência rejeitava suas demonstrações de afeto porque tinha dificuldade de lidar com a emoção intensa. Discutimos o quanto isso impactou o relacionamento de George com Jenna e falamos sobre o vínculo que os dois deixaram de desenvolver. Esse processo demorou aproximadamente 8 meses, mas provou ajudar Jenna significativamente a aprender a se abrir e se deixar sentir. Jenna também ficou chocada quando seu pai revelou que ele também havia iniciado uma terapia individual. Isso pareceu encorajá-la a trabalhar mais diligentemente sobre suas próprias questões. Jenna com frequência dizia: "Precisamos apenas cortar as bordas cauterizadas para eu poder sentir de novo". Também discutimos a ideia de que o que parecia "entorpecimento" para Jenna era na verdade seu próprio isolamento autoimposto como um modo de proteção. Ela com frequência acreditava ser incapaz de sentir porque nunca havia experienciado seus sentimentos no passado. Sugeri-lhe que suas lembranças eram um meio de ela se proteger, como faz uma tartaruga recolhendo-se em sua carapaça.

Esse exemplo enfatiza a noção de como são importantes as primeiras ligações para o relacionamento de um casal e como os danos causados durante o primeiro período de ligação afetam os relacionamentos posteriores.

O papel da regulação do afeto

Apesar das más interpretações comuns, a emoção sempre desempenhou um papel importante no processo terapêutico da TCC. Como as emoções são o que os terapeutas tipicamente encontram desde o início do processo terapêutico, seria difícil, e também insensato, ignorá-las. As famílias em geral entram em tratamento depois da ocorrência de algum cataclismo ou crise emocional intensa. Em uma pesquisa realizada com 147 casais casados que buscaram terapia conjugal, a razão mais comum apresentada para a busca por tratamento foi comunicação problemática e falta de afeto (Doss, Simpson e Christensen, 2004). Portanto, a distância emocional foi considerada uma razão tão comum quanto os problemas de comunicação para que casais buscassem terapia. Grande parte da literatura de pesquisa nos diz que as emoções são principalmente processos mentais não conscientes que criam um estado de prontidão para a ação, dispondo-nos a determinados comportamentos em nosso ambiente (Siegel, 1999). O estado de prontidão é ativado por esses processos mentais inconscientes que mais tarde se tornam conscientes. As emoções influenciam o fluxo dos estados de espírito que dominam um vasto número de nossos processos mentais.

A maioria das teorias da emoção compartilha alguns temas comuns. Um deles é que a emoção envolve complexas camadas de processos que estão em constante interação com o ambiente. No mínimo, essas interações envolvem os processos cognitivos (como a apreciação ou avaliação do significado), a percepção e as mudanças físicas (tais como mudanças endócrinas, de autoexcitação e cardiovasculares).

Como discutido no Capítulo 4, a estrutura do cérebro facilita uma capacidade inata para modular a emoção e para organizar seu estado de ativação (Gleick, 1987). A capacidade da mente para regular os processos emocionais origina-se da capacidade do cérebro para modular o fluxo da excitação e da ativação através de todo o seu circuito. Os processos emocionais primários, juntamente com a expressão afetiva e com o humor, podem ser alterados pelo cérebro. Um conceito popular da regulação emocional se refere à capacidade da mente de alterar os vários componentes do processamento emocional. Siegel (1999, p. 245) declara que "A auto-organização da mente é de muitas maneiras determinada pela autorregulação dos estados emocionais. A maneira como experienciamos o mundo, como nos relacionamos com as outras pessoas e como encontramos significado na vida depende da maneira como conseguimos regular nossas emoções". Mas até que ponto os processos cognitivos são também responsáveis pela regulação? Não há dúvida de que o que os pais fazem com as crianças no início de suas vidas afeta muito o resultado do desenvolvimento das crianças. A pesquisa longitudinal enfatiza isso muito claramente (Milner, Squire e Kandel, 1998). Tanto o temperamento quanto a história do apego contribuem para as diferenças marcantes que testemunhamos entre os adultos na sua capacidade de regular suas emoções (Siegel, 1999). Por exemplo, Dawson (1994) descobriu em estudos de bebês de mães clinicamente deprimidas que a capacidade dos bebês de experienciar alegria e excitação fica bastante reduzida, sobretudo se a depressão materna se estende além do primeiro ano de vida. Essas experiências podem moldar profundamente a intensidade e o equilíbrio geral da ativação emocional durante toda a infância e se prolongar até a idade adulta.

O termo *regulação emocional* se refere à capacidade geral da mente de alterar os vários componentes do processamento emocional. Sem dúvida, a auto-organização da mente é de muitas maneiras determinada pela autorregulação dos estados emocionais. Por isso, o modo como conseguimos experienciar o mundo, como nos relacionamos com as outras pessoas e encontramos significado na vida dependem do modo como conseguimos regular nossas emoções. A emoção reflete fundamentalmente o valor que a mente atribui aos eventos externos e internos e então direciona a alocação dos recursos da atenção para promover o processamento dessas representações.

Intensidade e foco emocional

Com frequência é nos momentos em que as emoções se tornam mais intensas que os indivíduos parecem experienciar a maior necessidade de serem entendidos pelos outros – experienciar também os sentimentos mais intensos de vulnerabilidade. Talvez por isso muitos casais e membros da família extravasam fisicamente ou se retraem quando percebem que não estão sendo ouvidos.

Uma abordagem recentemente desenvolvida conhecida como *terapia focada nas emoções* (TFE) foi introduzida como uma intervenção para casais (Johnson, 1996, 1998). É uma das poucas terapias de casal que têm demonstrado resultados positivos persistentes ao longo do tempo (Johnson, Hunsley, Greenberg e Schindler, 1999). A TFE se concentra na mudança e nos padrões de interação negativos que contribuem para vínculos seguros e emocionais. A perspectiva da TFE sobre o estresse no relacionamento se concentra nas reações emocionais e em padrões rígidos e autorreforçadores da interação. A essência da TFE é considerar que os casais perturbados interagem de modo defensivo. Na terapia, eles aprendem a baixar a guarda e revelar seus sentimentos mais vulneráveis. A TFE é uma abordagem construcionista que se concentra no processo em que os parceiros individuais organizam e criam ativamente sua experiência e seus esquemas contínuos sobre a identidade do *self* e dos outros no contexto de sua "dança interacional" (Johnson, 1998). Os parceiros em um casal são vistos como "paralisados" em certas maneiras de regular, processar e organizar suas reações emocionais em relação um ao outro, o que então constringe a interação entre eles e impede o desenvolvimento de um vínculo seguro. Na filosofia da TFE, os padrões interacionais constritos evocam e mantêm em consequência estados de afeto negativo que, obviamente, criam dificuldades no relacionamento.

Aspecto interessante da TFE é dar prioridade à emoção como um determinante do comportamento de apego, que é uma força positiva para a mudança na terapia de casal. Em vez de encarar a emoção como um aspecto a ser superado e substituído pela reestruturação cognitiva, a TFE se baseia na teoria do apego e na observação de que, em um relacionamento de apego (como um casamento ou outra parceria íntima), a emoção tende a neutralizar outros indícios – daí o título de "focada na emoção". Na verdade, é um problema na integração das técnicas da TCC com a TFE o fato de esta encarar os relacionamentos em termos de apego, em vez de considerar uma perspectiva de intercâmbio, concentrada na negociação racional e em contratos comportamentais.

Há muitos aspectos bons na abordagem da TFE, que envolvem descobrir sentimentos não reconhecidos e enfatizar as posturas interacionais. Há também ênfase na reestruturação de problemas em termos do ciclo das necessidades de ligação não satisfeitas e da promoção da admissão das próprias necessidades, assim como dos aspectos expandidos da experiência do *self*. Muitos desses aspectos podem estar entrelaçados na abordagem cognitivo-comportamental, particularmente através do desenvolvimento de uma conceituação com relação à noção de esquema e dos "esquemas emocionais" que o casal e os membros da família mantêm. Como já declarado, o conceito de esquema foi recentemente expandido para incluir aspectos multinivelados contendo detalhes da emoção, da fisiologia e do comportamento. Isso é importante porque se enfatizam estruturas da memória que envolvem a emoção e outros estímulos sensoriais, como os fisiológicos e os neurais, assim como os componentes cognitivos e comportamentais (James, Reichelt, Freeston e Barton, 2007).

A abordagem cognitivo-comportamental integra aspectos da emoção de uma maneira diferente daquela da TFE. O caso de Jenna, discutido anteriormente neste capítulo, ilustra como a emoção é tratada a partir de uma perspectiva cognitivo-comportamental.

Embora os termos *cognitivo* e *comportamental* talvez não pareçam ter algo a ver com as emoções, as respostas afetivas são, na verdade, um componente fundamental da abordagem cognitivo-comportamental. As técnicas cognitivo-comportamentais têm sido criticadas por não enfatizarem suficientemente o afeto e a emoção, fazendo com que sejam rejeitados por alguns e considerados superficiais (Webster, 2005; Dattilio, 2005e). Entretanto, essa é uma impressão equivocada e comum sobre a TCC. A teoria que está por trás da TCC apoia a ideia de que as cognições influenciam intensamente a emoção, as reações fisiológicas e os comportamentos, e que existe um processo recíproco entre tais domínios (Dattilio e Padesky, 1990). A TCC está preocupada com os relacionamentos complexos e interdisciplinares entre os pensamentos, sentimentos, comportamentos e com a biofisiologia. Escolheu um método específico para lidar com esses componentes na busca de ajudar os casais e os membros da família a mudar. O processamento da emoção é considerado crucial para a sobrevivência e é tão influente quanto os esquemas cognitivos no processamento das informações. Em seu trabalho inicial, Beck (1967) propôs que os indivíduos reagem a estímulos através de uma combinação de respostas cognitivas, afetivas, motivacionais e comportamentais, e que cada um desses sistemas interage com os outros. A maioria dos terapeutas reconhece as limitações das intervenções psicoterapêuticas, particularmente com casais e famílias. O modo como a TCC processa o afeto e lida com a emoção no decorrer da terapia é o que a torna única dentro da arena psicoterapêutica. Epstein e Baucom (2002) proporcionam uma descrição detalhada de problemas que envolvem déficits ou excessos na experiência das emoções pelos indivíduos dentro do contexto de seus relacionamentos íntimos, assim como na sua expressão desses sentimentos para outras pessoas importantes. Segue-se um breve resumo desses fatores emocionais nos problemas conjugais e familiares.

Alguns indivíduos prestam pouca atenção a seus estados emocionais. Devido a isso, os indivíduos podem se sentir negligenciados em seus relacionamentos próximos. Alternativamente, um indivíduo que não consegue monitorar suas emoções pode de repente expressá-las de maneira destrutiva, por meio de um comportamento abusivo para com o cônjuge ou outro membro da família. As razões para que um indivíduo não esteja consciente das emoções variam, mas podem incluir a experiência tida na família de origem de que expressar sentimentos seria "inadequado" ou "perigoso". Consequentemente, o indivíduo pode desenvolver o medo de que expressar até mesmo emoções moderadas o faça perder o controle do seu equilíbrio (talvez associado a transtorno de estresse pós-traumático ou outro tipo de transtorno de ansiedade) ou acreditar que os membros da sua família simplesmente não se importam com a maneira como se sente (Epstein e Baucom, 2002).

Em contraste, alguns indivíduos têm dificuldade para regular suas emoções e experienciam níveis fortes de emoção em resposta a eventos da vida até mesmo relativamente pouco importantes. A experienciação desregulada de emoções como ansiedade, raiva e tristeza pode diminuir a satisfação de um indivíduo com relacionamentos de casal e família e contribuir para que a interação com os familiares se dê de modo a facilitar e aumentar o conflito. Os fatores que contribuem para experiências emocionais desreguladas incluem trauma pessoal passado (por exemplo, abuso, abandono), convivência com membros da família que falharam na regulação da expressão emocional e formas de psicopatologia, como transtorno da personalidade *borderline* (Linehan, 1993).

O caso de Matt e Elizabeth

Dificuldade em regular a expressão emocional era o caso de Matt e Elizabeth, que buscaram aconselhamento de casal depois de Matt ter um caso extraconjugal. A crise trouxe à tona algumas das questões básicas no relacionamento do casal, questões que ambos têm suportado há bastante tempo. Matt finalmente decidiu revelar sua leviandade à esposa porque sua culpa o estava oprimindo demais. Quando revelou sua infidelidade, ele e Elizabeth experienciaram um breve período do que ela chamou de "vínculo histérico" um com o outro, tornando-se física e emocionalmente íntimos durante aproximadamente uma semana. Descobri que esta não é uma reação rara em casais que enfrentam uma crise e que tentam estabelecer proximidade ou se apegar um ao outro. Tenho observado isso em muitos casais em situações similares durante meus anos de prática. Apesar de sua crise óbvia, Matt e Elizabeth me informaram que ambos achavam que sempre houve um forte vínculo intelectual entre eles e compartilhavam o mesmo gosto pela aventura. Isso era importante e havia sido um ponto forte no relacionamento deles no passado. Também por isso o caso de Matt causou um choque em Elizabeth. Ela não entendia o que faltava no seu relacionamento.

Problemas no relacionamento

Durante as fases iniciais da terapia, tentamos examinar as diferenças que contribuíam para alguns dos problemas emocionais no relacionamento. Matt foi criado em uma família bem menos emocionalmente expressiva do que a família de Elizabeth. Os membros da família tinham de até certo ponto explicar seus comportamentos, justificando-se. Havia muito pouca proximidade entre os membros da família. As emoções eram algo que Matt simplesmente tinha dificuldade de expressar e se sentia mais à vontade ao enterrá-las. Elizabeth, no entanto, vinha de uma família em que estava acostumada a expressar suas emoções e tê-las validadas. Também vinha de um ambiente completamente diferente, em que experienciava uma ligação positiva com seus pais.

O choro de Elizabeth devido ao caso extraconjugal de Matt abriu a porta para Matt expressar seu apoio a ela. Ele tentou demonstrar seu apoio da melhor maneira que pôde. Ambos haviam caído em um padrão que lhes dificultava expressar emoções um ao outro. Em geral, Elizabeth ficava magoada e perturbada com algo que havia ocorrido no relacionamento, talvez algo que Matt houvesse feito ou dito no passado. Ela começava a buscar alguma expressão de emoção da parte dele, mas ele não conseguia demonstrar seus sentimentos. Consequentemente, Elizabeth tornou-se reservada, zangada, retraída e ressentida. Quando isso aconteceu, Matt lutou contra o ressentimento dela. Ele achava que Elizabeth havia "construído um muro entre eles" e se tornado defensiva, o que contribuía para o seu estranhamento. Dada a maneira como foi criado, Matt interpretava isso como um ataque pessoal a ele, o que, em muitos aspectos, certamente era. A atitude defensiva de Elizabeth fez com que ele também se tornasse defensivo, se retraísse e se isolasse. Ele recorda que sua família era muito fria. "Sempre que havia qualquer tipo de conflito, tínhamos de adivinhar o que a outra pessoa estava pensando e fazendo." Ele disse: "As pessoas da minha família simplesmente não comunicavam suas emoções. Era como se fôssemos emocionalmente atrofiados".

Tudo isso contribuiu para o constante estranhamento entre Matt e Elizabeth. Ela disse que, quando o estranhamento ocorria, "nós simplesmente íamos para o nosso lugar seguro e esperávamos que passasse algum tempo, em vez de conversarmos um com o outro". Expliquei a Matt e Elizabeth como essa situação se assemelhava à construção de uma placa no revestimento das artérias de uma pessoa que vai se endurecendo com o tempo e restringe o fluxo sanguíneo, tal como ocorre na maior parte dos ataques cardíacos. Expliquei-lhes que, enquanto esse bloqueio em seu relacionamento foi se desenvolvendo ao longo do tempo, eles foram se estranhando cada vez mais até se tornarem insensibilizados para expressar quaisquer emoções. Esta foi a hipótese formulada como uma das razões de Matt ter vivido um caso fora do casamento – ele acreditava que precisava se conectar com outra pessoa e também estava chateado com a situação entre ele e Elizabeth.

Elizabeth declarou que sua maior frustração no relacionamento com Matt era ter de sempre apontar as coisas para ele. "Nada acontece sozinho", queixava-se ela. Matt explicava-se, dizendo que não conseguia lidar com a raiva de Elizabeth, então simplesmente a evitava, algo que ele havia se acostumado a fazer toda a vida.

Grande parte do nosso trabalho juntos na terapia de casal foi permitir o intercâmbio gradual das emoções no transcorrer de vários meses. É interessante assinalar que se facilitou o processo por meio do uso de estratégias tanto cognitivas quanto comportamentais. Essas estratégias são particularmente importantes porque Matt era um indivíduo com uma orientação mais cognitiva, embora ele e Elizabeth se descrevessem como "tipos intelectuais". Apesar do fato de Elizabeth ser mais emocional, um campo comum foi alcançado concentrando-se inicialmente na interação comportamental e depois passando ao intercâmbio emocional aumentado. Consequentemente, conseguir que ambos fizessem algumas modificações na maneira como evitavam um ao outro simplesmente no nível comportamental permitiu algum espaço para finalmente tratarmos das questões dos seus sentimentos com relação à mudança e ligar a isso uma emoção específica. Por exemplo, em vez de o casal se separar fisicamente quando as coisas se tornassem tensas, sugeri que Matt segurasse a mão de Elizabeth em silêncio antes de expressar qualquer declaração verbal. Tal atitude, pelo menos, serviria para mantê-los engajados de maneira menos ameaçadora.

Durante uma das sessões de terapia, discutimos a reação fisiológica desagradável de Matt para expressar qualquer sensibilidade. Ele temia ter de por de lado suas "habilidades intelectuais" e se descrevia como similar a um "cervo paralisado pelos faróis de um carro que se aproximava". "Expressar emoções significa expor a minha vulnerabilidade e me colocar 'fora do meu elemento'. Sem as habilidades intelectuais, eu me sinto perdido." Tratava-se claramente de uma questão de regulação emocional para Matt, porque tendia a conter suas emoções e temia que se "se permitisse sentir", suas emoções desmoronariam em uma "cascata emocional". Ele descreveu isso como uma situação de "tudo ou nada", um aspecto que eu mais tarde lhe apontaria como sendo uma distorção cognitiva. Acontecia particularmente nos momentos de expressar raiva, que formulei a hipótese de estar por trás da sua infidelidade.

É interessante observar que Elizabeth reagiu à descrição de Matt encarando-a como uma manipulação. "Quando Matt demonstra qualquer emoção, é devastador, e ele a expressa em resposta à manifestação das minhas emoções. Se eu fico com raiva e tento expressar isso para ele, ele se torna muito retraído e se isola, e então é 'só Matt que importa'." Matt também atacaria Elizabeth zangando-se quando ela expressava emoção, o que fazia com que eu "me retraísse", como disse Elizabeth. "Ele tentava em tão me magoar me ignorando. Era o que seu irmão fazia com ele."

Curso do tratamento

Grande parte do meu trabalho com esse casal envolveu a discussão de métodos para a regulação de suas emoções, tanto em um nível cognitivo quanto em um nível afetivo, e o ajuste de seus comportamentos em conformidade com isso. Durante uma sessão, Elizabeth levantou a questão de Matt ser incapaz de confortá-la quando ela necessitava. Ela disse: "Ele não tem ideia do que fazer". Matt colocava a cabeça sobre o ombro dela, achando que isso a estava confortando, quando na verdade era Elizabeth que precisava colocar sua cabeça no ombro dele. Matt replicou: "Como posso fazer isso se ela está sentada em uma cadeira? Ela não me dá nenhuma abertura para eu fazer isso".

Grande parte da ajuda para ensiná-los a confortar um ao outro era quase coreografar seus movimentos com exercícios comportamentais, mostrando-lhes exatamente o que do outro necessitava, tanto física quanto emocionalmente. Foi nesse ponto que Elizabeth levantou outra questão: "Quando se faz um roteiro, parece falso. Por que ele não sabe o que fazer?". Foi nesse ponto que a reestruturação cognitiva entrou em nosso trabalho, quando a ajudei a entender que tal forma de pensar era uma distorção e que ela não podia esperar que Matt soubesse o que fazer o tempo todo. A distorção consistia na crença de que algo devia sempre ser espontâneo para ser genuíno. Parte da facilitação de um relacionamento saudável e harmonioso é os parceiros serem capazes de informar um ao outro do que necessitam – mesmo que isso signifique estruturá-lo como uma dança coreografada. Enfatizei que a espontaneidade provavelmente viria mais tarde, mas de início havia necessidade de roteiro até que ambos aprendessem do que o outro necessita. Parte do exercício comportamental a ser realizado em casa era fazer Matt e Elizabeth escreverem exatamente do que necessitavam um do outro quando estavam sendo confortados. O exercício incluía exibições emocionais e comportamentais consistentes, como acarinhar um ao outro ou sorrir de vez em quando. Às vezes nada precisava ser dito verbalmente: apenas um gesto, como colocar os braços em torno do outro, ou passar a mão no seu cabelo, era suficiente para uma comunicação não verbal.

Além do modo de o indivíduo experimentar as emoções, o grau e a maneira como as expressa às outras pessoas pode afetar significativamente a qualidade dos relacionamentos conjugais e familiares. Enquanto alguns indivíduos inibem sua expressão, outros expressam os sentimentos de maneira totalmente explícita. Os possíveis fatores na expressão emocional desregulada incluem experiências passadas em que fortes demonstrações emocionais eram a única maneira de efetivamente se obter a atenção de outras pessoas importantes ou um alívio temporário de intensa tensão emocional, e habilidades limitadas de autoconforto. Na nossa discussão, Elizabeth me explicou que Matt às vezes ficava deprimido e permanecia dias na cama. Ele queria que Elizabeth "cuidasse dele" e ficasse sentada junto com ele. Surpreendentemente, Elizabeth nunca recebera esse tipo de tratamento de seus próprios pais. "Meus pais jamais cuidaram de nós, mesmo quando estávamos fisicamente doentes." Era uma questão de orgulho, e isso era entendido como "você é forte – e então cuidávamos de nós mesmos". Matt lembrou que a única vez que seus pais cuidaram dele foi quando ficou doente. Então, admitiu que buscava conforto de Elizabeth principalmente quando ficava doente, o que a incomodava porque os pais dela não toleravam esse comportamento. Ela o encarava como um sinal de fraqueza. Ficava frustrada com o que via como autopiedade de Matt. Fazer com que eles mudassem esse tipo de interação era um dos objetivos do trata-

> mento. No decorrer de nossas sessões, discutimos comportamentos alternativos para Matt que não fossem ofensivos a Elizabeth. Parte da tarefa de casa consistia em Matt experimentar o novo comportamento e Elizabeth lhe dar um *feedback* verbal.

Às vezes, os membros da família do indivíduo inibido acham conveniente não ter de lidar com os sentimentos da pessoa; em outros casos, os membros da família ficam frustrados diante da falta de comunicação e insistem, o que pode resultar em um padrão circular de exigência e retraimento, como vimos com Matt e Elizabeth. Em contraste, alguns membros da família que recebem expressão emocional desregulada em geral a consideram estressante e reagem agressivamente ou se distanciam do indivíduo. Se a expressão emocional não contida de um indivíduo visa envolver os outros para satisfazer suas necessidades, o padrão pode com frequência provocar o efeito contrário (Epstein e Baucom, 2002; Johnson e Denton, 2002).

Com frequência, as pessoas procuram o tratamento com enfoque em suas preocupações emocionais. As emoções são as expressões externas do tumulto interno e do conflito interpessoal. As emoções podem também ter interessantes interconexões com os processos cognitivos e com o comportamento, o que às vezes dificulta discernir o que está se passando com um determinado indivíduo ou casal. A maioria das pessoas explica seus vínculos com os parceiros ou membros da família pela maneira como se sentem em relação a eles. Em muitos aspectos, os indivíduos com frequência dizem que são suas emoções que conduzem a vários pensamentos e comportamentos, e guiam suas interações no relacionamento e na vida em geral. Palmer e Baucom (1998) conduziram um estudo em que examinaram o quanto os casamentos duravam e as reflexões dos cônjuges sobre aqueles componentes que contribuíam para manter os casais juntos. Os autores indicaram que os casais estressados buscavam tratamento porque eram profundamente infelizes com a ausência de reações tanto positivas quanto negativas de seus parceiros. Em essência, os cônjuges precisam ver um equilíbrio de emoção por parte dos parceiros.

Gottman (1999) enfatizou a importância de se diferenciar entre os sentimentos de raiva e uma percepção de desprezo. A raiva em um intercâmbio emocional entre cônjuges ou membros da família pode não ser sarcástica, mas, quando adicionada à expressão de crítica e desprezo, se transforma em algo negativo. O foco aqui é trabalhar com os sentimentos que envolvem a destrutividade devido a um intercâmbio interpessoal forte. Isso justifica o papel da cognição, pois as emoções que envolvem um sentimento ou atitude negativa para com o parceiro ou membro da família podem ser percebidas como uma dinâmica emocional-cognitiva. Sem dúvida são tipicamente as emoções negativas que os indivíduos trazem para o tratamento e em geral o que citam como a base do descontentamento.

Secundária à necessidade de identificar as emoções negativas nos relacionamentos é a importância de determinar as raízes e a penetração dessas emoções. As emoções momentâneas que se dissipam e não corroem profundamente o curso de um relacionamento são diferenciadas daquelas que permanecem mais consistentes e que se mostram debilitantes. Por exemplo, a raiva que um membro da família sente por outro, seguida pelo desprezo contínuo e pela exibição sarcástica de comportamentos, pode ser considerada mais pronunciada do que a simples raiva situacional que uma pessoa sente por outra. Além disso, a expressão de algumas emoções é destrutiva, mesmo que ocorram com pouca frequência, se forem associadas a eventos profundos por muito tempo lembrados pela outra pessoa. Por exemplo, uma esposa que ficou zangada com o marido por ele fazer um comentário sobre seus gastos excessivos se vingou contando a vários amigos em um jantar um incidente em que ele não conseguiu bom desempenho sexual. Apesar do fato de ambas as raivas terem cedido no jantar, o marido continuou a se sentir humilhado diante de seus amigos e com frequência levantava a questão com a esposa para indicar como ela fora cruel.

Humores positivos *versus* negativos

Tem havido pouca pesquisa na literatura profissional sobre a noção de "humores positivos e negativos" ou sobre a afetividade nos relacionamentos. Alguns dos primeiros estudos realizados por Watson e Tellegen (1985) tratam da questão dos afetos positivos e negativos como emoções fundamentais específicas das situações, assim como tendências gerais ao longo do tempo. Schuerger, Zarrella e Hotz (1989) também estudaram a estabilidade das emoções durante períodos de tempo variados, indicando que a afetividade positiva produz uma maior estabilidade no relacionamento do que a afetividade negativa. Beach e Fincham (1994) também detalharam os afetos positivos e negativos nos relacionamentos, indicando que os indivíduos que experimentavam altos níveis de afeto positivo também exibiam um senso melhor de bem-estar e domínio social, quando comparados àqueles com altos níveis de afetividade negativa. Consequentemente, Beach e Fincham (1994) inferiram que os indivíduos com afeto positivo reagem mais às situações que produzem humores positivos, interação social e intimidade sexual do que aqueles que têm uma afetividade negativa mais elevada. Estes últimos têm maior probabilidade de experienciar ansiedade, sensibilidade à rejeição e tristeza. A ninguém surpreende que a afetividade tem claramente um efeito profundo sobre o humor e ambiente do indivíduo. Pesquisa adicional confirmou tal hipótese, particularmente aquela de pesquisadores como Cook e colaboradores (1995), que constataram, em um estudo longitudinal de estabilidade conjugal, que os casais que permaneceram juntos apresentavam tendência a ser mais positivos, menos influenciados por fontes externas e mais estáveis e sólidos, em comparação com os que finalmente acabaram se divorciando. Os casais que permaneciam juntos também influenciavam um ao outro positivamente, enquanto aqueles que enfrentaram o divórcio influenciavam um ao outro em uma direção negativa.

Experimentando e expressando as emoções

Durante uma sessão inicial de terapia de casal, Gloria se queixou de que nunca soubera o que o marido, Gus, sentia: "Às vezes é quase como viver com um estranho". Quando Gus foi questionado sobre sua reação à queixa da esposa, respondeu: "Como posso expressar o que não consigo sentir? É como se eu fosse emocionalmente vazio".

Antes de você poder expressar uma emoção, você tem de experienciá-la. Essa é uma área problemática com a qual os terapeutas com frequência se deparam em um ou mais membros da família no decorrer do tratamento. Obviamente, as estruturas de personalidade afetam muito a maneira como os indivíduos experienciam e expressam suas emoções. Alguns indivíduos com transtorno de personalidade experienciam uma emoção, mas de maneira fragmentada. Por isso, eles não estão especificamente seguros do que sentem. Sua experiência emocional pode demorar algum tempo para se aclarar, e quando expressam a emoção podem fazê-lo durante um período de tempo.

A raiva é uma emoção expressada de várias maneiras. Os indivíduos expressam raiva ou frustração de maneiras passivo-agressivas, como gastando além dos limites que estabeleceram com seus parceiros, ou simplesmente passando cheques sem registrá-los (fazendo com que um cheque seja devolvido por insuficiência de fundos) e, dessa maneira, agastando seus parceiros. Outros expressam sua raiva mais abertamente, causando dano físico a objetos ou gritando e exibindo raiva. Outros ainda expressam sua raiva verbalmente, mas sem danificar nada nem ofender ninguém.

A complexidade que se desenvolve nos relacionamentos conjugais e familiares deve-se com frequência às reações das outras pessoas a essas expressões, que servem para formar um padrão de intercâmbio negativo. Muitos membros da família frequentemente se adaptam aos padrões de expressão emocional de um parceiro ou dos membros da família de modo a sufocar ou provocar conflito. É quando se expressam em uma interação de relacionamento sentimentos negativos, como o desprezo, que pode se seguir a um resultado negativo. Esse foi o resultado profundo encontrado nos estudos de John Gottman (1999), em que ele determinou que o melhor prognosticador individual do divórcio era a quantidade de desprezo expressada quando os parceiros interagiam um com o outro. Gottman determinou que o desprezo era um sentimento global que se desenvolvia durante um relacionamento e era expressado em determinados momentos de estresse ou conflito. Gottman também descobriu que, quando os indivíduos expressavam uma emoção – como raiva, por exemplo – imediatamente, tinham maior probabilidade de resolver suas questões do que aqueles que mantinham um prolongado sentimento de desprezo pelo par. Por isso, com frequência é importante que, durante a terapia de relacionamento, se facilite a expressão da emoção, ajudando os indivíduos a entrar em contato com seus sentimentos e expressá-los da maneira adequada, em vez de contê-los apenas para liberá-los mais tarde de um modo destrutivo. No caso discutido anteriormente, envolvendo Matt e Elizabeth, o uso das técnicas cognitivas e comportamentais para melhor regular a expressão emocional de Matt foi essencial para melhorar o relacionamento do casal. Quando ele aprendeu a controlar sua raiva usando a autoconversa cognitiva e expressando seu sentimento antes que a raiva aumentasse, o intercâmbio emocional no relacionamento melhorou muito e reduziu as tensões do dia a dia do casal.

As abordagens terapêuticas baseadas na teoria do apego e na teoria da aprendizagem social concordam que os indivíduos com frequência evitam experienciar emoções ameaçadoras ou inaceitáveis, ou substituí-las por emoções menos ameaçadoras ou mais aceitáveis (Kelly, 1979). As perspectivas psicodinâmicas se referem a isso como um mecanismo de defesa que os indivíduos usam para evitar sentimentos inaceitáveis. Eles podem até convertê-las na formação de uma reação, que envolve expressar o oposto do que realmente sentem. Johnson e Greenberg (1988) sugerem que expressar emoções pode ser uma maneira importante de regular a ligação e a relacionada sensação de segurança, como proximidade e intimidade. Por isso, um parceiro pode expressar emoções afetuosas de carinho e ternura por seu companheiro ou membro da família como uma maneira de obter maior intimidade e segurança da outra pessoa. É claro que, se tal comportamento for recebido com rejeição, podem emergir emoções secundárias ou reativas, como raiva, rejeição e insatisfação. Isso seria usado para provocar sentimento de culpa no outro, a fim de que reaja positivamente ou sirva como meio de castigo e para expressar ofensa. Com frequência surgem dificuldades quando um dos indivíduos em um relacionamento se sente confortável com menos expressão emocional do que o outro, o que obviamente pode criar alguma distância entre os dois.

Pensamentos e crenças sobre a expressão emocional

Uma das principais razões para o uso da abordagem cognitivo-comportamental no trabalho terapêutico com relacionamentos envolve as cognições sobre a expressão da emoção. A TCC postula que os indivíduos mantêm pensamentos e crenças diferentes sobre a experimentação e expressão de suas emoções, o que domina a maneira como se desenvolve a demonstração emocional.

Há um debate considerável na literatura profissional sobre se as emoções afetam mais a cognição do que as cognições afetam a emoção. Como anteriormente discutido, os teóricos focados na emoção, como Johnson e Greenberg (1988), propuseram que as emoções estão na raiz do que os indivíduos experienciam e que eles podem tender a desenvolver cognições secundárias àquelas. Entretanto, os terapeutas cognitivo-comportamentais acreditam mais na noção de que os indivíduos desenvolvem crenças que conduzem à experiência de determinadas emoções e, particularmente, à maneira como as expressam. Não é incomum que as mulheres se sintam mais à vontade do que os homens para expressar suas emoções e lhes dar importância (Brizendine, 2006). Por isso, as crenças sobre a maneira como se deve expressar as emoções são muito relevantes nos relacionamentos. Secundária a isso está a questão de alguns indivíduos carecerem ou não da habilidade adequada para expressar essas emoções, particularmente se não as expressaram no passado. Ser incapaz de entrar em contato com suas emoções, com o que se está experienciando no momento, e incorporar essas sensações internas em uma exibição externa pode ser uma desvantagem séria para alguns homens.

A dificuldade de expressar emoções de maneira modulada, com níveis apropriados de intensidade e demonstração, pode também constituir uma área de dificuldade para muitos. Observa-se isso com frequência em indivíduos que exibem indisposição para regular sua expressão emocional, particularmente quando estão zangados e apresentam justificativa para tanto. Muitos acham que, se não demonstrarem suas emoções de uma maneira contundente ou direta, adoecerão.

Epstein e Baucom (2002) discutiram como os indivíduos que mantêm relacionamentos estressados podem ter regulação emocional deficiente sem qualquer transtorno de personalidade, particularmente porque parecem experienciar raiva em termos dicotômicos: ou seja, sentem a necessidade de demonstrar suas emoções, como a raiva, de maneira "tudo-ou-nada". Por isso, lidar com a regulação emocional é fundamental. Há pouca literatura profissional com relação à pesquisa sobre a regulação emocional em relacionamentos estressados, mas existe algum material escrito sobre estratégias para lidar com a regulação emocional (Heyman e Neidig, 1997).

Como anteriormente mencionado, as emoções são encaradas pela maioria dos teóricos como integralmente relacionadas às cognições e aos comportamentos. Considerar que a cognição e o comportamento não acompanham a emoção seria ingênuo. O pensamento lógico implica que eles se influenciam mutuamente. Então, a questão real é qual a melhor maneira de intervir. Na prática, as intervenções provavelmente começam com os sentimentos ou com as cognições, mas os terapeutas que se concentram nos sentimentos também devem se lembrar de lidar com as cognições, e vice-versa. Albert Ellis (1982) sugeriu que as pessoas geralmente agem depois de ocorrer o processamento cognitivo. Outros teóricos acreditam que estados de espírito variados estão relacionados a diferentes estilos de processamento das informações (Bless e Bohner, 1991; Bless, Hamilton e Mackie, 1992; Johnson e Greenberg, 1988).

Por isso, percebe-se que, quando os indivíduos estão com humor negativo, eles têm maior probabilidade de se engajar em mais introspecção cognitiva. A pesquisa tem indicado que as emoções negativas, como o ressentimento, podem claramente iniciar o processamento cognitivo, e que humores negativos, pessimismo e sentimentos afins conduzem a um estado de espírito desgastante, como no caso de um cônjuge que sempre olha para o lado negativo das coisas e mantém uma atitude pessimista (Gottman, 1994).

Gottman (1994) descobriu que o humor negativo inicia um processamento cognitivo negativo, que por sua vez conduz a uma nova preocupação seletiva com os eventos negativos. A partir dessa nova preocupação seletiva, desenvolvem-se atribuições negativas que conduzem a expectativas negativas para o futuro. Beck descreveu isso como uma *estrutura negativa*, que torna os indivíduos vulneráveis a encarar determinada situação com um olhar tendencioso. A pesquisa sugere que o humor negativo parece resultar em um processamento cognitivo mais focado e detalhado (Epstein e Baucom, 2002). Esses pesquisadores descobriram que o humor tende a influenciar a memória, distorcendo as interpretações e provocando lembranças de situações ou eventos negativos. O ciclo paralisante em que muitos casais e famílias entram quando estão emocionalmente estressados pode torná-los propensos a lembranças negativas sobre as interações, em oposição às interações positivas que tiveram um com o outro.

Um bom exemplo disso ocorre quando peço aos casais para usarem adjetivos de uma só palavra para descrever seu descontentamento com os parceiros. Mais tarde, quando solicitados a usar adjetivos de uma só palavra para descrever o que os atraiu um ao outro, as palavras com frequência são o inverso daquelas usadas para descrever o que os desagrada em seus parceiros.

O caso de Jeff e Marge

Quando Jeff foi solicitado a descrever com uma só palavra o que o irritava em sua esposa, Marge, ele relacionou os seguintes adjetivos: *frívola, superficial, irresponsável, impulsiva, emocional* e *excêntrica*. Mais tarde, listou os seguintes adjetivos para descrever o que o atraiu em Marge: *maravilhosa, encantadora, despreocupada, espontânea, animada* e *divertida*. Quando as palavras foram alinhadas, apareceu a seguinte lista:

Qualidades irritantes	Qualidades atrativas
Frívola	Maravilhosa
Superficial	Encantadora
Irresponsável	Despreocupada
Impulsiva	Espontânea
Emocional	Animada
Excêntrica	Divertida

> Quando Jeff viu como os adjetivos se alinhavam, admitiu que alguns da primeira lista poderiam corresponder às mesmas qualidades encontradas na segunda lista, mas vistas sob uma luz diferente devido ao seu humor e à sua percepção no momento. Jeff, como muitos membros de casais, estava paralisado em uma estrutura negativa. Sua visão de Marge foi afetada por sua estrutura mental negativa. Por isso, as qualidades da parceira que ele antes percebia como atrativas eram agora desagradáveis.

Os estados emocionais têm um efeito profundo nos relacionamentos. Não há dúvida de que as emoções são uma parte fundamental dos relacionamentos familiares e com frequência determinam o tom das interações do dia a dia. Entretanto, é importante que os membros da família mantenham um equilíbrio entre os intercâmbios emocionais positivos e negativos em vários níveis, para que haja um pequeno viés em uma ou outra direção. Um foco importante da abordagem cognitivo-comportamental é monitorar a maneira como os membros da família se comportam em resposta a intercâmbios emocionais negativos. No texto *Enhanced Cognitive-Behavior Therapy for Couples*, Epstein e Baucom (2002) apresentam um resumo detalhado que delineia vários fatores cognitivos e emocionais que ajudam a dar cor à experiência de um indivíduo de seus relacionamentos íntimos. Em seu resumo, os autores descrevem claramente o importante interjogo entre as cognições e as emoções (Epstein e Baucom, 2002, p. 103-104).

Dificuldade na adaptação às demandas da vida envolvendo indivíduos, questões de relacionamento ou o ambiente

A abordagem cognitivo-comportamental melhorada das famílias integra aspectos do estresse familiar e da teoria do enfrentamento (por exemplo, McCubbin e McCubbin, 1989) com princípios cognitivo-comportamentais tradicionais. As famílias enfrentam várias demandas às quais precisam se adaptar, e a qualidade dos seus esforços de enfrentamento pode afetar a satisfação e a estabilidade dos seus relacionamentos. As demandas enfrentadas por um casal ou família derivam de três fontes principais:

1. características dos membros individuais (por exemplo, a família tem de enfrentar a depressão de um membro);
2. dinâmica do relacionamento (por exemplo, os membros de um casal têm de resolver ou se adaptar às diferenças nas necessidades dos dois parceiros, como quando um é orientado para a realização e para a carreira, e o outro se concentra na união e na intimidade);

3. características do ambiente interpessoal (por exemplo, violência no bairro ou isolamento rural).

Os terapeutas cognitivo-comportamentais avaliam o número, a gravidade e o impacto cumulativo das várias demandas que um casal ou uma família experimentam, assim como seus recursos e habilidades disponíveis para enfrentar essas demandas. Consistente com um modelo de estresse e enfrentamento, o risco de disfunção conjugal ou familiar aumenta com o grau de demandas e déficits nos recursos. As percepções dos membros da família das exigências e de sua capacidade para enfrentá-las também desempenham um papel proeminente no modelo de estresse e enfrentamento. As habilidades dos terapeutas em avaliar e modificar a cognição distorcida ou inadequada podem ser muito úteis na melhoria das habilidades de enfrentamento das famílias.

O PAPEL DA MUDANÇA COMPORTAMENTAL

Teoria do intercâmbio social

A teoria do intercâmbio social sempre foi um componente importante do tratamento cognitivo-comportamental das famílias. As terapias de casal de base mais empírica têm seus fundamentos na terapia de casal comportamental, que se concentra em mudar diretamente o comportamento maximizando os intercâmbios positivos e minimizando os intercâmbios negativos (Jacobson e Margolin, 1979; Weiss et al., 1973). Esse conceito é particularmente importante porque a maioria dos casais infelizes relata frequências diárias mais elevadas de eventos negativos do que de eventos positivos (Johnson e O'Leary, 1996).

A teoria do intercâmbio social se concentra nos custos e benefícios associados aos relacionamentos. Ela enfatiza que há tecnicamente um lado negativo nas condições sociais particulares, como ser casado ou solteiro, e há momentos em que o lado negativo pode predominar na mente de um indivíduo, fazendo com que ele encare a condição social com pesar. A teoria do intercâmbio social foi inicialmente concebida por Homans (1961) e mais tarde elaborada por Thibaut e Kelley (1959). Thibaut e Kelley aplicaram o conceito do intercâmbio social à dinâmica dos relacionamentos íntimos, em que identificaram padrões de interdependência. A teoria do intercâmbio social se baseia nas teorias econômicas e vê a interação do casal através da lente de um intercâmbio de custos e recompensas. Dito em palavras simples, os custos correspondem às razões por que um relacionamento seria considerado indesejável, enquanto as recompensas correspondem às razões que fazem os parceiros manterem o relacionamento. Se você pensar no seu próprio relacionamento conjugal, pode descobrir muitos custos e recompensas. Alguns custos seriam os maus hábitos do seu cônjuge, talvez como gasto excessivo de dinheiro ou temperamento. Entretanto, os custos podem ser superados pelas recompensas, como, por exemplo, bondade e sensibilidade do cônjuge, lealdade e apoio constantes. É o equilíbrio dos custos e das recompensas que frequentemente ajuda os casais a determinar se estão ou não satisfeitos com o relacionamento.

O mesmo acontece com os membros da família. Os irmãos podem ser corteses um com o outro se perceberem que o mesmo nível de cortesia será estendido a eles. Dar e receber é com frequência o que acalma o conflito familiar e restaura o equilíbrio nas interações familiares.

A noção geral de uma proporção custo-benefício serve a vários propósitos importantes. O nível de satisfação dentro de um relacionamento conjugal e o compromisso do par de permanecer junto ou se separar podem ser encarados no contexto das recompensas percebidas em relação aos custos.[1]

Um conceito importante da teoria do intercâmbio social é a tendência dos indivíduos a comparar as recompensas que estão recebendo com as alternativas percebidas. Tal comparação é um processo complexo que envolve fenômenos cognitivos inter-relacionados, que incluem percepção, rotulação e expectativa. Consequentemente, uma mulher cujo marido lhe foi desleal pode pensar: "Ele só fez isso uma vez e não vai acontecer de novo". Consequentemente, ela pesa o "custo" de viver com o dano (a lembrança da traição) em contraposição ao custo de viver sem seu marido e conclui que o primeiro supera o segundo. A recompensa desse pensamento seria o meio de evitar uma possível separação.

A expectativa de um cônjuge sobre comportamentos apropriados, desejáveis e aceitáveis forma o padrão contra o qual o comportamento do seu parceiro é mensurado. Essas expectativas derivam da percepção que o indivíduo tem do *self*, do sistema de valores pessoal e das experiências sociais passadas. Alguém com baixo respeito próprio pode avaliar o comportamento do seu cônjuge como apropriado, desejável e aceitável, enquanto um indivíduo com alto respeito próprio pode encarar o mesmo comportamento como o oposto. O não compartilhamento das decisões financeiras importantes talvez tenha pouca relevância para o indivíduo que não valoriza esse comportamento. As expectativas dos cônjuges um sobre o outro também têm sido uma importante variável na determinação de níveis de comparação ao se analisar a satisfação conjugal (Baucom e Epstein, 1990).

Um componente fundamental da interdependência é o quanto um parceiro procura recompensa no relacionamento em vez de independentemente

---

[1] No caso dos membros da família, pode ser um pouco diferente, porque eles nem sempre têm escolha sobre permanecer ou não juntos. Como, em geral, se nasce em uma família e não se escolhem os parentes, as situações apresentam poucas opções.

ou fora da união. A coordenação dos esforços de um casal para contribuir para os objetivos um do outro depende do quanto procuram satisfazer as necessidades e os objetivos um do outro dentro do relacionamento. Embora um casal possa funcionar com um nível significativo de interdependência, um ou ambos os parceiros talvez desejem que alguns resultados sejam atingidos independentemente, ou fora do casamento.

Kelly (1979) indicou que ao longo do tempo provavelmente haverá mudanças contínuas na interdependência dos casais, em termos de como e em que extensão buscam a satisfação de seus objetivos e necessidades no relacionamento. Pode haver um potencial conflito com relação a vários aspectos:

1. *Mutualidade da dependência* – os cônjuges são mutuamente interdependentes em uma área de resultado, ou um dos cônjuges é unilateralmente dependente?
2. *Grau de dependência* – quanto maior a dependência, maior a intensidade.
3. *Correspondência do resultado* – o resultado que um indivíduo deseja depende das suas próprias opções, das opções do cônjuge ou de uma combinação das duas?

Kelly (1979) também enfatizou o que ele chamou de *nível de comparação para as alternativas*. Os cônjuges estressados percebem as recompensas e os custos de viverem sozinhos e de viverem com outro parceiro, e os pesam em relação às recompensas e aos custos de permanecerem em seus atuais relacionamentos. Talvez o cônjuge ache que o divórcio acarretará uma grande dificuldade econômica. Talvez o parceiro acredite que o divórcio é moralmente errado. Nos dois casos, o indivíduo pode perceber os custos da alternativa ao casamento como altos demais, ainda que as recompensas de permanecer no casamento sejam muito baixas.

Os indivíduos comparam as proporções custo-benefício das opções que estão diante delas. As recompensas para o custo de permanecer em um relacionamento são avaliadas em contraposição às alternativas externas ao relacionamento, com um resultado líquido promovendo um maior ou menor compromisso com o relacionamento. Isso explicaria em parte por que um cônjuge permaneceria em um relacionamento em que repetidamente experimenta abuso físico ou infidelidade, como era o caso de Wilma, descrita no capítulo anterior. Segundo a teoria do intercâmbio social, pode-se determinar que um cliente é extremamente dependente do seu parceiro, resultando em uma alta tolerância às baixas recompensas da união. Associada a essa condição, um ou outro pode ter uma firme visão de que os relacionamentos conjugais devem ser mantidos a todo custo, prever grandes dificuldades econômicas após o divórcio, sentir a insegurança emocional de viver sozinho e considerar o divórcio como destruidor da família e prejudicial aos filhos.

Em essência, a extrema dependência e a concomitante expectativa em um relacionamento, juntamente com o alto custo de sair dele (comparado às alternativas), inclina um cônjuge a permanecer no relacionamento, por mais insatisfatório ou psicologicamente danoso que ele seja.

A reciprocidade nos relacionamentos

A reciprocidade é usada em dois sentidos na terapia familiar. Na noção enfatizada pelos behavioristas, assim como pela sabedoria popular, se você der mais, vai receber mais – *quid pro quo* (expressão latina para "isto por aquilo"). Em outro sentido, proposto pelos teóricos sistêmicos, em uma relação o comportamento de um membro da família depende em parte do comportamento dos outros (Minuchin e Nichols, 1998 [citado em Dattilio, 1998a]).

O quanto os parceiros exercitam a reciprocidade em seus intercâmbios de comportamentos compensadores e não compensadores se baseia em parte na teoria do intercâmbio social e tem recebido muita atenção na literatura profissional.

Neil Jacobson e colaboradores (1982) descobriram que tanto os eventos compensadores quanto os punitivos do relacionamento tendem a ter um impacto imediato nos casais estressados. Em contraste, os casais não estressados parecem possuir uma qualidade não reativa em relação ao comportamento negativo; nesses casais, os comportamentos punitivos são absorvidos sem reação. Essa não reciprocidade imediata impede o casal de escalar para uma cadeia de intensos intercâmbios negativos. Por exemplo, Mary percebeu que seu marido não levou o lixo para fora porque estava zangado com ela, mas decidiu deixar passar em vez de reagir. Seu comportamento (isto é, a não reação) teve um efeito positivo sobre o marido, que percebeu que Mary deixou passar o comportamento sem fazer nenhum comentário; ele percebeu que ela não reage furiosamente a ele em qualquer oportunidade. Tal qualidade não reativa provavelmente é o produto de um contínuo alto nível de intercâmbios positivos entre parceiros não estressados. É importante que os cônjuges monitorem suas cognições sobre tal comportamento, para evitar armazenar um ressentimento que seria expressado mais tarde de maneira destrutiva (isto é, comportamentos passivo-agressivos). John Gottman descreveu um modelo de "conta bancária" de intercâmbio conjugal, em que os investimentos positivos feitos ao longo do tempo sustentam o casal na não reciprocidade situacional (Gottman, Notarius, Gonso e Markman, 1976). Em essência, os comportamentos negativos, em vez de serem intercambiados, não encontram reciprocidade, supostamente em função do acúmulo de intercâmbios comportamentais positivos. Esses resultados servem de base para encorajar os casais a aumentar seu índice de intercâmbio positivo enquanto reduz o intercâmbio comportamental negativo.

O modelo do intercâmbio social se tornou um dos marcos da terapia conjugal comportamental e tem sido usado com enorme sucesso. Epstein e Baucom (2002) sugeriram que o modelo do intercâmbio social pode funcionar otimamente quando os terapeutas levam em conta os vários índices de intercâmbio comportamental que ocorrem entre os cônjuges. A avaliação subjetiva de cada cônjuge de quão desejáveis ou agradáveis são os comportamentos do parceiro é importante. O padrão de cada cônjuge para o que constitui um intercâmbio equitativo é vital, juntamente com as atribuições sobre a razão de um parceiro nunca concordar em ceder durante um intercâmbio no relacionamento. Além disso, as expectativas dos cônjuges sobre os futuros intercâmbios servem para determinar o tom da interação ao longo do caminho.

Interações de micronível *versus* interações de macronível no intercâmbio nos relacionamentos

Epstein e Baucom (2002) apresentam um elaborado capítulo que se concentra nos comportamentos de micronível que ocorrem na interação de um casal e ampliam os padrões de macronível. Em resumo, o comportamento de micronível ocorre em situações específicas, enquanto o comportamento de macronível amplia os padrões em várias situações.

A teoria do intercâmbio no relacionamento dos autores enfatiza a necessidade de focar as interações de macronível dos casais, como quando um parceiro tenta manter o poder no relacionamento. Tradicionalmente, nas abordagens cognitivo-comportamentais da terapia de casal, o foco é dirigido aos comportamentos de micronível – ou seja, as avaliações idiossincráticas que os cônjuges fazem do comportamento um do outro e como elas influenciam as ações agradáveis e desagradáveis (isto é, o grau de união *versus* autonomia entre os membros de um casal, ou o grau de intimidade). O foco específico se concentra nas atribuições que um parceiro dá aos seus próprios comportamentos, assim como aos comportamentos do outro, e nas várias interpretações que cada um faz dessas interações.

Entretanto, recentemente mais atenção tem sido dada à noção de que os comportamentos de macronível também são importantes para o relacionamento de um casal. Os teóricos sistêmicos tradicionalmente entendem o relacionamento de um casal como sendo na verdade um sistema social muito pequeno que está incorporado em camadas dos sistemas maiores (Nichols e Schwartz, 2008). Os sistemas maiores, que incluem os sistemas da família nuclear, da família estendida, do bairro e da comunidade mais ampla influenciam profundamente o relacionamento de um casal. Epstein e Baucom (2002) acreditam que os sistemas maiores podem ter efeitos tanto positivos quanto negativos sobre as necessidades individuais e conjuntas. Em essência, o ambiente do casal ou da família impõe demandas e estresses em seus relacionamentos, mas também proporciona recursos positivos que os apoiam. Por isso, enfatiza-se a importância da identificação de padrões comportamentais de macronível que afetam os relacionamentos e podem ser usados como guias para identificar mudanças comportamentais específicas de micronível com maior probabilidade de melhorar os relacionamentos.

As seções que se seguem discutem alguns padrões comportamentais de micronível que podem satisfazer as necessidades individuais e aquelas voltadas para a comunidade.

Rituais

Os rituais são comportamentos que têm algum significado válido e que um casal ou família repete em uma base regular. Por exemplo, Jack e Lupe jantam regularmente em um pequeno restaurante onde foram em seu primeiro encontro. Isso é simbólico, no sentido de que recorda as emoções que giraram em torno do início do seu relacionamento. Também desenvolveram relacionamentos sociais com os proprietários e com outros clientes, o que reforça a sua posição na comunidade e o seu *status* de um casal feliz.

Comportamentos definidores de limites

Os casais e as famílias variam no equilíbrio que atingem entre os comportamentos compartilhados e os autônomos. Por exemplo, Helen gosta de ir a aulas de cerâmica uma noite por semana, nas quais ela desenvolveu sua própria rede social; Toby joga pôquer com seus amigos, com os quais Helen não interage regularmente. Essas interações externas ao casamento e à família proporcionam a Helen e Toby saídas para estender seu alcance como indivíduos. Um dos benefícios desse comportamento consiste em ajudar os indivíduos a se definirem como um casal socialmente, enquanto funcionam de forma coesa entre outros casais.

Comportamentos e intercâmbio de apoio social

Alguns casais doam seu tempo juntos a uma iniciativa de caridade, e outros se unem a outros casais que trabalham juntos para um propósito comum. Além da gratificação derivada de fazer algo bom para a sociedade, também compartilham o benefício da interação e do apoio social.

Um dos pontos fortes de identificar padrões de comportamento de nível micro é que indicam como os cônjuges lidam com suas necessidades em comum, o que inadvertidamente reflete em suas necessidades individuais. Por exemplo, os cônjuges que doam seu tempo para uma iniciativa de caridade podem experienciar tanto uma sensação de gratificação no relacionamento por trabalharem juntos por uma boa causa quanto a satisfação individual de contribuir para o seu ambiente.

3

O componente do esquema na terapia cognitivo-comportamental

O CONCEITO DE ESQUEMA

O termo *esquema* tem sua origem na palavra de raiz grega *scheen* (σχηπα), que significa "ter" ou "moldar". Definições adicionais incluem "uma codificação mental de experiências que abarca uma maneira organizada e específica de perceber cognitivamente e reagir a uma situação complexa ou a um conjunto de estímulos" (dicionário Webster, 2005). O termo *esquema* também tem vários significados que pertencem a uma série de outros campos (ver Young, Klosko e Weishaar, 2003, para uma explicação elaborada).

Aaron Beck sugeriu que os esquemas desempenham um papel central na explicação para os temas repetitivos nas livres associações, imagens e sonhos, acreditando que eles às vezes realmente ficariam inativos e mais tarde seriam energizados ou desenergizados rapidamente como resultado de mudanças no tipo de contribuições do ambiente (Beck, 1967, p. 284). Em seu trabalho inicial, Beck retratou um conceito um tanto não refinado da noção de esquema que ele mais tarde expandiria nos escritos subsequentes (Beck et al., 1979).

Outros teóricos mais tarde expandiram o conceito original de esquema. Segal (1988, p. 147), por exemplo, escreveu que os esquemas envolvem "elementos organizados de reações e experiências passadas que formam um corpo de conhecimento relativamente coeso e persistente capaz de guiar as percepções e avaliações subsequentes". Young (1990) ampliou esse conceito quando aplicou uma abordagem focada no esquema aos transtornos de personalidade. Young (1990, p. 9) prosseguiu propondo que, "embora Beck e colaboradores (1979, p. 304) se refiram à importância dos esquemas no tratamento, até agora apresentaram poucas diretrizes específicas dentro de seus protocolos de tratamento". Por essa razão, Young prosseguiu expandindo o modelo do esquema de Beck e sugeriu uma teoria de quatro níveis, que envolve:

1. os esquemas mal-adaptativos iniciais;
2. a manutenção do esquema;
3. a evitação do esquema;
4. a compensação do esquema.

Esse conceito foi aplicado especificamente aos transtornos de personalidade e posteriormente desenvolvido por Young e colaboradores em uma obra bastante conhecida intitulada *Schema therapy: a practitioners guide* (Young, Klosko e Weishaar, 2003). Na verdade, Young tem o crédito de desenvolver o que é referido na literatura contemporânea como a *terapia do esquema* (1990, 1999), que atua como uma extensão importante dos tratamentos e conceitos cognitivo-comportamentais tradicionais. Segundo Young, a terapia do esquema integra elementos das escolas de orientação cognitivo-comportamental, da teoria do apego, da *Gestalt*, das relações objetais, do construtivismo e da psicanálise em um modelo de tratamento conceitual rico e unificado (Young et al., 2003). Entretanto, o modelo de Young é principalmente designado como um sistema de psicoterapia adequado para indivíduos com perturbações psicológicas crônicas arraigadas, ou seja, transtornos de personalidade. Enquanto a TCC tradicional é bastante eficaz dos transtornos do Eixo I (isto é, transtornos de humor, ansiedade, transtornos alimentares, abuso de substância, etc.), a terapia do esquema demonstra mais eficácia no tratamento dos transtornos de personalidade listados no Eixo II (Young et al., 2003). Contudo, na área da terapia de casal e família, o foco recai em algum lugar entre a TCC e a abordagem sistêmica devido à natureza intergeracional dos relacionamentos.

Embora a terapia focada no esquema com casais e famílias envolva alguma atenção aos esquemas individuais do *self*, há ênfase no sistema do relacionamento e nos esquemas que se desenvolvem especificamente em torno do *self* dentro do relacionamento. Também explora e se vale da família de origem e das experiências do início da vida dos parceiros e dos membros da família individualmente.

Young desenvolveu a terapia do esquema principalmente para tratar indivíduos com problemas caracterológicos crônicos (Young et al., 2003, p. 5). Entretanto, em parte alguma das obras de Young há qualquer aplicação detalhada da terapia do esquema no tratamento de casais ou famílias. Embora Young mencione que a terapia do esquema pode ser usada com sucesso com casais, só recentemente alguma aplicação da terapia do esquema foi considerada em relação a casais e famílias (Dattilio, 2005b, 2006b).

Quando aplicada aos casais e às famílias, a terapia do esquema lida com os temas básicos que refletem a dinâmica do relacionamento. Lidando com esses temas de um modo analítico e estruturado, a terapia do esquema ajuda os pacientes a extrair sentido do conflito, da paralisia conjugal e dos padrões de interação disfuncionais que contribuem para problemas de relacionamento. O uso da educação e do confronto direto ajuda os casais e os membros da família a tomarem consciência do seu pensamento e comportamento e a realizar uma ação efetiva para modificá-los. O terapeuta também funciona como um agente para identificar os fatores capacitadores nos cônjuges ou nos membros da família que possam servir para manter vivos esses comportamentos e padrões.

Como já mencionado, o conceito de esquema foi inicialmente introduzido na literatura sobre terapia cognitiva várias décadas atrás no trabalho inicial de Aaron T. Beck com indivíduos deprimidos (Beck, 1967). A teoria de Beck se relacionava principalmente às crenças negativas básicas dos indivíduos deprimidos com relação a eles próprios, ao seu mundo e ao seu futuro. O trabalho de Beck se baseou nas teorias cognitivas anteriores da psicologia do desenvolvimento, como a discussão de Piaget da acomodação e da assimilação na formação do esquema (Piaget, 1950). O trabalho de George Kelly com relação aos construtos cognitivos também serviu para moldar a teoria do esquema de Beck (Kelly, 1955), assim como a teoria do apego de Bowlby (1969). O conceito do esquema desde então se tornou a pedra fundamental da terapia cognitivo-comportamental contemporânea. Assim como o sistema cardiovascular é crucial para o funcionamento do corpo humano, Beck propôs que os esquemas são fundamentais para os pensamentos e para as percepções e têm uma influência integral nas emoções e no comportamento do indivíduo. Em essência, os esquemas são usados como um molde para as experiências de vida do indivíduo, assim como para a maneira como ele processa as informações. Além de Beck, muitos outros pesquisadores e clínicos realizaram uma quantidade importante de estudos na área dos esquemas e no seu efeito sobre os relacionamentos interpessoais (Baldwin, 1992; Epstein e Baucom, 2002; Epstein e Baucom, 1993; Epstein, Baucom e Rankin, 1993; Epstein e Baucom, 2003; Dattilio, 1993, 1998a, 2001b, 2002, 2005b, 2006b).

Consistente com a teoria sistêmica, a abordagem cognitivo-comportamental das famílias se baseia na premissa de que os membros de uma família simultaneamente influenciam e são influenciados por pensamentos, emoções e comportamentos um do outro (Dattilio, 2001a; Leslie, 1988). Em essência, conhecer todo o sistema familiar é se tornar familiarizado com partes do indivíduo e com a maneira como elas interagem. Como cada membro da família observa suas próprias cognições, comportamentos e emoções, assim como os indícios das reações de outros membros da família, ele faz suposições sobre a dinâmica familiar, que então se desenvolve em esquemas relativamente estáveis ou *estruturas cognitivas*. Essas cognições, emoções e comportamentos podem suscitar respostas de alguns membros que constituem grande parte da interação de momento a momento com outros membros da família. Tal interjogo se origina dos esquemas mais estáveis que servem de base para o funcionamento da família (Dattilio, Epstein e

Baucom, 1998). Em outras palavras, as estruturas cognitivas profundas que organizam preceitos exercem uma forte influência no modo como os membros da família interagem e, mais importante ainda, em como interpretam suas interações. Quando esse ciclo envolve conteúdo negativo que afeta as reações cognitivas, emocionais e comportamentais, a volatilidade da dinâmica familiar tende a escalar, tornando os membros da família vulneráveis a uma espiral negativa de conflito. À medida que o número de membros da família aumenta, aumenta também a complexidade da dinâmica, estimulando o processo de escalação.

Infelizmente, até agora houve pouquíssima pesquisa empírica para corroborar a hipótese de que a escalação de um conflito familiar envolve componentes cognitivos, emocionais e comportamentais especificamente no interior das famílias. Embora as teorias de Gerald Patterson e colaboradores (Patterson e Forgatch, 1985; Fogatch e Patterson, 1998; Patterson e Hops, 1972) tenham contribuído bastante para melhorar as interações familiares, os estudos se concentram apenas nas intervenções comportamentais, dando pouca ou nenhuma atenção aos processos cognitivos. O maior enfoque no comportamento se estendeu principalmente à pesquisa sobre a terapia familiar comportamental. Em contraste, importantes pesquisas sobre as cognições têm sido conduzidas com casais (Epstein e Baucom, 2002).[1]

Como as dinâmicas de um casal são tão intimamente alinhadas com as dinâmicas familiares, muitos dos componentes teóricos nos modelos da interação de casal podem também ser aplicados às famílias e têm sido descritos em detalhes na literatura profissional (Dattilio, 1993, 2004a; Epstein et al., 1998; Schwebel e Fine, 1992, 1994). As percepções que os membros da família têm das interações familiares proporcionam as informações que dão forma ao desenvolvimento de seus esquemas familiares, especialmente quando um membro individual observa repetidamente essa interação. O padrão que o indivíduo deduz dessas observações serve de base para formar um esquema ou molde que subsequentemente é usado para entender o mundo dos relacionamentos familiares e para antecipar eventos futuros dentro da família. Os esquemas familiares são um subconjunto de uma ampla série de esquemas que os indivíduos desenvolvem sobre muitos aspectos das experiências de vida.

PENSAMENTOS AUTOMÁTICOS E ESQUEMAS

Os pensamentos automáticos constituem outra forma fundamental de cognição na teoria cognitivo-comportamental que é às vezes confundida com

---

[1] Em outra obra, Dattilio (2004) delineia as potenciais razões por que pesquisas de processo mais empíricos não têm sido conduzidas com famílias.

os esquemas, particularmente porque há alguma justaposição entre ambos. Os pensamentos automáticos foram primeiro definidos por Beck (1976) como cognições espontâneas que com frequência ocorrem de maneira fugaz, em sua maioria conscientes e facilmente acessíveis. Por isso, os pensamentos automáticos conscientes proporcionam um caminho para a revelação de crenças ou esquemas básicos de uma pessoa. Assim, por exemplo, uma mãe que apresenta dificuldade para tolerar expressões de emoção negativa por parte de membros da família pode experimentar o pensamento automático "Não há espaço para a fraqueza na vida", originado de uma crença ou esquema básico de que a demonstração de fraqueza conduziria à vulnerabilidade. Às vezes as cognições também ocorrem além da consciência consciente do indivíduo. Os esquemas básicos amplos são comumente revelados por meio dos pensamentos automáticos de um indivíduo, mas nem todos os pensamentos automáticos são expressões de esquemas. Por exemplo, muitos pensamentos automáticos expressam as atribuições de um indivíduo sobre causas de eventos que ele observou (por exemplo, "Meu filho não me telefonou porque sua esposa e seus filhos são mais importantes para ele do que eu").

A terapia cognitiva, como foi originalmente introduzida por Beck (1976), enfatiza bastante os esquemas (Beck et al., 1979; DeRubeis e Beck, 1988). Vários autores têm proposto versões diferentes da teoria do esquema para explicar o processamento das informações na vida de uma pessoa. A maioria das perspectivas teóricas afirma que os indivíduos desenvolvem essas estruturas do conhecimento por meio de interações com o seu ambiente. Epstein e colaboradores (1988, p. 13) se referem aos esquemas de um indivíduo como "as suposições básicas duradouras e relativamente estáveis que ele mantém sobre a maneira como o mundo funciona e o seu lugar nele". Tais suposições sobre características e processos que ocorrem comumente servem a uma função adaptativa, organizando as experiências do indivíduo em padrões significativos e reduzindo a complexidade do ambiente. Limitando, guiando e organizando seletivamente as informações que um indivíduo tem disponíveis, seus esquemas possibilitam certos pensamentos e ações.

Entretanto, apesar dessas vantagens, esquemas também têm sido encontrados para explicar erros, distorções e omissões das pessoas no processamento das informações (Baldwin, 1992; Baucom et al., 1989; Epstein, Baucom e Rankin, 1993). Por exemplo, se uma criança recebe amor e atenção dos pais só quando exibe alguns comportamentos desejados, é provável que desenvolva o esquema de que "o amor e a atenção são condicionais". Quanto mais essa crença é reforçada no ambiente, mais provável é que ela se torne enraizada, e mais se poderá esperar que a criança dê e receba amor em uma base condicional em qualquer relacionamento próximo. O indivíduo pode aplicar esse esquema a outros relacionamentos mais tarde na vida, como no casamento e na relação com seus filhos. Portanto, os relacionamentos entre pais e filhos são influenciados pelos esquemas relativamente duradouros que os pais levam para a família e pelos esquemas de cada indivíduo que se desenvolvem baseados nas interações familiares vigentes.

Consequentemente, os esquemas são muito importantes na aplicação da TCC com as famílias. Eles são crenças duradouras que as pessoas mantêm sobre as outras pessoas e seus relacionamentos. Os esquemas são estruturas cognitivas estáveis, não inferências ou percepções fugazes. Diferenciam-se das percepções (o que a pessoa percebe ou negligencia no ambiente) e das inferências (atribuições e expectativas) que o indivíduo extrai dos eventos que percebe. Para a TFCC é fundamental lidar com os pensamentos individuais dos membros da família. Embora a TCC não sugira que os processos cognitivos causam todos os comportamentos familiares, ela enfatiza que a avaliação cognitiva influencia significativamente as interações comportamentais e as reações emocionais dos membros da família em relação uns aos outros (Epstein et al., 1988; Wright e Beck, 1993). Assim como os indivíduos mantêm seus próprios esquemas básicos sobre si mesmos, seu mundo e seu futuro, também desenvolvem esquemas sobre as características de sua família de origem, que costumam ser generalizadas até certo ponto para as concepções sobre outros relacionamentos próximos. Em outro momento já sugeri que a ênfase deve ser colocada no exame não apenas das cognições dos membros individuais da família, mas também no que se pode denominar de *esquema familiar* – aquelas crenças conjuntamente mantidas entre os membros da família que se formaram como resultado de anos de interação integrada dentro da unidade familiar (Dattilio, 1993).

Embora os esquemas familiares constituam crenças conjuntamente mantidas sobre a maior parte dos fenômenos familiares, como os dilemas e como as interações do dia a dia, podem também pertencer a fenômenos não familiares, tais como questões culturais, políticas ou espirituais. A maioria dos esquemas familiares é compartilhada. Às vezes, no entanto, os membros individuais da família se desviam do esquema conjunto.

Os indivíduos mantêm dois conjuntos separados de esquemas sobre as famílias:

1. um esquema familiar relacionado às experiências dos pais em suas famílias de origem;
2. esquemas relacionados às famílias em geral, ou o que Schwebel e Fine (1994) se referem como uma teoria pessoal da vida familiar.

Como já notado, as experiências e percepções de cada pessoa derivadas de sua família de origem contribuem para a configuração do esquema sobre a família atual. Esse esquema também é alterado por eventos que ocorrem nos relacionamentos familiares atuais. Por exemplo, um homem que foi criado com a crença de que os problemas familiares nunca devem ser discutidos com ninguém fora do núcleo familiar imediato pode se sentir desconfortável se sua esposa compartilha assuntos pessoais com alguém da família dela. A questão seria particularmente saliente se ele se casasse com uma mulher criada com a ideia de que é natural compartilhar assuntos pessoais com amigos íntimos. Essa diferença nas perspectivas causaria conflito, o que por sua vez afetaria os esquemas de seus filhos e suas crenças sobre o compartilhamento de assuntos familiares com outras pessoas. Por exemplo, se um homem mantém um sistema em que "a mulher deve manter um papel passivo no relacionamento conjugal", quando sua esposa discordar dele, ele pode fazer a atribuição negativa "Ela está tentando dominar o relacionamento". Esse esquema pode ter se desenvolvido ao longo da vida devido a experiências prévias e agora molda seus pensamentos a cada momento. Consequentemente, quando os filhos são expostos a essas crenças e interações entre ele e a esposa, desenvolvem crenças sobre homens, mulheres e relacionamentos, que são fortemente influenciadas por aquilo a que foram expostos durante sua criação, como retratado na Figura 3.1.

Já se sugeriu anteriormente que a família de origem de cada parceiro no relacionamento desempenha um papel crucial na modelagem do esquema familiar compartilhado (Dattilio, 1993, 1998b, 2001b). As crenças desenvolvidas na família de origem de cada indivíduo podem ser conscientes ou inconscientes, e, quer sejam ou não explicitamente expressadas, contribuem para o esquema familiar conjunto. Um exemplo mais detalhado desse processo de desenvolvimento do esquema familiar consta na Figura 3.2.

DISTORÇÕES E ESQUEMAS COGNITIVOS BÁSICOS

Como esboçado nos Capítulos 1 e 2, Baucom e colaboradores (1989) desenvolveram uma tipologia das cognições implicadas no estresse do re-

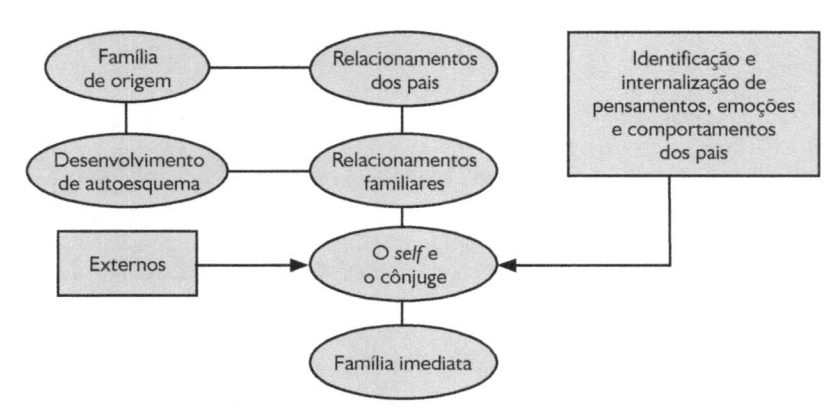

FIGURA 3.1
Esquemas nos relacionamentos conjugais e familiares.

lacionamento. Embora todas essas cognições humanas sejam consideradas normais, são todas suscetíveis a distorções (Baucom e Epstein, 1990; Epstein e Baucom, 2002).

Como há muitas informações disponíveis em qualquer situação interpessoal, algum grau de atenção seletiva é inevitável. Entretanto, deve-se examinar o potencial para os casais formarem percepções tendenciosas um do outro. As inferências envolvidas nas atribuições e nas expectativas também são aspectos normais do processamento humano de informações envolvido no entendimento do comportamento das outras pessoas e na realização de previsões sobre o comportamento futuro dos outros. Entretanto, erros nessas inferências podem ter efeitos negativos nos relacionamentos, especialmente quando um indivíduo atribui as ações de outro a características negativas (por exemplo, má intenção) ou julga mal a maneira como os outros reagirão às suas próprias ações. As suposições são adaptativas quando consistem em representações realistas das pessoas e dos relacionamentos. Muitos padrões mantidos pelos indivíduos, como padrões morais sobre não abusar dos outros, contribuem para a qualidade dos relacionamentos dos casais. Não obstante, suposições e padrões equivocados ou extremos podem levar os indivíduos a interagir de maneira inadequada com os outros, como ocorre quando um pai

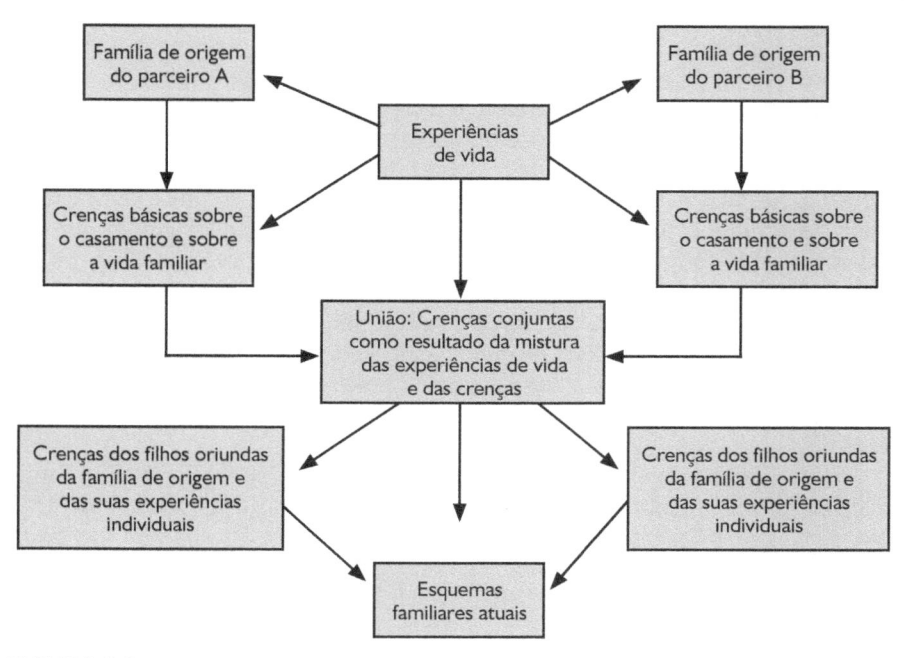

FIGURA 3.2
Desenvolvimento do esquema familiar.

ou mãe mantém o padrão de que as opiniões e os sentimentos das crianças e dos adolescentes não devem ser levados em conta enquanto viverem na casa dos pais.

Os esquemas sobre os relacionamentos com frequência não são articulados claramente na mente de um indivíduo, mas existem como conceitos vagos do que é ou deve ser (Beck, 1988; Epstein e Baucom, 2002). Esquemas anteriormente desenvolvidos influenciam a maneira como um indivíduo processa subsequentemente as informações em novas situações. Os esquemas influenciam, por exemplo, o que a pessoa percebe seletivamente, as inferências que extrai sobre as causas do comportamento dos outros, e a satisfação ou insatisfação com o relacionamento. É difícil modificar os esquemas existentes, mas novas experiências repetidas com outras pessoas importantes têm o potencial de fazê-lo (Epstein e Baucom, 2002; Johnson e Denton, 2002).

IDENTIFICANDO OS ESQUEMAS DA FAMÍLIA DE ORIGEM E O SEU IMPACTO NOS RELACIONAMENTOS DE CASAL E FAMÍLIA

Lidar com os pensamentos individuais de cada parceiro é fundamental para o trabalho com casais na terapia. Assim como os indivíduos mantêm esquemas básicos sobre si próprios (autoconceito), seu mundo e seu futuro, também desenvolvem esquemas sobre as características dos relacionamentos próximos em geral, assim como dos próprios relacionamentos em particular. Ignorar ou não dar a atenção adequada aos esquemas subjacentes consiste em um grave erro clínico. Por exemplo, quando o terapeuta deixou de levar em consideração os esquemas de vulnerabilidade de Sharron sobre cometer erros e arriscar o fracasso, criou um problema importante ao designar uma tarefa para ela e o marido realizarem em casa na qual se solicitava que ela assumisse a iniciativa. A designação da tarefa a ser feita em casa foi muito devastadora para ela porque Sharron temia falhar. A intervenção teve o efeito contrário, e Sharron se recusou a voltar à terapia.

Os esquemas estão com frequência no centro dos conflitos do casal e da família (Dattilio, 2005a). Por essa razão, os esquemas devem ser tratados durante a fase inicial da terapia, enquanto a avaliação ainda está em andamento.

Uma das diretrizes utilizadas para se avaliar o esquema de uma família de origem é o Family of Origin Inventory [Inventário da Família de Origem] de Richard Stuart, 1995. O inventário detalhado e abrangente de Stuart permite aos cônjuges descreverem como as experiências de suas respectivas famílias de origem influenciam suas vidas, casamentos e famílias. A partir das informações coletadas nesse inventário, o terapeuta pode criar questões específicas para a revelação de esquemas importantes associados aos relacionamentos do casal e da família.

Com frequência, durante o curso da terapia de casal esquemas rígidos mantidos por um ou ambos os cônjuges emergem e interferem no progresso da modificação dos padrões de interação negativos dentro do relacionamento. Embora alguns desses esquemas tenham sua origem nas experiências que ocorreram durante o relacionamento presente, outros se originaram de experiências em relações anteriores. É o caso de um homem que mantém a crença de que sua esposa tende a chorar facilmente durante as discussões e por isso prevê que ela vai chorar sempre que suas discussões se tornarem acaloradas. Essa expectativa se alinha com seus esquemas globais mais arraigados sobre as características das mulheres e das emoções em geral, baseados em suas relações românticas anteriores ou no que ele aprendeu sobre as mulheres ao longo de sua vida.

Outros esquemas, no entanto, estão profundamente enraizados em experiências da família de origem e constituem um desafio importante no tratamento. Podem ter uma raiz cultural e ter sido impostos muito cedo nos anos de formação do indivíduo, tornando-o mais resistente à mudança. Os sistemas de crença que procedem da família de origem em geral foram forte e consistentemente reforçados e internalizados durante o principal período formativo (Dattilio, 2005b, 2006c).

Mantendo a paz: o caso de Dan e Maria

Considere o caso de Dan, Maria e seu filho pequeno, Josh, cuja situação familiar foi significativamente afetada pelas experiências de Dan durante sua criação, que serviram para formar seu esquema sobre discussões. Os pais de Dan brigavam constantemente, e suas brigas resultaram em duas saídas de casa pela mãe, deixando o filho e o marido sem avisá-los. Como resultado, Dan desenvolveu um medo profundo de abandono e dificuldades de ligação. Ele recorda que a mãe saiu de casa em dois momentos críticos da vida dele: na primeira vez ele tinha 12 anos; na segunda, estava com 16. Da segunda vez ela saiu de casa definitivamente e poucas vezes voltou para visitá-los. Como resultado, Dan desenvolveu sentimentos de raiva e inadequação e temia a rejeição e o abandono. Na verdade, sua mãe levou tudo de casa, exceto ele e seu pai. A mãe jamais se desculpou por sua partida abrupta ou por qualquer coisa que tenha feito. Isso fez com que Dan sentisse culpa, para merecer tal abandono.

O que é mais importante, Dan desenvolveu o esquema de que as brigas e discussões conduzem à separação e ao divórcio, e que se deve "fazer qualquer coisa para manter a paz". Para Dan, isso incluía esconder seus sentimentos e não demonstrar nenhuma raiva por medo de um resultado negativo. Esconder seus sentimentos criou uma grande dificuldade para ele em seu relacionamento com a esposa. Eventualmente, suas emoções cresciam a tal ponto dentro dele que acabava tendo uma explosão de raiva. Em várias ocasiões, Dan perdeu o controle e agrediu fisicamente a esposa. Ela o deixou e levou o filho Josh com ela. Dan recorda-se de achar que ele só era capaz de se expressar quando ficava devastado e perdia o autocontrole. A partida da esposa fez

> emergir os sentimentos de abandono de Dan durante a infância. Dessa vez, tanto sua esposa quanto seu filho haviam partido.
>
> Infelizmente, o esquema foi transmitido para Josh, que também achava que precisava ser um pacificador e não podia expressar sua raiva com relação aos conflitos familiares. Josh raramente expressava seus sentimentos, o que afetou seus relacionamentos com as garotas quando ele entrou na adolescência e começou a namorar.
>
> Grande parte do meu trabalho com essa família se concentrou no esquema rígido de Dan de que "as discussões conduzem ao divórcio". Tentei ajudá-lo a se tornar mais assertivo e a expressar seus sentimentos de forma mais modulada. Por exemplo, fiz com que ele começasse a expressar algumas de suas emoções negativas à sua esposa, Maria. Tomei a liberdade de treinar Maria a oferecer suporte e ser uma boa ouvinte para Dan. Isso ajudou em grande parte a dessensibilizar os medos de rejeição e abandono de Dan. Também envolveu ensinar-lhe habilidades de comunicação, assim como a desenvolver o conceito de que há coisas como "bons debates e discussões saudáveis", e que nem todas as discussões e desacordos conduzem à separação e ao divórcio. Esse componente psicoeducacional foi conduzido na presença de seu filho, Josh, para que ele pudesse observar a transformação do pai.
>
> Os esquemas da família de origem de Dan foram transmitidos e contribuíram para o desgaste de um relacionamento presente. As técnicas cognitivo-comportamentais que envolvem habilidades de comunicação específicas, treinamento da assertividade e exercícios comportamentais, e que lidam com questões de apego, foram vitais para ajudar Dan a mudar o curso do seu relacionamento com sua esposa, assim como o futuro dos potenciais relacionamentos de seu filho com outras pessoas. Foi também importante para Dan fazer um esforço consciente a fim de reestruturar seus esquemas sobre discordância e abandono. Isso envolveu algum treinamento cognitivo em que ele se assegurasse de que era natural haverem desacordos e de que estes nem sempre conduzem a resultados catastróficos. Como seu filho o respeitava, era importante que Dan lidasse com tais questões, não apenas para ele próprio e sua esposa, mas também para seu filho, e para que toda a família se incorporasse no processo de mudança.

Os pais e outros cuidadores primários têm forte influência no desenvolvimento dos sistemas de crença dos filhos, particularmente quando as crenças são comunicadas no contexto de fortes bases culturais. Por exemplo, até recentemente na cultura ocidental, supunha-se que as mulheres deviam atuar como donas de casa e os homens como principais provedores. Isso se tornou uma expectativa padrão de muitos à medida que os valores eram transferidos de geração para geração (McGoldrick, Giordano e Garcia-Preto, 2005). Embora o padrão tenha mudado significativamente com as mudanças nas normas sociais contemporâneas, alguns indivíduos de ambos os gêneros ainda mantêm o esquema de que o papel de uma mulher é se concentrar nas responsabilidades domésticas, e não trabalhar fora de casa. Similarmente, as crenças tradicionais sobre o papel do gênero tendem a retratar a mãe como sendo responsável pela distribuição do afeto na casa, e o pai como sendo o disciplinador. Evidentemente, esses padrões causariam importantes conflitos em muitos relacionamentos contemporâneos, particularmente se os dois cônjuges mantivessem esquemas diferentes. Entretanto, para muitos casais já idosos que cresceram durante a geração pós-Segunda Guerra Mundial, as expectativas tradicionais do papel de gênero ainda são compartilhadas pelos cônjuges.

É claro que as pessoas com frequência têm atitudes contraditórias sobre a vida familiar, sobre os papéis de gênero e sobre questões relacionadas. Uma mulher, por exemplo, pode ser altamente motivada a buscar uma carreira profissional, e esse objetivo pode ser apoiado por seus amigos e por sua família. Entretanto, lá no fundo, algo a faz sentir que sua função real na vida é servir seu marido e seus filhos. Essas atitudes conflitantes contribuem para uma vulnerabilidade geral ou para uma sensação de estar paralisada (isto é, "Eu preciso seguir minha carreira por razões de autoestima, mas me sinto culpada quando meu marido e meus filhos se queixam").

Esquemas familiares como aqueles já mencionados podem ser comunicados de pais para filhos de várias maneiras, quer diretamente, via declarações específicas, quer mais sutilmente, através de observações dos filhos de interações dentro da família. Por exemplo, em algumas famílias tem sido uma tradição transmitida de geração para geração que uma mulher confidencie à sua mãe suas atividades sexuais, particularmente durante a adolescência e o início da vida adulta. Mesmo que uma mãe não tenha dito diretamente à sua filha que espera essas revelações, a filha facilmente infere que esta é uma conversa normal entre mãe e filha devido às perguntas triviais de sua mãe sobre seu comportamento sexual e à necessidade de aprovação dos pais. Essas conversas em geral servem para forjar um vínculo especial entre mãe e filha. No entanto, quando essas comunicações se estendem durante a vida adulta da filha, o parceiro dela pode se sentir ofendido porque a esposa revela à mãe o que acontece na intimidade deles. Essa discrepância entre os esquemas do marido e da esposa sobre limites e privacidade tem um impacto importante no relacionamento do casal. O ponto importante aqui é que os casais casados em geral adquirem suas atitudes a partir dos pais.

A pioneira terapeuta familiar, Virginia Satir (1983), declarou o seguinte: "Os pais são os arquitetos da família". O trabalho de Satir enfatizou como as expectativas de papel são transmitidas de uma geração para outra. Um terapeuta de casal vai perder informações importantes se não explorar completamente os sistemas de crenças das famílias de origem dos pais (ou dos parceiros) durante a avaliação e o tratamento. A obtenção dessas informações ajuda o terapeuta a perceber melhor como as experiências da família de origem influenciam o pensamento dos respectivos clientes em seu atual relacionamento.

A Figura 3.3 mostra o diagrama do efeito da transmissão dos esquemas da família de origem. Alguns dos trabalhos mais notáveis sobre a teoria da família de origem foram conduzidos por Murray Bowen nas décadas de 1960, 1970 e 1980 (Bowen, 1966, 1978; Kerr e Bowen, 1998). A teoria de Bowen postula que as tendências transgeracionais no funcionamento familiar e do relacionamento refletem de maneira sistemática e previsível os processos que conectam o funcionamento dos membros da família ao longo das gerações. Essa herança inclui crenças, valores e emoções transferidas de uma geração para a seguinte (Kerr e Bowen, 1988; Miller, Anderson e Kaulana Keala, 2004). Bowen especificamente afirmou que "grande parte da transmissão geracional parece ser baseada na associação prolongada" (Kerr e Bowen, 1988, p. 315). Isso significa que a força da transmissão com frequência depende da intensidade e da duração dos relacionamentos familiares.

Segundo Bowen, "a maior parte disso parece estar vinculada à profunda inclinação dos seres humanos para imitar um ao outro" (Kerr e Bowen, 1988, p. 315). Nesse aspecto, os filhos adultos tendem a imitar a interação dos pais em seus próprios casamentos e famílias atuais. Bowen também advertiu que a mera exposição ao funcionamento familiar não explica adequadamente o processo de transmissão intergeracional, enfatizando em vez disso que o processo real de transmissão era com frequência inconsistente e ocorria em um nível emocional (Larson e Wilson, 1998). Tal noção pertence às demonstrações de afeto sem qualquer reconhecimento consciente do pensamento subjacente.

O processo de transmissão envolve um nível de "diferenciação" e padrões de funcionamento passados dos pais aos filhos via o que Bowen chamou de processo de projeção familiar (Kerr e Bowen, 1988). Bowen entendia que a diferenciação é tanto a capacidade do indivíduo para funcionar autonomamente em relação aos outros quanto a de separar a cognição da emoção (isto é, a capacidade de pensar logicamente sem a interferência indevida de estados emocionais como a ansiedade). Bowen formulou a hipótese de que o grau de falha de pais e filhos no desenvolvimento de um equilíbrio entre a ligação emocional e a autonomia por parte da criança, enquanto esta cresce, influencia a maneira como ela funcionará durante toda a sua vida. Dizia-se que essa influência se expressa não apenas através do funcionamento individual do filho adulto, mas também no funcionamento de sua família de origem, tendo um papel particularmente claro na disfunção dentro do relacionamento conjugal do indivíduo (Bowen, 1978).

Entretanto, nem Bowen nem seus colaboradores trataram detalhadamente de nenhuma das cognições específicas que se desenvolvem como resultado da fusão familiar transgeracional. A maneira específica de uma criança incorporar alguns sistemas de crença familiares não é apenas questão de imitação, mas mais provavelmente se deve a um processo profundamente enraizado de internalização, que é refinado ao longo dos anos de exposição às experiências da família de origem que incorporam as crenças básicas.

Por exemplo, lidar com dinheiro é com frequência um ponto de atrito para muitos casais devido às atitudes que os parceiros adquiriram a partir de suas famílias de origem. Algumas famílias acreditam que se deve economizar e gastar apenas quando absolutamente necessário. Essas famílias valorizam a vida frugal e pensam em economizar para o futuro. Outras famílias encaram o dinheiro como algo que devem gastar aqui e agora. Nessas famílias, o gasto

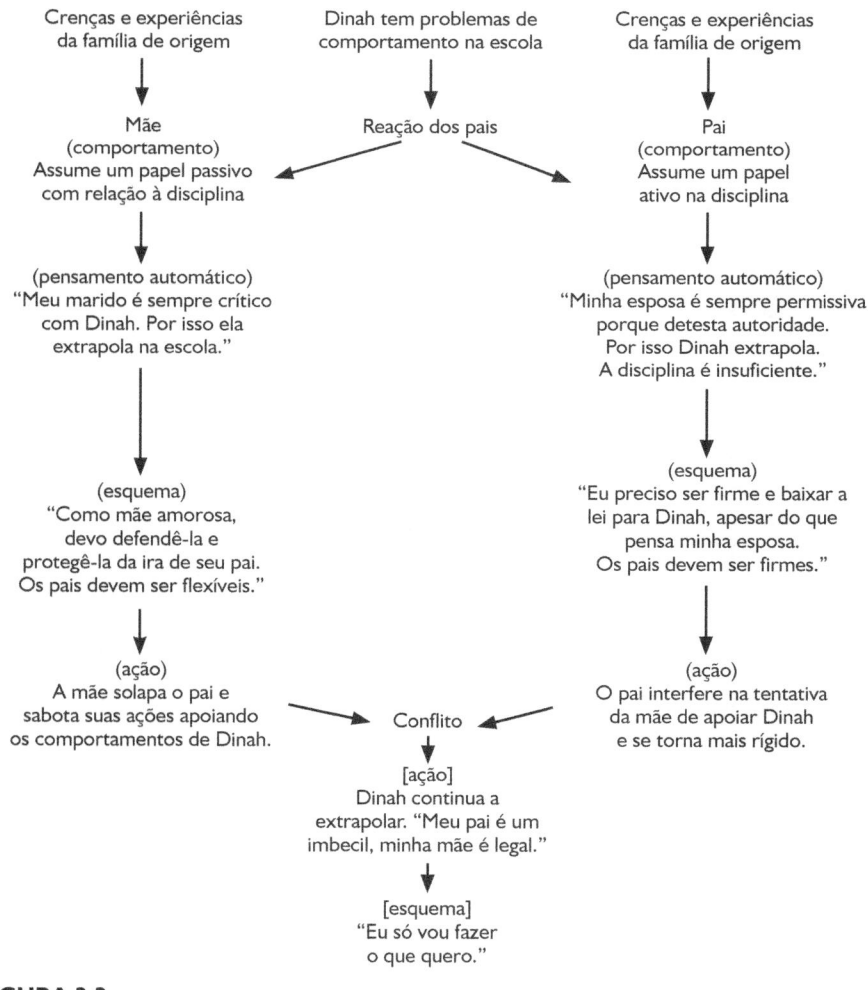

```
Crenças e experiências          Dinah tem problemas de          Crenças e experiências
   da família de origem           comportamento na escola           da família de origem
           │                                │                                │
           ▼                                ▼                                ▼
         Mãe                        Reação dos pais                         Pai
    (comportamento)                                                  (comportamento)
  Assume um papel passivo                                            Assume um papel
   com relação à disciplina                                          ativo na disciplina
           │                                                                 │
           ▼                                                                 ▼
   (pensamento automático)                                         (pensamento automático)
   "Meu marido é sempre crítico                                    "Minha esposa é sempre permissiva
    com Dinah. Por isso ela                                         porque detesta autoridade.
    extrapola na escola."                                           Por isso Dinah extrapola.
                                                                    A disciplina é insuficiente."
           │                                                                 │
           ▼                                                                 ▼
        (esquema)                                                         (esquema)
   "Como mãe amorosa,                                              "Eu preciso ser firme e baixar a
   devo defendê-la e                                                lei para Dinah, apesar do que
   protegê-la da ira de seu pai.                                    pensa minha esposa.
   Os pais devem ser flexíveis."                                    Os pais devem ser firmes."
           │                                                                 │
           ▼                                                                 ▼
         (ação)                                                            (ação)
   A mãe solapa o pai e                                            O pai interfere na tentativa
   sabota suas ações apoiando   ──►   Conflito   ◄──               da mãe de apoiar Dinah
   os comportamentos de Dinah.          │                          e se torna mais rígido.
                                        ▼
                                     [ação]
                              Dinah continua a
                           extrapolar. "Meu pai é um
                           imbecil, minha mãe é legal."
                                        │
                                        ▼
                                    [esquema]
                                 "Eu só vou fazer
                                  o que quero."
```

FIGURA 3.3
Esquema familiar.

de dinheiro não é visto como negativo, e há menos responsabilidade em relação à economia.

Quando os parceiros foram criados em famílias muito diferentes quanto ao modo de lidar com as finanças, podem ocorrer sérios conflitos. O indivíduo originário de uma família que enfatiza a necessidade de poupar dinheiro se sente seguro por saber que uma certa quantia está reservada e talvez tenha essa sensação de segurança abalada se um parceiro atribui valor diferente ao seu uso. Entretanto, o parceiro advindo de uma família que acredita que "não se leva o dinheiro quando se morre" talvez se sinta sufocado frente à atitude conservadora do companheiro em termos de dinheiro. O conflito pode ser aumentado se os pais do casal ainda têm uma influência importante sobre como eles devem gastar o dinheiro em seu casamento.

COGNIÇÕES E ESQUEMAS TRANSGERACIONAIS

É interessante notar que muito pouco tem sido mencionado na literatura profissional com relação às cognições específicas e à influência dos esquemas transgeracionais nos processos cognitivos dos filhos, particularmente em seus padrões de relacionamento conjugais. Até recentemente, os esquemas familiares e a maneira como eram transmitidos intergeracionalmente haviam recebido atenção limitada na literatura sobre os fatores cognitivos nas relações familiares (Dattilio, 2001a, 2005b, 2006c; Dattilio e Epstein, 2003; Dattilio et al., 1998).

Os esquemas transgeracionais podem ser positivos ou negativos no seu conteúdo, e existir em um nível consciente ou inconsciente. A experiência comum dos clínicos, indicativa de que os esquemas são particularmente difíceis de mudar quando apresentam conteúdo negativo e se associam à emoção negativa, condiz com os achados básicos da pesquisa da psicologia cognitiva (Baldwin, 1992). Além disso, os esquemas indesejáveis são difíceis de mudar quando fortalecidos ao longo do tempo, sendo repetidamente reforçados pelas experiências de vida. Também é mais difícil modificar esquemas que realmente não estão na consciência consciente do indivíduo. Se consideramos, por exemplo, o esquema de uma jovem que se deixa sofrer abuso por parte do parceiro porque acredita ser obrigada a tolerar esse comportamento pelo fato de ser casada, a investigação de sua história talvez revelasse um esquema que foi moldado pela influência de sua família de origem. Seria possível que seus próprios pais tivessem exemplificado esse tipo de padrão de relacionamento com relação aos papéis dos cônjuges, o que teria desempenhado um profundo efeito no seu sistema de crença subliminar. Não seria difícil perceber como essa mulher desenvolveu tal esquema sobre as obrigações conjugais à luz da exposição repetida dos modelos de papel em sua família de origem (Dattilio, 2006c).

> ### Lutando com a autoridade
>
> Certa vez tive um caso envolvendo três gerações de uma família de origem tcheca. Essa família procurou terapia por causa do comportamento confrontador e desafiador de um menino de 10 anos na escola. Depois da avaliação inicial, suspeitei que o comportamento da criança estava, como acontece em muitos casos, relacionado a problemas familiares. Pedi aos pais que fossem ao meu consultório para sessões de terapia familiar e construí um genograma, que revelou que o pai e a mãe eram tcheco-americanos de primeira geração.
>
> Os pais tanto da mãe quanto do pai haviam nascido na Tchecoslováquia. Os dois casais sobreviveram ao Holocausto, e dois dos avós haviam testemunhado a execução direta de seus próprios pais, assim como de outros familiares, pelos nazistas durante a ocupação alemã na Segunda Guerra Mundial.
>
> Os avós foram finalmente libertados de seus respectivos campos de trabalho e migraram para os Estados Unidos, mas depois de testemunharem tantas atrocidades experienciaram uma depressão severa, que os afetou pelo resto da vida. Isso inadvertidamente afetou seus filhos, que cresceram lutando com a depressão e com o desespero crônico de seus pais. Os pais do menino de 10 anos me disseram que, quando crianças, com frequência ficavam deprimidos e se retraíam devido à atmosfera emocional geral em suas famílias. Também relataram que tinham dificuldade em confiar nos outros e experimentavam uma percepção generalizada de opressão por parte da autoridade.
>
> Essa carga foi transmitida de uma forma indireta para seu filho. Entretanto, em vez de reagir de acordo com os sintomas depressivos típicos, o menino havia negado a depressão e expressava seus conflitos com mau comportamento na escola, o que, mais uma vez, representava os problemas familiares com relação à autoridade. Na minha opinião, o comportamento desse menino consistia na verdade em uma alternativa à depressão. De certa maneira, sua alternativa era uma melhoria, embora, ao mesmo tempo, lhe causasse problemas. Meu objetivo no tratamento seria reforçar sua evitação da depressão, mas considerar outras escolhas para lidar com a adversidade na escola.
>
> O tratamento envolveu terapia familiar, incluindo sessões com a família de origem para lidar com a linhagem de depressão que foi transmitida de geração para geração. Grande parte do trabalho envolveu auxiliar os pais do menino a se conscientizarem de como um trauma de quase 60 anos havia afetado várias gerações da família e ajudar o menino a considerar comportamentos alternativos para se expressar.

Evidentemente, a ênfase deveria ser colocada no exame dos esquemas dos casais e dos membros da família que provavelmente derivavam das famílias de origem, particularmente aqueles relacionados à maneira como os relacionamentos deveriam funcionar intelectual, emocional e comportamentalmente. Isso é de particular importância porque os esquemas envolvem padrões amplos que os indivíduos mantêm com relação aos seus relacionamentos íntimos e que em geral contribuem para o conflito nos relacionamentos. Os esquemas constituem fatores de risco para o conflito, particularmente porque muitos deles não estão claramente articulados na mente do indivíduo, mas existem como conceitos vagos do que é ou deveria ser (Beck, 1988; Epstein e Baucom, 2002). Quando os esquemas sobre si mesmo e sobre os próprios relacionamentos são arraigados desde muito cedo na vida, apresentam grande potencial de operar em um nível inconsciente e são facilmente transferidos de uma geração para outra. Schwebel e Fine (1994, p. 56) compararam essas cognições a *softwares* de computador que ajudam os membros da família a funcionar no ambiente familiar, moldando suas percepções, pensamentos, reações, sentimentos e comportamentos e guiando-os através do desafio da vida familiar. Quando esse esquema é invasivo em uma família, os membros que o internalizaram operam segundo seus princípios sem conscientemente pensar neles.

Tilden e Dattilio (2005) distinguem duas categorias principais de esquemas:

1. o *esquema básico vulnerável*;
2. o *esquema de enfrentamento protetivo*.

O esquema básico vulnerável se refere àqueles aspectos da experiência passada que são dolorosos e evitados. Welburn, Dagg, Coristine e Pontefract (2000) também diferenciam os esquemas segundo seus lugares em uma organização hierárquica, em que alguns são determinados como de importância principal devido à sua conexão com as necessidades básicas, como segurança e ligação, e outros são periféricos, mas estão relacionados com os esquemas principais, como necessidade de ser aceito ou reconhecido por outras pessoas.

Os esquemas básicos vulneráveis são em geral estabelecidos durante os primeiros anos da vida do indivíduo como consequência da falha dos cuidadores adultos em validar e confirmar os sentimentos e as experiências da criança, particularmente aqueles associados às suas necessidades básicas, como o apego (Bowlby, 1982). Tal esquema básico vulnerável pode também ser estabelecido através de eventos traumáticos na vida adulta. Para protegê-lo e ajudá-lo o máximo possível, o indivíduo que possui um esquema de vulnerabilidade básico precisará de um esquema de enfrentamento protetivo, ou estratégias para lidar com as situações e com os eventos críticos e difíceis da vida que desencadeiam o esquema vulnerável. Entretanto, o uso de estratégias de enfrentamento pode ser mal-adaptativo e provocar consequências indesejadas. Segue-se um exemplo dessa circunstância no caso de André e Iva, cujos respectivos esquemas de suas famílias de origem moldaram profundamente suas crenças sobre amor, intimidade e necessidade de se protegerem de uma contínua vulnerabilidade. Seus esquemas causaram uma dissensão importante em seu relacionamento quando surgiram conflitos entre as necessidades e as preferências dos parceiros.

O caso de André e Iva[2]

André e Iva estavam na faixa intermediária entre os 70 e 80 anos. André, nascido na Romênia e com cinco irmãos, trabalhava há 40 anos como operário em uma usina siderúrgica. Sua esposa, Iva, nasceu nos Estados Unidos em uma família polonesa e foi dona de casa durante a maior parte da sua vida de casada. André e Iva tinham três filhos adultos. A filha do meio, Rosie, havia morrido recentemente devido a um tumor no cérebro. O casal buscou tratamento por conselho do padre de sua paróquia porque estavam passando por dificuldades no processo de luto, mas também porque tinham problemas conjugais anteriores à morte dela. Essa tensão preexistente só exacerbou o impacto da perda recente de sua filha.

Grande parte da razão de André e Iva discutirem durante seus 48 anos de casamento dizia respeito aos modos de gestão da sua vida juntos. Eles diferiam significativamente com relação a como o dinheiro devia ser gasto e a como disciplinar seus filhos. André achava que o dinheiro deveria ser economizado e que só as coisas "essenciais" deviam ser compradas. Iva, por sua vez, achava que o dinheiro estava ali para ser gasto e mantinha a atitude "não vai servir de nada depois que você morrer". Iva com frequência se lembrava de uma frase de seus pais: "O último traje que vestimos não tem bolsos". André acreditava na disciplina física dos filhos, enquanto Iva era totalmente contra a punição física. Geralmente Iva ignorava as opiniões de André e fazia o que achava melhor. André em consequência buscava refúgio em suas atividades esportivas, como o golfe. Além disso, uma das queixas frequentes de Iva tinha a ver com o fato de André parecer dar mais importância ao esporte do que a ela e só lhe demonstrar atenção no quarto, quando queria ter relações sexuais. Entretanto, seus problemas com a intimidade se intensificaram quando os filhos atingiram a idade adulta e saíram de casa. Iva achava que a afeição deveria ocorrer fora do quarto, com demonstrações mútuas de bondade e cortesia; isso serviria como um prelúdio para a intimidade física posterior, como abraços, carícias e às vezes relações sexuais. André achava que a afeição consistia apenas em contato físico, o que sempre ocorria a portas fechadas. Ele igualava amor a sexo.

Quando a filha de André e Iva adoeceu, eles tiveram dificuldade em confortar um ao outro. André se refugiou em suas atividades esportivas, jogando golfe e boliche em uma liga semanal. Na verdade, Iva com frequência se referia a si mesma como uma "viúva do golfe". Durante a doença de Rosie, Iva acompanhou a filha nas sessões de quimioterapia e atendeu os netos e outros membros da família. Como sua filha era mãe solteira, Iva também ajudou a cuidar dos filhos de Rosie, preparando as refeições e realizando outras tarefas domésticas. Ela com frequência acusava André de ser egoísta e distanciado da situação, insinuando que ele não se importava. André em geral replicava dizendo que Iva gostava de tornar as coisas piores do que eram por sua necessidade de ser uma "rainha do drama". Iva também descrevia André como condescendente com ela quando ela não demonstrava desejo de ter relações sexuais.

O ponto de crise na relação do casal ocorreu no dia em que André e Iva enterraram Rosie. Havia sido um longo dia, com o velório no início da manhã, seguido do funeral, e depois com a família reunida em casa. Naquela noite, quando foram se deitar, André se

---

[2] Adaptado com permissão da American Association for Marriage and Family Therapy. Trechos desse caso já foram publicados em Dattilio (2005b).

aproximou de Iva com a perspectiva de uma intimidade sexual. Iva ficou absolutamente pasma, como a maioria das pessoas ficaria. Entretanto, apesar desse comportamento lhe parecer insensível, eu o interpretei como a maneira de André expressar o seu amor e obter consolo para si próprio. Iva simplesmente não conseguia acreditar que André quisesse ter relações sexuais no mesmo dia em que haviam enterrado sua filha e ainda estavam em processo de luto. André relatou que Iva "berrou" com ele: "Como você é egoísta e insensível". Ela ficou tão indignada que se recusou a dormir no mesmo quarto que ele. André não entendia por que Iva encarava suas demonstrações como egoístas, porque ele encarava sua sugestão de sexo como um meio de eles se confortarem mutuamente após experimentar uma perda tão terrível. Esse evento pareceu ser a gota d'água para Iva, pois depois disso ela se afastou quase completamente de André. Nessa altura, André decidiu conversar com o padre da sua paróquia, que me encaminhou o casal para terapia.

Reunindo as informações básicas

A fase inicial da terapia envolveu reunir as informações básicas sobre os anos que André e Iva passaram juntos. Conversamos sobre como eles se conheceram e o que os atraiu um ao outro. Também nos concentramos nas questões dominantes no casamento, como conflitos de opinião a respeito de como o dinheiro era gasto, a disciplina dos filhos, a tomada de decisões importantes e a importância da intimidade emocional e sexual.

Uma quantidade considerável de atenção foi também dada ao entendimento dos sistemas de crença a que cada cônjuge foi exposto durante a infância e como essas crenças serviram para moldar seus respectivos esquemas sobre relações sexuais, amor e intimidade. Mais importante, exploramos os esquemas de André e de Iva com relação ao conforto emocional e como cada um percebia as necessidades de conforto do outro. O que era particularmente intrigante nesse caso é que os parceiros estavam casados há tantos anos que seus esquemas provavelmente estavam muitíssimo arraigados. Contudo, algo precisava mudar, porque eles haviam chegado a um ponto da vida em que seu relacionamento corria grande risco, se fosse mantido o mesmo padrão.

André e Iva foram vistos juntos na terapia. Decidi avaliá-los juntos em vez de entrevistá-los separadamente porque era importante que cada um ouvisse a história contada pelo outro. André falou primeiro sobre a sua família de origem, dizendo que seus pais nasceram na Romênia e imigraram para os Estados Unidos quando ele era bem pequeno. Parecia que a mãe de André tinha sangue cigano e teve uma grande influência na dinâmica familiar. A família foi sempre muito unida e, na verdade, durante muitos anos todos dormiam em uma grande cama em seu apartamento de dois quartos. André era muito pequeno para se lembrar se foi exposto a alguma intimidade sexual entre seus pais ou outros membros da família, mas se lembrava que a única hora em que seus pais pareciam demonstrar qualquer afeição física um pelo outro era à noite, quando eles se abraçavam. Durante o dia, pareciam desligados um do outro.

André era próximo de sua mãe e a descreveu como uma espécie de matriarca da família. Seu pai era o provedor e, quando se tratava dos "detalhes práticos", como André os chamava, "Papai tinha a última palavra sobre tudo". Então, em essência, a mãe de André era a matriarca até seu pai não gostar de alguma coisa. Então, o pai assumia as rédeas, e a mãe cedia. A família nunca teve muito dinheiro, e por isso não havia muita discussão nessa área. Qualquer dinheiro extra que acumulassem de tempos em tempos deveria ser economizado. Seus pais compartilhavam essa crença, que André adotou e levou para seu casamento com Iva. O pai de André trabalhava em uma casa de fundição, e sua mãe bordava e fazia belas toalhas de mesa para ganhar um dinheiro extra.

Iva descreveu sua família de origem como muito amorosa. Seu pai era rígido, e sua mãe era dócil, mas conseguia se impor quando necessário. A família era o principal foco em casa. O pai de Iva era funcionário dos correios e trabalhava das 7h às 15h, de segunda a sexta-feira. Sua mãe trabalhava em uma fábrica de seda para suplementar a renda familiar. A família não era de modo algum rica, mas sempre houve dinheiro suficiente, e os pais de Iva não temiam gastar o que tinham. Iva se lembrava de seus pais serem explicitamente afetivos. Ela declarou: "Podíamos sempre conseguir um abraço de um ou de outro quando precisávamos". Consequentemente, a afeição nunca foi um problema importante; havia muita por ali. Iva descreveu a atmosfera da sua família de origem como sendo mais relaxada do que a da família de André. Ela também acreditava firmemente que a afeição entre os cônjuges não era algo a ser restrito ao quarto, mas a ser também demonstrada no decorrer do dia. Essa era a principal queixa de Iva com relação a André, pois dizia que ele parecia não estar interessado em se incomodar com ela até o momento de terem relações sexuais atrás de portas fechadas. Por isso, Iva com frequência dizia: "Eu me sinto como se fosse uma prostituta barata. A única hora em que ele consegue demonstrar alguma afeição por mim é quando quer fazer sexo".

Quando comecei a trabalhar com esse casal e me aprofundei em suas famílias de origem, ficou muito claro para mim que André havia tido algumas experiências quando estava crescendo que lhe sugeriram que qualquer afeição demonstrada fora do quarto era vergonhosa. André mencionou uma ocasião em que ele e seus irmãos encorajaram seus pais a se beijarem em seu aniversário de casamento, mas seu pai lhes deixou muito claro que não era apropriado demonstrar afeição em público, que isso era algo a ser feito apenas privadamente. André se lembra de se sentir envergonhado por seus sentimentos. Ao mesmo tempo, achava que o que seu pai lhe havia ensinado era a norma de comportamento correta. Consequentemente, cresceu com a crença de que demonstrações públicas de afeição não eram apropriadas. Em muitos aspectos, André cresceu contendo suas emoções, e achava que isso o havia ajudado a ter sucesso, pois sempre mantivera a cabeça no lugar e nunca perdera o controle das emoções. Infelizmente, esse esquema sobre a experiência e expressão das emoções estava em total desacordo com as crenças de sua esposa sobre amor e afeição, e em muitas ocasiões Iva se sentiu carente de afeto, como André se sentiu quando era criança. Ela lidava com isso de uma maneira muito diferente da que ele havia aprendido a lidar. O sentimento de carência de Iva fazia com que ela ficasse zangada e compensasse essa carência fazendo compras e gastando dinheiro. Isso com frequência irritava André, devido às suas fortes crenças sobre o que ele considerava um gasto desnecessário de dinheiro. Por isso, as crenças conflitantes dos parceiros com respeito à emoção, à afeição e ao uso adequado do dinheiro eram áreas em que a tensão repetidas vezes vinha à tona no relacionamento, e estava claro que os esquemas de cada um deles em tais áreas tinham raízes nas experiências de suas famílias de origem.

Curso do tratamento

De início, grande parte do meu trabalho com esse casal foi didaticamente exploratório. Ajudá-los a tomarem consciência das experiências de vida um do outro e de como estas moldaram seus esquemas foi um passo muito importante para melhorar seu entendimento de que provinham de ambientes familiares muito diferentes. Embora isso necessariamente não diminuísse nem um pouco a frustração que cada cônjuge experimentava no presente, foi importante para eles entenderem que durante os períodos vulneráveis da infância foram enraizados seus sistemas de crença sobre os papéis adequados nos relacionamentos de casal.

O segundo passo na terapia foi fazer com que ambos reconhecessem que alguma mudança era necessária, o que significaria que cada um deles teria de deixar, até certo ponto, as crenças que haviam se desenvolvido em sua família de origem. Iva parecia mais receptiva a isso do que André, particularmente porque ele achava que mudar o seu sistema de crenças era chamar seus pais de mentirosos e ridicularizá-los. Como em muitos casos de terapia de casal, a maior parte do meu trabalho de reestruturação se concentrou nos esquemas de um parceiro. Nesse caso, foi em André, porque suas crenças estavam mais enraizadas. O trabalho com André também serviu de modelo para o meu trabalho com Iva e lançou a base para ela pensar em como reestruturaria suas próprias crenças. Era importante manter um equilíbrio ao lidar com os dois cônjuges para que um não achasse que o terapeuta favorecia o outro. Como era importante começar com um dos cônjuges e passar um tempo suficiente concentrado em suas cognições, eu com frequência lembrava a ambos que eventualmente lidaria com a outra pessoa da mesma maneira. Muitas vezes os advertia a não encarar isso como uma azucrinação, mas considerá-lo como um modo de educar ambos sobre cognição e comportamento.

Em várias ocasiões durante o tratamento, pedi a André para considerar algumas modificações que ele poderia fazer em suas crenças sobre a expressão apropriada do amor e da intimidade. Falamos sobre como os pais provavelmente moldaram seu estilo de vida em torno de suas crenças específicas e que isso aparentemente havia funcionado bem para eles. Também discutimos como as pessoas diferem em suas necessidades pessoais e que ser bem-sucedido em um relacionamento requer alguma flexibilidade. Comecei a encorajar André a pensar sobre o quanto ele estaria disposto a mudar seu sistema de crença inicial para levar em conta o fato de que as necessidades de Iva de afeição aberta eram diferentes das dele. Expliquei que ter um relacionamento que fosse satisfatório para ela, e também para ele, poderia requerer algum esforço da sua parte para se adequar às necessidades dela. Ele concordou que, como Iva precisava de alguma demonstração de afeição fora do quarto, isso era algo que ele poderia considerar. No entanto, declarou que toda vez que tentava fazer isso, ela se irritava com ele e gastava dinheiro desnecessariamente, e ele então se recolhia e se sentia como se quisesse privá-la de qualquer afeição devido ao seu gasto "frívolo".

Então discuti com Iva até que ponto ela estava disposta a modificar sua crença sobre gastar dinheiro para levar em conta as crenças diferentes de André sobre as finanças, mas ao mesmo tempo não restringir tanto seus gastos a ponto de se sentir desprovida. Também discutimos como parte dos seus gastos podia envolver um comportamento passivo-agressivo do seu lado.

O curso posterior da terapia com o casal envolveu uma modificação passo a passo das crenças rígidas que contribuíam para seus conflitos conjugais, assim como a construção de acordos de mudança comportamental em que eles experimentariam novas interações, condizentes com uma abordagem mais flexível para satisfazer as necessidades um do outro. Também lidamos com a questão da aceitação, respeitando o fato de que não era realista para qualquer dos parceiros esperar que o outro mudasse completamente crenças há muito arraigadas. Por isso, cada um tinha de pensar até que ponto poderia aceitar as crenças do outro e o que era ganho estando em um relacionamento com a outra pessoa, apesar de suas diferenças. O resultado foi que os dois estavam dispostos a trabalhar para modificar suficientemente a sua maneira de pensar para haver uma diferença significativa no seu relacionamento.

Certa vez, uma questão prévia tornou a vir à tona – como Iva ficou pasma de que André tivesse querido ter relações sexuais no dia em que enterraram sua filha. Fiz Iva ouvir atentamente André lhe falar, pela primeira vez, o que significou para ele perder sua filha. André chorou muito enquanto falava sobre a perda. Em alguns aspectos, ele até se sentia responsável por sua morte, ainda que não tivesse nada a ver com a causa da doença. Ele declarou que na noite seguinte ao seu enterro estava tão desgastado e indefeso que se sentia como se fosse uma criança pequena e precisava mais de um carinho e de um abraço do que realmente de uma relação sexual. Não surpreendentemente, Iva o interpretou mal devido à típica comunicação limitada de André sobre seus sentimentos. Ela supôs que, como ele queria estar perto dela, estivesse sobretudo motivado por sua excitação e automaticamente queria ter relações sexuais.

Quando Iva passou realmente a escutar André, começou a se sentir mal ao perceber que ele havia necessitado mais ou menos do mesmo que ela naquela ocasião, mas que ela havia interpretado mal seus desejos e aberturas. Isso desafiou um esquema que Iva foi desenvolvendo ao longo dos anos, de que André tinha uma alta necessidade sexual e que esta tinha precedência sobre qualquer outra necessidade que ele pudesse ter de intimidade emocional e qualquer consideração das necessidades dela. Iva mudou na sua interpretação do que ele havia necessitado naquela noite e não mais o encarou como um ato egoísta, mas sim como a maneira de ele buscar conforto e cura, tentando extrair algum sentido da perda de sua filha. Foi nesse ponto que André e Iva começaram a entender que, por causa de suas experiências de vida iniciais, haviam interpretado terrivelmente mal um ao outro.

A terapia prosseguiu lidando com as habilidades de comunicação para expressar os sentimentos e escutar um ao outro de maneira empática, assim como acordos *quid pro quo* para intercambiar os comportamentos que ambos desejavam, o que foi extremamente útil para aumentar a intimidade emocional do casal. Também continuamos monitorando as interpretações (isto é, atribuições) dos parceiros sobre os comportamentos um do outro. Eles mantiveram em mente a necessidade de monitorar seu próprio pensamento e as maneiras como podiam mudar ligeiramente aquelas crenças que aprenderam em suas famílias de origem para acomodar as necessidades que tinham em seu relacionamento presente. Ironicamente, esse momento importante chegou 48 anos depois de o casal ter ficado junto e vivido toda uma vida, criando três filhos. Na conclusão da terapia, ambos comentaram que foi uma pena que não tivessem aprendido a lidar com essas questões décadas antes, pois poderiam ter desfrutado mais cedo de um relacionamento mais gratificante.

Com muitos casais, o trabalho deve ser feito no sentido de modificar os esquemas oriundos da família de origem de cada parceiro para mudar suas visões lineares de que os problemas do relacionamento se devem a falhas do outro em vez de a contribuições de ambas as partes.

4
O papel dos processos neurobiológicos

Recentemente, surgiu uma enorme quantidade de literatura sobre o papel dos processos neurobiológicos nos relacionamentos familiares (Atkinson, 2005; Schore, 2003; Siegel, 1999) que abriu uma nova linha de pensamento sobre os problemas que envolvem o processamento cognitivo e emocional com os membros da família. O caso que se segue é um exemplo de como às vezes deficiências neurobiológicas não detectadas podem influenciar os relacionamentos.

Preenchendo as lacunas: o caso de Marty e Lisa

Marty e Lisa eram casados há 25 anos quando procuraram tratamento. Tinham dois filhos adultos, um dos quais ainda morava em casa. Eles relataram experimentar muita tensão no relacionamento porque Lisa achava que Marty não a entendia, especialmente quando ela tentava expressar seus sentimentos em relação a ele. Marty era engenheiro civil e havia se aposentado recentemente, apesar de estar com apenas 50 e poucos anos. A empresa em que trabalhava lhe ofereceu um pacote de aposentadoria precoce que Marty considerou "irrecusável". Lisa era professora e parou de trabalhar fora de casa quando os filhos nasceram. Mais tarde, quando os filhos atingiram a idade escolar, ela voltou a lecionar. Marty e Lisa naquele momento declararam que os problemas no seu relacionamento começaram a piorar.

Marty acreditava que Lisa priorizava a carreira, em detrimento da união, o que também causava tensão entre eles. Marty achava que faltava parceria e comunicação entre ele e sua esposa. Como resultado, afastou-se de Lisa, e os dois passaram a se comunicar cada vez menos. Lisa também se queixava de que quaisquer sentimentos que expressasse em relação a Marty eram recebidos por ele de forma distorcida, o que ela considerava extremamente frustrante. Quando Lisa tentava esclarecer suas declarações, Marty se tornava defensivo e se recolhia por trás de um muro de silêncio. Lisa achava que Marty interpretava mal o que ela lhe dizia em uma tentativa deliberada de destruí-la. Ele insistia em afirmar que entendia o que Lisa lhe dizia, mas seu comportamento subsequente sugeria o contrário, e por isso brigava com ela. Lisa declarou: "Quando Marty não me escuta, ele apenas preenche as lacunas incorretamente". Além disso, ela com frequência se considerava punida por Marty por expressar seus sentimentos.

À medida que o tratamento se desenvolvia, o foco foi direcionado para o treinamento básico de comunicações. Entretanto, logo ficou claro que havia algo errado na maneira como Marty processava as declarações verbais de Lisa. Os dois começaram a se comunicar por e-mail, porque isso parecia funcionar melhor do que a conversa face a face.

Eu percebia cada vez mais que parecia haver um problema distinto com o processamento auditivo de Marty. Ele com frequência aquiescia com a cabeça indicando afirmação quando Lisa falava com ele, mas mais tarde agia como se não tivesse ouvido uma palavra do que ela havia dito. Foi nessa ocasião que também percebi que Marty às vezes comparecia à terapia usando uma bengala. Marty explicou que, com o passar dos anos, havia desenvolvido uma condição neurológica conhecida como degeneração cerebelar. Esse transtorno prejudicava a capacidade de coordenar os movimentos corporais.

Também tomei conhecimento (conduzindo a minha própria revisão da literatura) de que um sintoma menos comum dessa doença envolve dificuldade de processamento cognitivo. A pesquisa havia demonstrado que a ataxia espinocerebelar é herdada e se imaginava ser o sintoma predominante. Alguns indivíduos afetados por essa doença também relatavam experimentar transtornos de humor, assim como dificuldades de concentração e de memória. Em alguns casos, vítimas dessa doença experimentavam *alexitimia*, termo cunhado por um falecido psiquiatra de Harvard, Peter Sifneros, para descrever a condição em que o indivíduo experimenta a incapacidade de recordar ou comunicar emoção na expressão verbal. Sugeri que Marty considerasse realizar testes neuropsicológicos. Ele os fez, e os resultados mostraram evidência de déficits em suas habilidades de processamento auditivo e integração sensorial. Os resultados faziam sentido, dado o que eu testemunhava na interação durante as sessões de terapia. Essa nova informação nos permitiu entender que parte da dificuldade que Marty sentia em se comunicar com Lisa não era deliberada, como Lisa imaginava, mas um sintoma de sua degeneração cerebral.

O diagnóstico fez um mundo de diferença na maneira como Lisa reagia à dificuldade do marido. Marty também pareceu muito menos frustrado quando a informação foi revelada. Entretanto, Lisa me lembrou de que Marty agia assim desde que eles se conheceram, embora admitisse que o problema havia piorado com o passar do tempo. Quando a deficiência foi confirmada e explicada a eles, o passo seguinte foi ajustar o pensamento e as reações de um em relação ao outro dentro de uma nova estrutura. Essa estrutura lhes permitiria atribuir seu problema, em parte, ao transtorno de Marty, o que ajudava a reduzir a tensão no relacionamento.

Às vezes, entender a química do cérebro e a maneira como ela se relaciona com a cognição, com a emoção e com o comportamento é essencial para entender os conflitos que surgem nos relacionamentos. Embora o caso de Marty e Lisa seja um exemplo extremo dos déficits, há casos menos extremos e que não envolvem uma doença degenerativa, mas refletem um déficit ou defeito mais funcional que também contribui para alguma disfunção no relacionamento. Ou seja, pode haver déficits mais sutis que passam despercebidos, cuja etiologia é desconhecida. É importante entender a profundidade com que os processos neurobiológicos do corpo humano afetam nossos relacionamentos e como eles podem limitar a mudança que os casais e as famílias realizam na terapia. Como determinamos quando alguém está lutando com déficits neurobiológicos permanentes? Mais importante, o que podemos fazer a respeito? Essa não é uma pergunta fácil de responder, e às vezes requer o encaminhamento a um neuropsicólogo ou neuropsiquiatra para mais avaliações diagnósticas. Em alguns casos, essas avaliações diagnósticas conduzem à necessidade de reabilitação cognitiva, se uma condição específica for tratável. A química do cérebro pode afetar cada um de nós diferentemente, tornando mais difícil para alguns do que para outros processar o pensamento e a emoção. Ter de separar o que é deliberado do que não é pode tornar a terapia bastante árdua.

Recentemente, tem-se dado cada vez mais atenção aos efeitos da genética e da neurobiologia nos relacionamentos interpessoais. O campo emergente da neuropsicobiologia nos proporciona novos *insights* na maneira como os padrões emocionais e comportamentais se desenvolvem nos relacionamentos íntimos (Schore, 1994, 2001, 2003). Parte desse trabalho também foi integrado à teoria do apego em sua aplicação à terapia de casal, com ênfase na regulação do afeto diático (Lewis, Amini e Lannon, 2002; Goldstein e Thau, 2004). Entendendo como o sistema nervoso de cada parceiro é afetado por "reverberações emocionais" desencadeadas nas interações diádicas, os casais poderiam se esforçar para criar maior sintonia emocional e estabelecer uma base mais segura no relacionamento (Lewis et al., 2001, p. 131).

A pesquisa recente também apoiou a hipótese de que os relacionamentos românticos envolvem um estado motivacional fundamental como a fome e a sede. Arthur Aron e colaboradores (2005) demonstraram por meio de sua pesquisa que algumas áreas ricas em dopamina se iluminam quando pensamos em nossos parceiros românticos, como foi revelado por imagens de ressonância magnética funcional (IRMf). Regiões do cérebro como a área tegmental ventral (ATV) são conhecidas como o sistema de motivação e recompensa e parecem ser ativadas quando os indivíduos obtêm algo que desejam profundamente. Os indivíduos do estudo de Aron e colaboradores relataram várias emoções ao olhar para seus parceiros. A atividade cerebral também mostrou uma série diversa de padrões de ativação na amígdala, comumente referida como o centro emocional (Aron et al., 2005, p. 335).

Em seu livro bastante conhecido, *The developing mind*, Daniel Siegel (1999) proporciona uma excelente visão geral de como o cérebro afeta nossos relacionamentos, e do impacto desses relacionamentos na nossa neuroquímica. A pesquisa sugere que os dois interagem de maneira a moldar quem somos como seres humanos. O restante (como interagimos), é claro, é moldado por nossas experiências ambientais. Siegel concentra uma atenção considerável no sistema límbico do cérebro, que está localizado no centro e consiste de regiões conhecidas como o córtex frontal orbital, o cingulado anterior e a amígdala. Essas regiões desempenham um papel importante na coordenação das atividades de estruturas cerebrais superiores e inferiores, e acredita-se que mediam as emoções, as motivações e o comportamento direcionado para o objetivo. Na verdade, o cérebro límbico às vezes tem sido referido como o "cérebro emocional" (Atkinson, 2005). Essa região também abriga conexões neurais com todas as partes do neocórtex, a parte mais recentemente desenvolvida do cérebro que regula, entre outras funções, a percepção e o comportamento. As estruturas límbicas também facilitam a integração de uma ampla série de processos mentais primários que são muito importantes no funcionamento humano, como na avaliação do significado, no processamento das experiências sociais e na regulação das emoções. Tal informação sugere que muito mais tem a ver com a bioquímica e com o seu impacto nos relacionamentos do que anteriormente imaginávamos.

Então, por que tudo isso é importante para os relacionamentos? Como vimos com Marty e Lisa, foi um fator crucial que precisou ser entendido para se realizar qualquer progresso no tratamento. Entretanto, importa notar é que, ainda que nossos cérebros estejam geneticamente conectados para funcionar de uma determinada maneira, eles não atuam isolados da nossa própria experiência. Nossa neurobiologia e experiências interagem de tal maneira que algumas tendências biológicas possibilitam o evento de experiências características que contribuem muito para o sucesso de um relacionamento. Como nossas mentes se desenvolvem na interface de processos neurofisiológicos e relacionamentos interpessoais, experiências de relacionamento específicas consequentemente têm uma influência dominante sobre o cérebro. Há até mesmo evidências sugerindo que os sistemas límbicos de alguns indivíduos estão geneticamente estruturados para se desenvolver diferentemente de outros. Por exemplo, a pesquisa tem sugerido que o sistema límbico das mulheres difere do dos homens, motivo pelo qual elas choram mais facilmente ou demonstram emoção de maneira diferente dos homens (Siegel, 1999). No entanto, cada vez mais os homens expressam tolerância com relação a esse atributo das mulheres, o que tem sido registrado ao longo do tempo (Coontz, 2005). Por isso, essas informações baseadas em evidências podem servir para refutar a crença errônea e consagrada dos homens de que as mulheres choram apenas para manipulá-los, a fim de conseguir que as coisas ocorram à sua própria maneira. Trata-se de uma distorção cognitiva que parece ser, em parte, erroneamente fundamentada.

Em seu livro recente *The female brain*, Louann Brizendine (2006) cita a pesquisa conduzida na Universidade de Michigan mostrando que as mulheres usam os dois hemisférios de seus cérebros para reagir às experiências emocionais, enquanto os homens usam apenas um hemisfério (Wagner e Phan,

2003). Também se constatou que as conexões entre os centros emocionais do cérebro são mais ativas e extensas nas mulheres (Cahill, 2003). Isso provavelmente explica por que as mulheres tipicamente se lembram de eventos emocionais, como discussões, de maneira mais viva e os retêm mais tempo do que os homens.

O PAPEL DA AMÍGDALA

A amígdala é uma das áreas mais estudadas do cérebro na literatura profissional, particularmente no que se refere à emoção (LeDoux, 1996; Pessoa, 2008). Acredita-se que as estruturas subcorticais, como a amígdala, funcionam rápida e automaticamente, de modo que algumas características desencadeadas, como quando os brancos de nossos olhos aumentam em uma expressão de medo, passam relativamente sem filtragem e sempre evocam reações, como a fuga, importantes para a sobrevivência (Whalen, 2004). Acredita-se que essas funções que mediam a emoção são mais sutis e nem sempre conscientes do estímulo que pode ter desencadeado reações cerebrais em uma região afetiva do cérebro (Ohman, 2002; Pessoa, 2005). Estudos têm examinado como a iniciação de uma apreciação conduz a subsequentes vieses perceptuais que reforçam a natureza da apreciação inicial. O fluxo da ativação dos circuitos do cérebro inicia um processo de nível mais elevado, o que em consequência prepara o indivíduo, ou o organismo, para uma determinada reação. A amígdala responde à representação visual inicial (isto é, um cão latindo), avisando as mesmas camadas e até camadas anteriores do sistema de processamento visual e em seguida ativando o dispositivo do cérebro responsável pela atenção e pela percepção (Siegel, 1999). É particularmente interessante que a amígdala pode rapidamente desviar o dispositivo perceptual para a interpretação equivocada de qualquer estímulo (isto é, perigoso *versus* seguro). Tudo isso ocorre em segundos, sem qualquer dependência da consciência consciente. Portanto, se um indivíduo criado em uma família com pai ou mãe abusivo se torna o alvo de frequente abuso físico e psicológico por parte de seu parceiro, pode naturalmente se tornar demasiado sensibilizado em um nível fisiológico através da amígdala. Por isso, qualquer conflito (isto é, discussão) que surja em situações familiares que recordem o abuso anterior sofrido quando criança seria automaticamente ativado pela amígdala. Isso aconteceria a despeito dos tipos cognitivos, comportamentais ou emocionais das intervenções de mediação. Na verdade, dependendo da intensidade e magnitude do abuso anterior, a amígdala pode ter sido fisiologicamente preparada ou programada para reagir de maneira "automática" ou "hipersensível", devido à preparação da química do corpo ao longo dos anos.

É muito importante aprender a apreciar a linguagem biofisiológica de nossos cônjuges e membros da família, e como isso afeta a emoção e o comportamento. Por exemplo, considere as reações viscerais que os parceiros e os membros da família demonstram em relação uns aos outros nas interações cotidianas. Alguns aspectos não verbais da comunicação refletem a atividade hemisférica direita, que é responsável pela emoção e pelo processamento implícito, como o contato do olhar, o tom e o volume da voz, e alguns movimentos corporais, como expressões faciais e postura. O conhecimento desse processo se torna importante quando, por exemplo, alguns movimentos corporais são feitos por um cônjuge enquanto ele está pensando sobre o que o outro cônjuge está dizendo, mas são interpretados pelo outro como atitudes de aborrecimento – quando na verdade resultam do processamento hemisférico direito do material. Por isso, a conotação negativa que lhes é atribuída pode não ser precisa para explicar a demonstração comportamental. Educar os cônjuges ou os membros da família sobre o modo como o cérebro processa algumas informações e mais tarde as demonstra é uma ferramenta prática para melhorar os relacionamentos.

Do mesmo modo, o tom de voz do cônjuge ou de um membro da família que não corresponde às suas expressões faciais de raiva pode sugerir uma conexão emocional deficiente devido a um problema neurológico, ou que se trata de uma pessoa desconectada de seus próprios sentimentos. Retrata-se um exemplo excelente a respeito na próxima vinheta.

> Neste caso particular, um marido e uma esposa comparecem a uma sessão após terem tido uma discussão muito intensa. A discussão começou pelo fato de a esposa ter se esquecido de responder (RSVP) que eles compareceriam a uma recepção de casamento. Quando chegaram à recepção, não havia mesa reservada para eles, e ficou claro que, como a confirmação nunca havia sido enviada, não constavam da lista dos convidados. O erro causou muito constrangimento, e o marido ficou irado, declarando que a esposa era negligente e que nunca prestava atenção nas coisas. Eles se envolveram em uma discussão acalorada sobre a noção das repetidas negligências e desatenções da esposa aos detalhes.
>
> No decorrer da sessão, quando o marido começou a fazer uma preleção sobre como ele estava "farto e irado" com a situação e muitas outras parecidas, percebi que a atitude da esposa indicava que ela estava tensa. Sua mandíbula estava cerrada, e ela falava em um tom de voz muito baixo, dizendo que lamentava muito e entendia por que seu marido estava furioso. Ao mesmo tempo, seu comportamento me dizia algo diferente. Percebi que uma veia se salientava em sua testa e seu rosto começava a ficar rubro. Quando lhe perguntei se ela estava constrangida, ela negou, mas depois declarou que entendia por que seu marido estava zangado e não o culpava. O que eu achava estranho era que o tom de voz dessa mulher não correspondia às suas expressões faciais e à sua linguagem corporal. Chamei a atenção dela para o fato de exibir todos os

sinais de estar furiosa e pronta para saltar da sua cadeira, embora suas palavras fossem incongruentes com seus comportamentos.

Meu primeiro pensamento foi como posso ajudar essa mulher a conectar suas emoções com seus pensamentos espontâneos? Decidi dar-lhe um espelho de mão que eu tinha no toalete feminino do meu consultório para que ela pudesse prestar atenção às suas expressões faciais. Também lhe pedi para tocar seu maxilar inferior e a área da mandíbula, assim como sua testa, onde a veia estava proeminente. Quando eu lhe pedi para sentir a sua própria face, ela ficou chocada ao ver como seu corpo estava tenso. Então pedi-lhe que tentasse entrar em contato com o fato de ela estar zangada, em oposição à sensação expressada de estar se sentindo pesarosa. Ela finalmente conseguiu revelar que na verdade estava furiosa com seu marido porque ele raramente assumia a responsabilidade por essas tarefas, como mandar confirmações de comparecimento. Prosseguiu declarando que era muito difícil demonstrar abertamente a sua raiva porque o marido sempre assumia uma postura mais agressiva, o que ela achava que a havia inibido no passado. Eu lhe expliquei que a raiva não era uma emoção que ela se permitisse experienciar facilmente. Em vez disso, ela expressava o que poderia ser descrito como uma reação de vergonha e culpa quanto a seus sentimentos de raiva. Também levantei a possibilidade de que seus comportamentos distraídos continuariam por ela estar furiosa com seu marido, e seu ressentimento desencadearia uma reação passivo-agressiva.

Esse diálogo se tornou um ponto de referência que eu usava quando discutia sentimentos com esse casal, que eram expressados pela esposa de maneira não verbal, particularmente com gestos, expressões faciais e indícios visuais. O conceito de estar sintonizado com as comunicações não verbais um do outro era potente para ajudá-los a reconhecer a incongruência de sua expressão verbal e demonstração comportamental, e para tomarem consciência do impacto dessa incongruência em suas interações negativas. Enquanto aprendem a valorizar o equilíbrio e a harmonia, os casais e os membros da família também podem aprender como processar o sofrimento de seus períodos de comunicação inadequada, mantendo em mente que o conflito é uma parte normal de qualquer relacionamento conjugal, um reflexo das diferenças entre os dois parceiros separados (Gottman, 1994).

Na mesma linha, o comportamento não verbal também pode ter um significado diferente da maneira como é interpretado. Por exemplo, durante uma sessão de terapia de família, os pais expressaram sua raiva com relação à filha pré-adolescente porque ela sempre girava os olhos quando eles a interrogavam sobre alguma coisa. Os pais a repreendiam por ela "ostentar um olhar presunçoso", o que a filha negava peremptoriamente. Ela declarava não ter consciência disso e insistia que não era de modo algum "presunçosa" e que havia sido assim a vida toda. Quando expliquei que a tendência da sua filha para "girar os olhos" para a direita podia indicar que ela estava usando seu hemisfério esquerdo para processar as palavras que lhe estavam sendo ditas, essa ação assumiu um significado inteiramente diferente para a família. O comportamento da filha pode ter sido, em parte, uma "reação esperta", mas era importante que a família entendesse que às vezes as reações não podem ser interpretadas ao pé da letra.

O uso de técnicas cognitivas, como a *imposição do sentimento positivo* sugerida por Gottman (1999), envolve ensinar as pessoas a reconhecer a relevância da reação da sua amígdala à situação atual e a um trauma passado, como no caso de abuso previamente mencionado. O mecanismo de excitação inicial é então modificado, utilizando-se uma espécie de estratégia de autoconversa para reduzir a reação fisiológica. Essas técnicas de imagens são úteis para fazer a amígdala "suspirar de alívio" por não ter de reagir da maneira programada. Assim, mesmo que a reação fisiológica de uma pessoa a um determinado estímulo não seja completamente modificada, a sua reação à excitação inicial pode ser modificada para se tornar mais flexível. No caso anterior de Marty e Lisa, essas técnicas cognitivas foram úteis para ajudar Lisa a não se tornar tão "alterada" emocionalmente, como ela gostava de dizer, quando Marty "distorcia" o que ela dizia. "Eu via o seu comportamento como uma maneira de me manipular ou me fazer parecer uma espécie de imbecil", disse ela, "mas a reestruturação do meu pensamento pareceu diluir a minha raiva a respeito disso e permitiu que a nossa comunicação fluísse um pouco melhor".

As técnicas cognitivas servem para enfraquecer a intensidade do processo de excitação fisiológica, assim como para reestruturar a distribuição de grupos neuronais. Isso pode afetar a reativação do córtex, que controla o raciocínio abstrato, o que então permite a ocorrência de processos metacognitivos de autorreflexão e controle de impulsos. Tal intervenção pode conduzir a uma tolerância dos níveis de excitação que anteriormente teriam sido esmagadores. O fortalecimento da capacidade cortical metacognitiva pode pavimentar o caminho para uma maior acessibilidade à tolerância durante situações emocionalmente carregadas.

Períodos prolongados da inundação de emoções sem um processo de mediação efetiva podem resultar em estados prolongados de desorganização (Siegel, 1999). Uma inundação de emoções às vezes precisa ser entendida como um problema de processamento, em oposição a uma "neurose" ou a uma "manipulação" da sua parte. Ou seja, as emoções com frequência nos oprimem da mesma maneira que um cano central rompe e verte seu conteúdo por todo o lugar. Técnicas de ensino, como ventilação e/ou regulação emocional são vitais para casais estressados (ver Capítulo 2). Respirações profundas e relaxamento muscular progressivo também ajudam os indivíduos a baixar a energia dos circuitos e a tensão em seus corpos. Além disso, o *biofeedback* é usado para ensinar os casais e os membros da família a regular tais processos. A maioria dessas técnicas é discutida no Capítulo 6.

Também se usa a metacognição, o que inclui a consciência de que as emoções influenciam o pensamento e a percepção, e de que podemos ser capazes de experienciar duas emoções aparentemente conflitantes sobre a mesma pessoa ou experiência (Siegel, 1999).

COGNIÇÃO *VERSUS* EMOÇÃO

Surgiu uma controvérsia interessante sobre a maneira como a cognição e a emoção influenciam uma à outra. Durante muitos anos supôs-se que a cognição fosse o principal organizador da experiência humana no cérebro (LeDoux, 2000). Na verdade, isso serviu de base para muitas teorias da psicologia. A terapia cognitiva se baseou na premissa de que há uma interação recíproca entre a cognição, o humor e o comportamento, e que os pensamentos influenciam muito o humor e o comportamento (Beck et al., 1979). O antigo filósofo estoico grego Epíteto é com frequência citado pelos terapeutas cognitivos: "O que mais perturba os seres humanos não são as coisas em si, mas suas concepções das coisas" (Epíteto, M5 [sem data]). Por isso, grande parte da revolução cognitiva se concentrou nos progressos cognitivos como tendo um efeito profundo no humor e no comportamento de um indivíduo.

A revolução cognitiva foi estimulada pelas primeiras descobertas sobre o cérebro e suas várias áreas, particularmente o neocórtex, que facilita a capacidade de pensar em termos abstratos. O neocórtex tem três vezes o tamanho do centro límbico (com frequência chamado de cérebro emocional). Por isso, a descoberta do neocórtex estimulou a suposição de que o pensamento deve predominar sobre a emoção e tem uma influência importante sobre o comportamento humano. O neocórtex especificamente permite aos seres humanos articularem e se envolverem no pensamento simbólico e também no pensamento categórico abstrato. Supôs-se que essa área do cérebro era responsável pela maior parte da organização da experiência humana. Consequentemente, se isso for correto, deve-se esperar encontrar mais conexões neurais do cérebro pensante para o cérebro emocional do que o inverso (Atkinson, 2005).

Entretanto, nas últimas décadas, os neurocientistas requereram uma reformulação desse entendimento do neocórtex, particularmente devido às descobertas indicativas de que o cérebro emocional domina a organização da função humana. A pesquisa recente indica que as conexões neurais dos sistemas emocionais com os sistemas cognitivos parecem ser mais fortes do que as conexões dos sistemas cognitivos com os emocionais (LeDoux, 1996). LeDoux descobriu que as projeções neurais dos sistemas emocionais (límbicos) do cérebro se conectam com quase todas as outras partes do cérebro e influenciam cada estágio do processamento cognitivo. Entretanto, nem todos os processos cognitivos projetam para os centros emocionais. Isso sugeriria um circuito de uma só via, que conduziria LeDoux à ideia de que a emoção pode clara e fundamentalmente influenciar aquilo em que os indivíduos se concentram via suas interpretações do que percebem. Essa ideia é mais apoiada ainda pelo achado de que as emoções estão intrinsecamente ligadas aos mecanismos de apreciação e excitação nos dois hemisférios cerebrais e influenciam todos os aspectos da cognição desde as percepções até a tomada de decisão (Siegel, 1999).

Em contraste, muitas teorias cognitivas estão enraizadas na crença de que o pensamento lógico é a maneira mais eficaz de se lidar com as situações, particularmente aquelas que envolvem decisões importantes. Em consequência, a mediação do conteúdo emocional que pode interferir no pensamento racional sempre foi fortemente encorajada pelos terapeutas cognitivos (Beck, 1967; Beck et al., 1979). Entretanto, alguns pesquisadores, como Damasio (1999), descobriram que os indivíduos mais capazes de manter suas emoções fora do processo de tomada de decisão e se concentrar apenas no pensamento puramente racional tomavam decisões terríveis (Damasio, 2001). Damasio afirma que o cérebro humano está conectado de tal maneira que estímulos sutis podem com frequência desviar os processos cognitivos sem a consciência do indivíduo que pensa, criando assim a possibilidade de um indivíduo poder pensar que está sendo perfeitamente racional (Damasio, 1999). Esse ponto de vista é corroborado em parte por estudos que mostram que os indivíduos com frequência não têm consciência de estar experimentando emoção, quando evidências fisiológicas de uma reação galvânica da pele ou outros tipos de exibição física demonstram que sim (LeDoux, 1996; Goleman, 1995). Isso é contrário à crença de que é neurologicamente impossível ativar a emoção sem a consciência do indivíduo. LeDoux (1994, 2000) levou esse achado mais longe para explicar como o cérebro forma lembranças sobre os eventos emocionais que o indivíduo vivencia na vida, referindo-se a eles como *memória emocional*. Isso se torna importante no trabalho com casais e famílias, particularmente porque a memória emocional parece estar no cerne de vários conflitos que vemos com casais e famílias.

No entanto, os teóricos cognitivos continuam a argumentar que as emoções se desenvolvem abaixo do limiar da consciência, mas são também ativadas neurologicamente através do pensamento consciente. Como os pensamentos são com frequência espontâneos, uma pessoa pode não reconhecer imediatamente o impacto de seus pensamentos ou emoções (Beck, 1976; Gardner, 1985).

Como resultado de seus estudos, Damasio (2001) sugeriu que uma definição superior do que significa ser racional inclui a noção de que a racionalidade depende da capacidade de experienciar emoção, tanto em reação às situações presentes quanto em reação a lembranças das situações passadas e visualização das situações futuras (Atkinson, 2005).

Entender a neurociência da emoção é importante no processo da terapia familiar porque o cérebro contribui substancialmente para uma capacidade individual de funcionar e para a própria consciência do indivíduo de seus estados internos. A questão não é dar munição aos membros da família que querem responsabilizar a química do seu cérebro por suas ações. Em vez disso, aumentar a nossa consciência dos nossos estados internos pode induzir algumas funções cerebrais a se tornarem mais ativas e, desse modo, modular a razão e a emoção. Em seu livro *Emotional intelligence in couples therapy*,

Atkinson (2005) sugere que o conceito de consciência dos estados internos pode ser extremamente útil em capacitar os clientes a se desviarem dos circuitos cerebrais defensivos e isolados que geram raiva e medo e se conectarem com circuitos de cura que mediam a calma e a tristeza. Ele propõe que dar uma atenção imediata e completa aos sistemas neurais defensivos dos clientes permite ao terapeuta treiná-los por meio de estados cerebrais receptiva e respeitosamente interativos até que eles se sintam seguros o suficiente para passar a estados mais vulneráveis (Atkinson, 2005, p. 32). O autor encara a sensação interna de segurança como o "eixo de mudança para os casais". Somente quando um indivíduo não se sente mais ameaçado por seu parceiro a amígdala desliga. Isso, por sua vez, afeta o sistema de alarme interno, liberando o indivíduo para autenticamente passar a um estado neural de promoção da intimidade.

As estratégias cognitivo-comportamentais configuram parte importante da terapia, particularmente ao afetar a estrutura do cérebro que abriga o córtex pré-frontal. No entanto, a diferença fundamental é que alguns teóricos acham que, em vez de usar a cognição para equipar o cérebro límbico, ela pode ser mais eficaz para colocá-lo para trabalhar por meio da amígdala e pouco a pouco relaxar defesas. Atkinson realmente tem razão quando sugere que uma perspectiva mais ampla do interjogo cognitivo-emocional no circuito do cérebro é fundamental para facilitar a mudança. Entretanto, para muitos, acessar esse processo é mais prático via processos cognitivos e/ou comportamentais, tratados em detalhes nos capítulos subsequentes desse livro. Espera-se que pesquisas adicionais no futuro proporcionem clareza a esse debate e nos deem novas informações para usarmos em nosso trabalho com casais e famílias.

5
Métodos de avaliação clínica

A felicidade conjugal foi um dos primeiros tópicos estudados pelos pesquisadores e continua a ser bastante estudada (Terman, 1938). Sabemos pela literatura de pesquisa que uma das queixas mais comuns relatadas pelos casais são problemas com a comunicação e a falta de afeição emocional (Doss et al., 2004). É interessante notar que os parceiros com frequência demonstram pouca concordância sobre suas razões para fazer terapia. Na verdade, suas razões para buscar terapia podem ser muito diferentes das impressões do terapeuta sobre o problema do casal. Isso tem sido consistentemente encontrado na literatura de pesquisa (Geiss e O'Leary, 1991; Whisman, Dixon e Johnson, 1997). Por essas razões, os terapeutas precisam avaliar cuidadosamente cada parceiro e membro da família. Os clínicos não podem se permitir generalizar os procedimentos de avaliação nem correr o risco de deixar escapar o motivo real da busca de intervenção.

Os clínicos mais experientes e hábeis sabem que a conceituação do caso é fundamental para o processo de avaliação inicial e que o sucesso do tratamento depende da precisão da investigação cuidadosa. Logo, é importante passar algum tempo formulando uma conceituação precisa da situação de um casal ou de uma família. Trata-se de tarefa difícil em alguns ambientes, como no uso de planos de saúde, em que o número de sessões designadas para a avaliação é limitado. Nesses casos, o terapeuta precisa ser criativo e se basear em uma forma enxuta de avaliação, recorrendo a inventários, discutidos mais adiante neste capítulo.

Tradicionalmente, a terapia de casal e família tem sido caracterizada por uma conhecida divisão entre avaliação e terapia propriamente dita (Cierpka, 2005). Muitos dos métodos tradicionais de avaliação envolviam a coleta de informações básicas e apenas um entendimento superficial da dinâmica do relacionamento, prosseguindo com o desenvolvimento de um relacionamento terapêutico que turva os limites entre a avaliação e o tratamento (Finn e

Tonsager, 1977). No entanto, com o início da prática baseada em evidências e com a necessidade de se permanecer sistematicamente atento à condução de uma boa e sólida avaliação antes de partir para o tratamento, essa tendência parece estar mudando.

As entrevistas individuais e conjuntas com os membros de um casal ou de uma família, os questionários de autorrelato e a observação comportamental, pelo terapeuta, das interações familiares são os três modos principais de avaliação clínica (Epstein e Baucom, 2002; Snyder, Cavell, Heffer e Mangrum, 1995; Dattilio e Padesky, 1990). Os objetivos da avaliação são:

1. identificar as potencialidades e as características problemáticas dos indivíduos, do casal ou da família e do ambiente;
2. colocar o funcionamento individual e familiar atuais no contexto do seu estágio e mudanças desenvolvimentais;
3. identificar os aspectos cognitivo-afetivos e comportamentais da interação familiar que pode ser visada para intervenção.

Além disso, os terapeutas devem também se familiarizar com a *dança* do casal ou dos membros da família, como dizem os teóricos sistêmicos, conseguindo captar bem como o sistema funciona e como o poder e o controle estão equilibrados. Queremos uma janela para o que faz os membros da família funcionarem, como eles lidam com a crise e com o conflito e, mais que tudo, o que faz com que o sistema funcione mal.

Devemos também ter em mente que a avaliação continua durante todo o tratamento. Mesmo que sua fase inicial pareça ser a indagação formal, a avaliação deve continuar até o fim do tratamento, considerando que o terapeuta sempre descobrirá novas informações sobre um casal ou família que podem modificar o curso da terapia. Um bom clínico continua a reavaliar o caso muito depois de o tratamento já estar sendo realizado.

ENTREVISTAS INICIAIS CONJUNTAS

As entrevistas conjuntas com um casal ou família constituem uma fonte importante de informação sobre o funcionamento passado e atual. Elas não só são uma fonte de informações sobre as lembranças e opiniões dos membros com relação às características e aos eventos em seus relacionamentos, como também proporcionam ao terapeuta uma oportunidade para observar em primeira mão as interações familiares. Embora uma família altere seu comportamento usual diante de alguém de fora, de um estranho, mesmo durante a primeira entrevista é comum os membros exibirem alguns aspectos de seu padrão típico, especialmente quando o terapeuta os envolve na descrição das questões que os levaram a buscar terapia. Os terapeutas cognitivo-

-comportamentais abordam a avaliação de maneira empírica, usando as impressões iniciais para formular hipóteses que devem ser testadas por meio da coleta de informações adicionais nas sessões subsequentes.

No tratamento de famílias, os terapeutas cognitivo-comportamentais em geral começam o processo de avaliação reunindo o máximo possível de membros da família envolvidos nas atuais preocupações. Entretanto, em vez de insistir no comparecimento de todos para iniciar o processo, o terapeuta se concentra em envolver os membros motivados a comparecer e então trabalha com eles no engajamento dos ausentes. O ideal é que todos os membros da família sejam convidados; contudo, às vezes pode haver resistência (Dattilio, 2003). Os membros que não comparecem às vezes adiam todo o processo, prejudicando toda a intervenção. Por isso, tento conseguir o comparecimento de todos os membros de uma família, mas, se isso não for possível, trabalho com aqueles que estão motivados a receber tratamento. Raramente deixo a decisão aos membros da família ou aceito sua palavra sobre quem vai ou não comparecer. Se alguns membros se recusam a comparecer, eu lhes telefono e faço com que eles próprios me digam que não estão interessados. Com frequência, quando telefono e lhes asseguro de que preciso da sua ajuda, eles concordam em comparecer.

Da mesma maneira que os terapeutas que utilizam outros modelos de orientação sistêmica, os terapeutas cognitivo-comportamentais consideram que as dificuldades apresentadas por uma família configuram a amostra de um processo familiar problemático mais amplo. Assim, desde o contato inicial, o terapeuta já observa o processo da família e formula hipóteses sobre os padrões que estariam contribuindo para os problemas que levaram aquela família à terapia.

Reunindo informações básicas

Durante a entrevista inicial conjunta, o terapeuta pergunta a cada membro da família sobre as razões pelas quais procura ajuda, sobre a perspectiva de cada indivíduo a respeito dessas preocupações e sobre quaisquer mudanças consideradas relevantes para tornar mais satisfatória a relação familiar. O terapeuta também pergunta sobre a história familiar (por exemplo, como e quando o casal se conheceu, o que inicialmente atraiu os parceiros um ao outro, quando se casaram [se isso for importante], quando os filhos nasceram) e quaisquer eventos acreditam que os influenciaram como uma família ao longo dos anos. Aplicando um modelo de avaliação de estresse e enfrentamento, o terapeuta explora sistematicamente as demandas que o casal ou a família tem experienciado, tendo por base as características dos membros individuais (por exemplo, os efeitos residuais de um cônjuge que sofreu abuso na infância), da dinâmica do relacionamento (por exemplo, diferenças não resolvidas nos desejos de intimidade e autonomia dos parceiros), e do seu ambiente (por exemplo, exigências do trabalho sobre o tempo e a energia de um pai/mãe ou cônjuge). O terapeuta também indaga sobre os recursos que a família tem para enfrentar essas demandas e quaisquer fatores que influenciaram o uso desses recursos, como uma crença na autossuficiência que impede algumas pessoas de buscar ou aceitar ajuda de terceiros (Epstein e Baucom, 2002). Durante toda a entrevista, o terapeuta coleta informações sobre cognições, reações emocionais e comportamentos dos membros da família em relação uns aos outros. Se o marido se torna retraído depois que a sua esposa critica suas habilidades como pai, o terapeuta pode chamar a atenção dele para isso e perguntar que pensamentos ou emoções ele experienciou depois de ouvir os comentários da esposa. Ele pode revelar pensamentos automáticos, como "Ela não me respeita. Isso não tem jeito", e sentimentos tanto de raiva quanto de profunda tristeza.

CONSULTA COM TERAPEUTAS ANTERIORES E OUTROS PROVEDORES DE SAÚDE MENTAL

Os casais e famílias que buscam tratamento com frequência já procuraram outros provedores de tratamento durante suas vidas, pelos mesmos ou por outros tipos de problemas. Uma questão importante para o terapeuta é se deve ou não entrar em contato com esses provedores interiores para obter informações com relação ao caso. Muitos terapeutas acham que podem começar do zero, a despeito do que tenha ocorrido durante o tratamento anterior. Outros acham que podem conseguir informações vitais de outros provedores de tratamento em relação ao que ocorreu e ao que foi (ou não foi) eficaz em suas abordagens específicas. Na verdade, os terapeutas ficam com frequência surpresos pelas informações que obtêm de ex-terapeutas do casal ou da família.

Se um dos cônjuges está atualmente em terapia individual quando o casal inicia a terapia familiar, pode ser útil consultar seu terapeuta. Considere o seguinte caso, em que um casal experienciava dificuldades em seu casamento de 26 anos.

O caso de Sam e Jerri

Sam tinha uma longa história de abuso de álcool e cocaína no início do seu casamento com Jerri. Ele havia parado de usar cocaína, mas continuou com o álcool até três anos antes de iniciarem a terapia de casal. Seu relacionamento estava carregado das constantes frustrações de Jerri quanto ao uso de álcool pelo marido e com a crença dela de que ele escondia dinheiro e mantinha relacionamentos extraconjugais. Apesar de ser alcoólatra, Sam afirmava jamais ter escondido algum dinheiro ou tê-la enganado, mas sua esposa simplesmente não conseguia acreditar nisso e supunha o pior. Quando Sam frequentou um centro de reabilitação e passou a fazer acompanhamento com os AA (Alcoólicos Anônimos), parou de beber, parecia ter endireitado e estava cuidando do seu negócio familiar, assim como do seu relacionamento com a esposa. Entretanto, apesar da melhoria, Jerri continuava a suspeitar de que Sam a enganava.

Grande parte da tensão presente girava em torno da sensação de Sam de que ele jamais conseguiria convencer sua esposa e de que, não importa o que ele fizesse, ela não acreditaria em sua honestidade. A certa altura, Jerri insistiu para que ele se submetesse a um teste do polígrafo, o que Sam concordou em fazer. Contudo, ele temia que pudesse fracassar, devido à condição cardíaca que havia desenvolvido devido ao uso anterior de cocaína. Jerri não tinha história de abuso de substância, mas exibia muitas das características que Sam com frequência dizia que se ajustavam aos critérios para um transtorno da personalidade *borderline*. Sam consultou a internet, leu sobre vários transtornos e encontrou um *site* que listava os transtornos de personalidade. Quando leu os critérios para "transtorno da personalidade *borderline*", achou que essa descrição se adequava bem à esposa. Ela tinha dificuldades com a confiança, imaginava o abandono e havia tido uma criação tumultuada, em que o pai fora abusivo com ela.

Muitas dessas questões foram tratadas na terapia. Eu confiava muito no fato de cada um dos cônjuges estar fazendo terapia individual. No decorrer da terapia de casal, Sam perguntou se o terapeuta de Jerri estava lidando com as questões de suas desconfianças absurdas e de seu medo do abandono. Também declarou que Jerri com frequência o colocava em um duplo vínculo (que, "aos olhos dela, ele jamais faria a coisa certa"), o que era muito estressante e frustrante para ele. Sam citou o exemplo de uma ocasião em que ele estava em uma viagem de negócios. Quando telefonou para casa, sua esposa lhe informou que havia ido ao ginecologista e recebido resultados anormais no teste de Papanicolau. Sam expressou preocupação e disse que voltaria mais cedo para casa a fim de apoiar, mas Jerri disse que não precisava dele para isso. Sam declara ter dito várias vezes, "Eu quero antecipar minha volta para poder estar com você", e Jerri lhe garantiu que não era necessário e insistiu para que ele terminasse sua viagem de negócios. Assim, Sam continuou em viagem conforme o planejado. Declarou que, quando chegou em casa, Jerri o censurou, afirmando que ele deveria ter voltado para casa de todo jeito, mesmo que ela lhe tenha dito não, porque essa era a "coisa certa a fazer". Sam disse que se sentia como se estivesse "preso por ter cão e preso por não ter cão". "Não consigo conviver com isso", disse ele. "Esse tipo de coisa me deixa louco. Parece que ela está fazendo joguinhos de adivinhação comigo". Depois, Sam achava que Jerri contava ao seu terapeuta sobre tais comportamentos e imaginava como os serviços de terapia poderiam ser coordenados.

Eu sugeri coordenar o tratamento com os terapeutas individuais de ambos. Todas as partes concordaram, e entrei em contato com cada um dos terapeutas individuais. Combinamos uma conferência a três por telefone. Os dois terapeutas individuais concordaram que isso seria proveitoso, e foi decidido que essas conferências ocorreriam a intervalos variados no decorrer do tratamento. Elas ocorreram a cada 3 meses durante 1 ano e se mostraram extremamente úteis em manter todas as partes com o mesmo foco no tratamento. Finalmente, Sam e Jerri fizeram grandes progressos na terapia, e seu relacionamento se tornou mais afetivo e mais confiante, graças, em grande parte, ao trabalho coordenado dos terapeutas.

Embora alguns profissionais de saúde mental ridicularizem essa ideia, realmente faz muito sentido coordenar o tratamento. Ajuda a garantir que os vários profissionais envolvidos com um casal não estão atuando com propósitos contrários, mas caminhando na mesma direção geral. Obviamente, a coordenação das intervenções tem de ser exercida com cautela, e todos os terapeutas precisam concordar. Com frequência é uma prática muito útil e conduz a resultados produtivos.

INVENTÁRIOS E QUESTIONÁRIOS

Os terapeutas cognitivo-comportamentais em geral usam questionários padronizados para coletar informações sobre as opiniões que os membros da família têm de si mesmos e de seus relacionamentos. Trata-se de uma ferramenta particularmente útil quando o tempo do terapeuta é limitado, como em situações de cuidado administrado. O terapeuta com frequência pede aos casais e aos membros da família que respondam questionários antes das entrevistas iniciais, para que ele possa pedir alguma informação adicional sobre as respostas do questionário durante as entrevistas iniciais. Naturalmente, os relatos dos indivíduos nos questionários são sujeitos a vieses, como responsabilizarem outras pessoas pelos problemas da família e se apresentarem de maneira socialmente desejável (Snyder et al., 1995). Não obstante, o uso criterioso dos questionários consiste em um meio eficiente de se examinar as percepções dos membros da família sobre uma série ampla de questões que do contrário poderiam ser negligenciadas na entrevista inicial. As questões abordadas nos questionários podem também ser exploradas em maior profundidade por meio de entrevistas subsequentes e de observações comportamentais.

Designar inventários e questionários no início do período de avaliação também auxilia a determinar a motivação dos cônjuges ou dos membros da família quanto a mudanças nos relacionamentos. A motivação para a mudança é um dos melhores indicadores prognósticos de tratamento bem-sucedido.

Várias medidas têm sido desenvolvidas para proporcionar uma visão geral de áreas-chave do funcionamento do casal e da família, como satisfação em geral, coesão, qualidade da comunicação, tomada de decisão, valores e nível de conflito.[1] Exemplos incluem a Dyadic Adjustment Scale [Escala de Ajustamento Diádico], Spanier (1976), o Marital Satisfaction Inventory

---

[1] São discutidos aqui alguns questionários representativos para avaliação dentro de um modelo cognitivo-comportamental, embora muitos não tenham sido desenvolvidos especificamente a partir dessa perspectiva. Os recursos para revisões sobre várias outras medidas relevantes constam em Touliatos, Perlmutter e Strauss (1990).

– Revised [Inventário de Satisfação Conjugal – Revisado], Snyder e Aikman (1999), a Family Environment Scale [Escala do Ambiente Familiar], Moos e Moos (1986), o Family Assessment Device [Dispositivo de Avaliação Familiar], Epstein, Baldwin e Bishop (1983) e o Self-Report Family Inventory [Autorrelato do Inventário Familiar], Beavers, Hampson e Hulgus (1985). Como os itens dessas escalas não proporcionam informações específicas sobre cognições, emoções e reações comportamentais de cada membro da família com relação a um problema de relacionamento, o terapeuta deve indagar a respeito durante as entrevistas.

Por exemplo, se as pontuações em um questionário indicam coesão limitada entre os membros da família, o terapeuta pode perguntar aos membros sobre:

1. seus padrões pessoais para tipos e graus de comportamento coeso;
2. exemplos específicos de comportamento entre eles que pareceram ou não coesos;
3. reações emocionais positivas ou negativas que experienciam com relação a essas ações.

Por isso, os questionários são úteis na identificação de áreas de força e preocupação, mas uma análise mais detalhada é necessária para se entender tipos específicos de interação positiva e negativa e os fatores que os afetam.

Uma vantagem dos inventários gerais de funcionamento do casal e da família é o fato de suas subescalas proporcionarem um perfil das áreas de força e déficits dentro do casal ou da família. Além disso, provavelmente alguns membros da família relatarão preocupações sobre os questionários que eles não mencionariam durante entrevistas familiares conjuntas.

Entretanto, muitos inventários são longos, e os terapeutas devem decidir se podem coletar informações comparáveis mais eficientemente por meio das entrevistas.

Vários questionários desenvolvidos especificamente a partir de uma perspectiva cognitivo-comportamental também são úteis na avaliação de casais e famílias. Por exemplo, o Relationship Belief Inventory [Inventário da Crença no Relacionamento], de Eidelson e Epstein (1982), avalia cinco crenças irrealistas comuns associadas a estresse no relacionamento e a problemas de comunicação nos casais:

1. o desacordo é destrutivo;
2. os parceiros devem ser capazes de ler os pensamentos e sentimentos um do outro;
3. os parceiros não podem mudar seu relacionamento;
4. as diferenças de gênero inatas determinam os problemas de relacionamento;

5. deve-se ser um parceiro sexual perfeito.

O Inventory of Specific Relationship Standards [Inventário dos Padrões Específicos do Relacionamento], de Baucom e colaboradores (1996), avalia os níveis em que os indivíduos estabelecem padrões para o seu relacionamento de casal com relação aos limites (grau de autonomia *versus* compartilhamento), distribuição e exercício de poder/controle e investimento de tempo e energia no relacionamento.

O Family Beliefs Inventory [Inventário das Crenças Familiares], de Roehling e Robin (1986), avalia as crenças irrealistas que os adolescentes e seus pais mantêm com relação um ao outro. O formulário dos pais avalia as seguintes crenças:

1. se for dada muita liberdade aos adolescentes, eles vão se comportar de modo a arruinar o seu futuro;
2. os pais merecem obediência absoluta por parte de seus filhos;
3. o comportamento dos adolescentes deve ser perfeito;
4. os adolescentes se comportam de maneiras propositalmente mal-intencionadas com relação aos pais;
5. os pais devem ser responsabilizados pelos problemas de comportamento de seus filhos;
6. os pais devem obter a aprovação dos filhos quanto a seus métodos de criação.

Por outro lado, o formulário dos adolescentes inclui subescalas que avaliam estas crenças:

1. as regras e exigências dos pais vão arruinar a vida do adolescente;
2. as regras dos pais são injustas;
3. os adolescentes devem ter quanta autonomia desejarem;
4. os pais devem ganhar a aprovação dos filhos para seus métodos de criação.

Além disso, vários instrumentos têm sido desenvolvidos para avaliar as atribuições dos parceiros com relação às causas de eventos em seus relacionamentos de casal (por exemplo, Baucom et al., 1996b; Pretzer et al., 1991).

Há poucos questionários de autorrelato que proporcionam informações sobre tipos específicos de comportamento que os parceiros percebem ocorrer em seu relacionamento. O Communication Patterns Questionnaire (Questionário dos Padrões de Comunicação), de Christensen (1988), é mais relevante para uma visão sistêmica da interação do casal, porque os itens perguntam sobre a ocorrência de padrões diádicos em relação a áreas de conflito, incluindo ataque mútuo, exigência-retraimento e evitação mútua. Além disso, a

Conflict Tactics Scale – CTS2 [Escala de Táticas de Conflito], Strauss, Hamby, Boney-BcCoy e Sugarman (1996), proporciona informações sobre uma série de formas verbais e não verbais de comportamento abusivo nos relacionamentos de casal que muitos indivíduos optam por não revelar durante as entrevistas.

Até agora, não há nenhum questionário disponível para avaliar as reações emocionais de momento a momento ou típicas dos membros da família com relação uns aos outros (exceto nível de estresse geral). Por isso, é prudente se basear nas entrevistas para rastrear os componentes emocionais da interação familiar.

Muitos outros questionários de autorrelato foram desenvolvidos para avaliar aspectos dos relacionamentos entre pais e filhos e do funcionamento da família em geral. Revisões excelentes dessas medidas constam em textos de Grotevant e Carlson (1989), Touliatos, Perlmutter e Strauss (1990) e Jacob e Tennenbaum (1988). Alguns instrumentos, como a Family Environmnent Scale [Escala do Ambiente Familiar], Moos e Moos (1986) e as Family Adaptability and Cohesion Evaluation Scales – III [Escalas de Avaliação da Adaptabilidade e Coesão Familiar – III], Olson, Portner e Lavee (1985), avaliam as percepções globais dos membros da família de características familiares como coesão, resolução de problemas, qualidade da comunicação, clareza de papéis, expressão emocional e valores. Outras escalas, como o Family Inventory of Life Events and Changes [Inventário Familiar dos Eventos e Mudanças da Vida], McCubbin, Patterson e Wilson (1985), as Family Crisis-Oriented Personal Evaluation Scales [Escalas de Avaliação Pessoal Orientadas para a Crise Familiar], McCubbin, Larsen e Olsen (1985) e o Family of Origin Inventory [Inventário da Família de Origem], Stuart (1995), proporcionam uma avaliação mais especializada do funcionamento familiar (por exemplo, as percepções dos membros de determinados fatores de estresse e estratégias de enfrentamento familiar). Como a família de origem é também um fator importante no tratamento, como previamente mencionado, a Family of Origin Scale [Escala da Família de Origem], Hovestadt, Anerson, Piercy, Cochran e Fine (1985) é uma ferramenta excelente para medir os níveis autopercebidos de saúde na família de origem de um indivíduo. Em geral, as escalas não proporcionam dados sobre as variáveis cognitivas, comportamentais e afetivas específicas fundamentais para a avaliação, mas exploram vários componentes importantes do funcionamento da família que provavelmente interessam aos terapeutas familiares.

Alguns instrumentos se concentram nas atitudes dos membros da família com relação aos papéis dos pais e, por isso, são mais diretamente relevantes para a avaliação cognitiva. A razão básica para o uso desses inventários nos primeiros estágios da avaliação familiar está na capacidade de os membros da família se expressarem não verbalmente. Às vezes eles estão mais dispostos a responder os itens dos inventários do que a se revelarem verbalmente no contexto familiar. Além disso, permitem que os clínicos destaquem áreas específicas para se concentrar e tratar durante sessões individuais e familiares. Por exemplo, se vários membros de uma família reagem a uma questão que diz respeito a confiar em outros membros da família sobre o Inventário da Crença Familiar, esta é certamente uma área a ser destacada no decorrer do questionamento. Uma resposta afirmativa à declaração "Os membros da nossa família não sabem se comunicar uns com os outros" é também uma área a ser tratada.

Embora os inventários se concentrem em cognições e crenças, nem sempre são o suficiente para revelar patologia mais séria, o que pode na verdade causar turbulência ao longo de uma terapia de casal ou família.

Dependendo da extensão da psicopatologia, requer uma testagem psicodiagnóstica adicional. Se o clínico não é necessariamente treinado em psicologia clínica, deve fazer um encaminhamento para avaliação psicodiagnóstica a fim de estreitar ou esclarecer algum transtorno mental específico. Isso é particularmente importante quando o quadro clínico se torna misto, e a necessidade de descartar alguns transtornos se torna crítica. Por exemplo, a diferenciação entre transtornos esquizoafetivos e transtornos bipolares em relação ao tratamento é com frequência um desafio. Determinar se realmente existe um processo psicótico ou se um sistema ilusório está intacto faz uma enorme diferença no curso e estabelecimento do tratamento. Se o terapeuta suspeita da existência de qualquer psicopatologia importante, eu definitivamente lhe recomendo encaminhar o indivíduo a uma avaliação psicodiagnóstica, considerando que é de extrema importância determinar a existência ou não de alguma psicopatologia no início do processo de tratamento.

Como mencionado anteriormente, ainda que todas as medidas cognitivas e comportamentais constituam relatos subjetivos dos indivíduos sobre suas experiências em relacionamentos, elas proporcionam informações úteis sobre aspectos da interação do casal e da família que de outro modo não seriam observáveis pelo terapeuta. As medidas aqui discutidas são muito úteis como adjuntos para uma entrevista e avaliação cuidadosas. Alguns dos exemplos de caso do Capítulo 9 ilustram como eu uso essas medidas no decorrer do tratamento.

TESTES E AVALIAÇÕES PSICOLÓGICAS ADICIONAIS

Ocasionalmente, surge a necessidade de uma avaliação mais específica, especialmente se há suspeita de psicopatologia séria em um dos parceiros ou membros da família. O Minnesota Multiphasic Personality Inventory-2 – MMPI-2 [Inventário de Personalidade Multifásica de Minnesota – 2] e o Millon Clinical Multiaxial Inventory – MCMI [Inventário Multiaxial Clínico de Millon] são dois dos instrumentos mais populares para determinar os níveis de psicopatia em indivíduos. Terapeutas familiares que são também psicólogos podem, caso se sintam confortáveis, optar por empregar testes de personalidade ou projetivos para determinar se existe transtorno de personalidade em um ou mais membros da família que possa impedir o curso do tratamento. Também podem encaminhar o indivíduo a uma fonte independente para essa testagem e avaliação. É importante determinar se existe uma psicopatologia mais séria para planejar um ajuste no processo de tratamento e/ou para alterar seu curso. Em casos de psicopatologia séria em um ou mais membros da família, às vezes há necessidade de encaminhamento para tratamento individual.

Os terapeutas de casal e família que não são psicólogos devem aderir às suas respectivas leis estaduais com relação à qualificação no emprego de testes psicológicos para evitar a violação da lei (Dattilio, Tresco e Siegel, 2007).

Seja como for, é sempre recomendada uma avaliação mais detalhada para otimizar o processo de avaliação e aumentar a eficácia do plano de tratamento.

GENOGRAMAS

Os genogramas de um sistema familiar ampliado têm sido usados com frequência por terapeutas de casal e família. Diferente de uma árvore familiar, que inclui apenas nomes, datas e lugares, um genograma é usado tanto diagnóstica quanto terapeuticamente para descobrir importantes informações sobre a história e a família de origem de uma pessoa. Os genogramas incluem processos emocionais, como triângulos, fusão, cortes emocionais e mortes. A confecção de um genograma tem sido um aspecto importante da terapia familiar e uma técnica bastante usada quase desde o início do movimento da terapia familiar. Durante várias décadas, suas muitas vantagens contribuíram para seu uso continuado. Tem-se escrito extensivamente sobre a confecção de genogramas (McGoldrick, Gerson e Petry, 2008; Kaslow, 1995).

Um genograma tem por base o uso de símbolos para descrever os membros da família entre as gerações. É de particular importância quando se trata de doença mental e psicopatologia ao traçar os elos de conexão com a família de origem de um indivíduo. O processo também ajuda os indivíduos a descrever aqueles familiares que fizeram parte do seu passado e presente históricos e que talvez tenham contribuído para o desenvolvimento de uma determinada doença mental. Para a criação de um genograma, os indivíduos são solicitados a traçar um esquema familiar o mais distante no tempo quanto consigam lembrar. O esquema familiar desce, começando no alto da página, dos progenitores mais velhos até as crianças menores do grupo. Emerge então um diagrama cronológico, mostrando como as pessoas estão relacionadas umas com as outras e contendo informações como datas de nascimento, casamento, divórcio e morte. Uma área de particular interesse é explorada tentando-se rastrear se algum problema emocional ou comportamental, ou doença mental esclarecida, estava presente em algum dos ancestrais. Tipicamente, isso envolve fazer com que o paciente ou a família visite membros vivos da família de origem e provoque suas memórias para encontrar as informações que faltam. O papel do terapeuta é treinar o indivíduo com relação às perguntas específicas a serem formuladas para se obter informações relevantes. É interessante notar que, em muitos casos, os indivíduos desencavaram segredos de família há muito enterrados que afetaram claramente o curso do tratamento.

A razão para os indivíduos produzirem genogramas é também colocá-los em contato com o processo de transmissão intergeracional, como Bowen (1978) se referia a ele. Essa informação mostra razões claras para a maneira como as coisas eram feitas, ou como a patologia de um indivíduo se desenvolvia através das gerações da família. Isso não é uma desculpa para os indivíduos responsabilizarem os ancestrais por seus problemas, mas uma ferramenta para entender como os vínculos ocorrem.

A Figura 5.1 é um genograma com os símbolos utilizados.

A criação de um genograma também tem sido um processo bastante útil para ajudar muitos a tomarem consciência da tendência de uma família a triangular os relacionamentos, o que alguns teóricos acreditam ser uma fonte de doença mental. A triangulação é um processo reativo em que uma terceira pessoa sensibilizada pela ansiedade em um casal ou família passa a interferir na relação para oferecer tranquilidade ou acalmar as coisas. Um exemplo clássico é a filha adolescente que tenta reduzir o intenso conflito conjugal de seus pais conversando individualmente com cada um deles ou com aquele sobre quem ela tem mais influência. Nesse aspecto, sua intervenção serve para aproximar os pais. À medida que seus pais passam a depender da sua intervenção, ela se torna triangulada, o que com frequência consiste em um papel muito desconfortável ou pesado para ela. Consequentemente, essa informação auxilia os indivíduos a se destriangularem e, finalmente, desenvolverem relacionamentos interpessoais mais saudáveis e satisfatórios com suas próprias famílias imediatas. Para um recurso excelente sobre genogramas, ver McGoldrick e colaboradores (2008) ou Kaslow (1995).

AVALIAÇÃO CONTÍNUA E CONCEITUAÇÃO DE CASO NO DECORRER DA TERAPIA

Como já esclarecido, a conceituação é contínua durante todo o tratamento e não para depois da fase de avaliação. Embora a maior parte da avaliação ocorra durante o período inicial, os terapeutas continuam a reavaliar a situação à medida que vão adquirindo mais conhecimento sobre o casal ou a família que tratam. Os terapeutas também devem informar as famílias com as quais trabalham que o processo de avaliação é contínuo, perdurando até o fim do tratamento, e que, conforme o que venha à tona, se altera o curso do tratamento.

DIFICULDADES ESPECÍFICAS NO PROCESSO DE AVALIAÇÃO

Algumas dificuldades podem surgir no decorrer da fase de avaliação. Uma delas tem a ver com as informações que são compartilhadas durante as sessões individuais com os parceiros ou membros da família. Por vezes, a pessoa que revela uma informação deseja que esta seja mantida em segredo. Com frequência, isso coloca o terapeuta em uma posição precária

GENOGRAMA

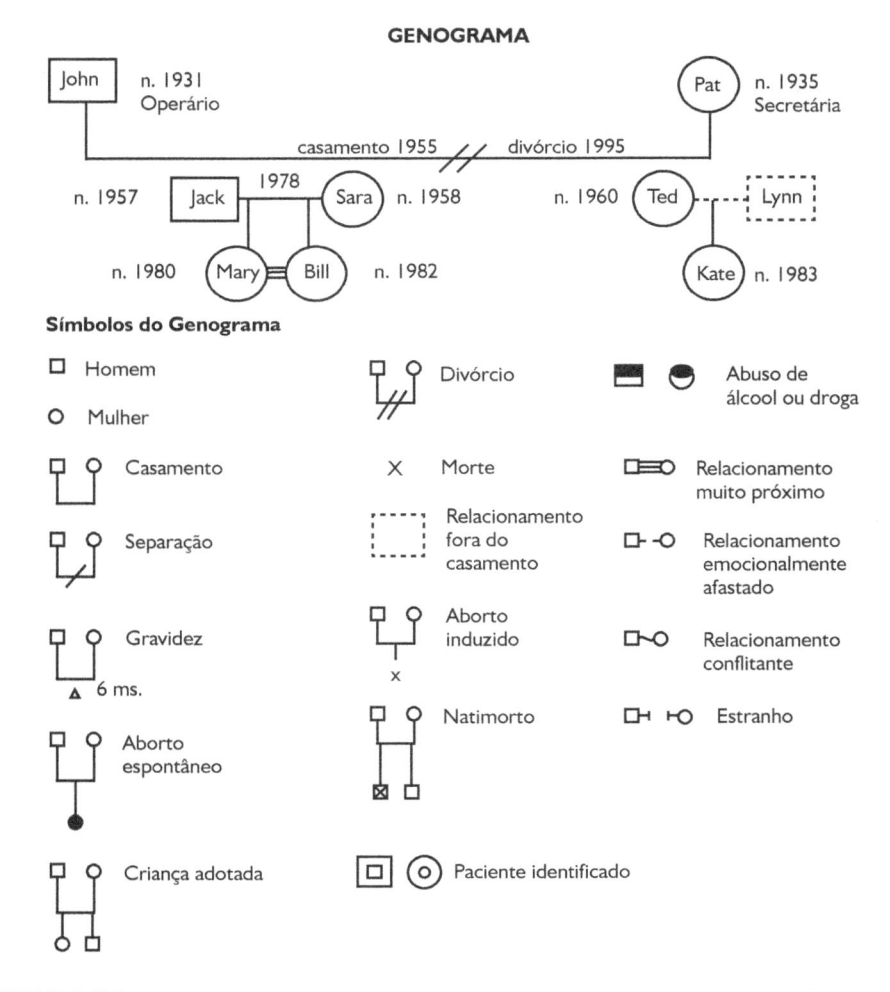

John n. 1931 Operário
Pat n. 1935 Secretária
casamento 1955 // divórcio 1995

n. 1957   Jack —1978— Sara n. 1958   n. 1960 Ted ---- Lynn

n. 1980   Mary = Bill   n. 1982   Kate n. 1983

Símbolos do Genograma

- ☐ Homem
- ○ Mulher
- Casamento
- Separação
- Gravidez
- ▲ 6 ms.
- Aborto espontâneo
- Criança adotada

- Divórcio
- X Morte
- Relacionamento fora do casamento
- Aborto induzido
- Natimorto
- Paciente identificado

- Abuso de álcool ou droga
- Relacionamento muito próximo
- Relacionamento emocionalmente afastado
- Relacionamento conflitante
- Estranho

FIGURA 5.1
Genograma.

– por exemplo, quando um dos cônjuges confessa que mantém um caso extraconjugal, mas não quer que o fato seja revelado. Quando o cônjuge revelou o fato ao terapeuta, em confiança ou não, este já entrou em conluio com aquele, o que torna esse terapeuta menos objetivo. Infelizmente, pouco se pode fazer quanto à situação. Alguns terapeutas optam por assumir uma postura rígida e dizer: "Você precisa terminar o caso e confessá-lo a seu cônjuge, ou deixarei de tratá-lo". Em minha opinião, isso é irrealista. O terapeuta fica em uma situação melhor examinando o impacto negativo que o caso (e o segredo a respeito dele) terá sobre o tratamento e permitindo que o cônjuge ofensor decida se vai revelá-lo ou não. Se essa pessoa mostrar dificuldade para decidir, então é apropriado encaminhá-la a terapia individual. Seja como for, não cabe ao terapeuta revelar o material confidencial ao outro cônjuge. É da responsabilidade do cônjuge ofensor optar por fazê--lo ou não.

O mesmo se aplica ao membro de uma família que, em uma sessão individual, revela que fez algo que deseja esconder dos outros membros da família. Às vezes, os cônjuges ou os membros da família ficam muito aborrecidos com o terapeuta ao saberem que este tinha conhecimento de uma determinada informação e não a revelou. Eu em geral explico aos clientes sobre as restrições éticas que tenho como terapeuta e por que não posso revelar tais informações, mas indico que encorajei o indivíduo ofensor a assumir a responsabilidade do seu ato e compartilhá-lo adequadamente.

Além disso, há situações em que a confidencialidade precisa ser quebrada, como em casos de abuso contra um idoso ou contra uma criança. Todo terapeuta deve cumprir o seu dever de advertir à parte adequada na eventualidade de alguma ameaça ser feita contra essa pessoa.

Os terapeutas variam muito na extensão das avaliações formais. Tipicamente, quando um indivíduo é entrevistado, utiliza-se um roteiro estruturado de entrevista, como o Structured Clinical Interview Schedule for DSM-IV – SCID [Roteiro para Entrevista Clínica Estruturada do DSM-IV], Spitzer, Williams, Gibbon e First (1994), para apresentar um diagnóstico diferencial. Vários testes psicológicos, incluindo técnicas projetivas e inventários de personalidade, podem também ser prescritos. Algo que parece universalmente acordado é que, independentemente da abordagem utilizada na avaliação, a maioria dos terapeutas passa muito pouco tempo fazendo avaliações cuidadosas e detalhadas dos indivíduos e de suas famílias antes de iniciar o tratamento.

Ao envolver uma família em tratamento, um passo importante é identificar problemas que se tornaram entrincheirados por estarem incorporados em fortes estruturas, mas com frequência invisíveis. Por isso, tomar consciência deles e desenvolver um entendimento claro sobre a estrutura da família é extremamente importante para se entender o desenvolvimento da psicopatologia e o modo como a família perpetua esses problemas. Também é importante se concentrar nas maneiras como o problema impacta a família e afeta sua dinâmica. Os terapeutas precisam indagar sobre o funcionamento real dos subsistemas e sobre a natureza dos limites entre os parceiros.

Uma área de importância adicional é a determinação dos limites nos sistemas conjugais ou familiares, juntamente com a identificação de quaisquer triângulos existentes. Os triângulos são descritos como uma estrutura de relacionamento estável que envolve uma terceira pessoa (Guerin, 2002). Identificar os triângulos também constitui parte muito relevante da avaliação inicial. Um entendimento adicional de quem desempenha quais papéis na família é essencial, particularmente quando envolve questões de poder e controle. A partir de um ponto de vista cognitivo-comportamental, entender os esquemas e os inter-relacionamentos que contribuem para a disfunção familiar é fundamental para o desenvolvimento de um plano de tratamento sólido.

OBSERVAÇÕES E MUDANÇAS COMPORTAMENTAIS

Devido às limitações dos inventários de autorrelato, é extremamente importante que o clínico observe amostras das interações diretamente dos membros de um casal ou de uma família. A observação cuidadosa e detalhada do comportamento e de suas consequências diretas são fundamentais para o desenvolvimento de um entendimento da dinâmica familiar. No início do meu treinamento em terapia familiar na década de 1970, antes da era dos DVDs, nós gravávamos as sessões com uma forma anterior de videoteipe conhecida como Beta Max. Frequentemente havia problemas com o Beta Max: a imagem era visível, mas não havia som devido a falhas no mecanismo. Eu lembro que, em uma ocasião, por um feliz acaso, dei ao meu supervisor a ideia de assistirmos os videoteipes sem som para simplesmente observarmos o comportamento não verbal das famílias. Foi interessante ver como muitos de nós, como alunos, conseguíamos fazer inferências baseados no comportamento não verbal e posteriormente as elaborar quando tínhamos o som para acompanhar as imagens. Há muito a ser dito sobre o comportamento não verbal e o que pode ser discernido dele. É importante notar que um intercâmbio verbal às vezes distrai os observadores do comportamento não verbal, que é tão importante – e às vezes mais – quanto o verbal.

As oportunidades para observações comportamentais existem desde o primeiro momento em que uma família entra no consultório de um terapeuta. O terapeuta de casal e família experiente fica perito em perceber o processo de comportamentos verbais e não verbais entre os membros da família enquanto eles conversam um com o outro e com o terapeuta. Embora o tópico e o conteúdo das discussões sejam importantes, o objetivo da observação comportamental sistemática é identificar atos específicos realizados por cada indivíduo, e a sequência dos atos entre os membros da família, que são construtivos e agradáveis ou destrutivos e aversivos. Devem ser anotados e documentados sobretudo os comportamentos potencialmente destrutivos, aversivos e manipulativos. A observação da interação familiar varia de acordo com a quantidade de estrutura que o clínico impõe à interação, assim como a quantidade de estrutura nos critérios de observação ou no sistema de codificação do clínico.

Obviamente, quando estão no consultório do terapeuta os membros da família agem diferente de quando estão em casa, mas, por meio das interações, revelam padrões importantes que proporcionam a percepção de problemas nos relacionamentos. Com transtornos como depressão e esquizofrenia, há com frequência temas dominantes na interação familiar entre pais e filhos, em que eles podem isolar ou desvalorizar um ao outro de maneiras sutis. Estas são claramente áreas de observação para os clínicos. Determinar quais membros da família tendem a ser mais espontâneos, em oposição a outros que permanecem mais reservados, é com frequência muito significativo. Um dos benefícios de se impor pouca estrutura na terapia familiar é a capacidade de se obter uma amostra da comunicação de uma família de maneira natural dentro do consultório. Dessa maneira, o terapeuta pode apontar onde ocorre uma quantidade significativa de disfunção.

INTERAÇÃO FAMILIAR ESTRUTURADA

Em contraste com a permissão de uma interação relativamente não estruturada, os clínicos podem proporcionar a uma família tópicos específicos para discussão, que seriam ainda mais reveladores em relação à maneira como seus membros funcionam juntos. Os objetivos dos membros da família, como tentar entender os padrões de pensamento e os sentimentos um do outro, ou resolver questões particulares de relacionamento, são pertinentes. O que os membros da família fazem com as emoções uns dos outros é extremamente importante. Observa-se isso particularmente em áreas de psicopatologia grave. Por exemplo, o uso de alguns inventários previamente mencionados, como a Dyadic Adjustment Scale [Escala de Ajustamento Diádico] de Spanier (1976), pode permitir aos indivíduos avaliar o quanto sua interação afeta uns aos outros. A demonstração de afeição, a quantidade de tempo que passam juntos, e assim por diante, ajudam o clínico a selecionar uma área de conteúdo específica para concentração do tratamento. Obviamente, quando um clínico hábil começa a observar vários comportamentos, áreas de fraqueza e perturbação emergirão, sobretudo quando surgem questões acaloradas. Um clínico hábil é capaz de observar coalizões ou alianças que são formadas entre os membros da família e ilustrar como elas contribuem para a polarização dentro de uma unidade familiar. Uma lista detalhada de questionários e inventários para uso com casais e famílias consta no Apêndice A.

Uma boa maneira de observar o que acontece em uma família é instruir seus membros a se engajarem em discussões de resolução de problemas durante uma sessão. Durante essas discussões, o terapeuta realmente enxerga as dificuldades na comunicação. Essa técnica é similar à representação que Salvador Minuchin e outros terapeutas de família usavam no tratamento (Minuchin, 1974). Dependendo da modalidade de tratamento que o clínico utiliza, ele pode optar por se tornar mais diretivo no processo e se concentrar em determinadas intervenções. Os membros da família que não conseguem definir um problema em termos comportamentais específicos talvez apresentem dificuldade para desenvolver uma solução factível. Outros não conseguem avaliar as vantagens e desvantagens das soluções propostas e, subsequentemente, se tornam desencorajados quando tentam por em prática uma solução e encontram obstáculos ou reveses imprevistos. Por isso, o terapeuta pode optar por uma intervenção particular para lidar com as questões de diferentes maneiras.

A maneira como os membros da família lidam com as frustrações próprias e dos outros com frequência proporciona aos terapeutas indícios sobre o que contribui para a ansiedade e depressão no sistema familiar. Observando as discussões dos membros da família durante as sessões de terapia, o clínico consegue identificar comportamentos problemáticos específicos e planejar intervenções para melhorar as habilidades de resolução de problemas da família e lidar com a disfunção. A observação de um clínico de padrões repetitivos de pensamento, emoção e comportamento que contribuam para o desenvolvimento de depressão ou ansiedade é importante na revelação de padrões disfuncionais entre os membros da família. Usando princípios básicos de análise funcional, o clínico observa eventos e consequências anteriores que controlariam a interação negativa entre os membros da família.

Por exemplo, os pais se queixam repetidamente de que o filho não revela seus sentimentos, mas o clínico observa que, quando a criança expressa seus sentimentos, os pais ou se afastam ou explicitamente o interrompem e negam seus sentimentos, dizendo coisas como "Bem, você não deve se sentir assim" ou "Não, você não deve se sentir dessa maneira, isso é tolice". Esses processos causais circulares nas interações familiares são percebidos quando o clínico observa como o comportamento de um indivíduo estimula o retraimento do outro e vice-versa, e o efeito que isso tem sobre a dinâmica de um indivíduo. Essa dinâmica pode ser destacada em termos do reconhecimento dos padrões destrutivos que estariam contribuindo para a depressão e para a baixa autoestima ou para qualquer um de vários elementos da psicopatologia.

AVALIAÇÃO DAS COGNIÇÕES

As entrevistas com os membros da família, juntos ou individualmente, proporcionam oportunidades para os clínicos suscitarem cognições idiossincráticas e rastrearem processos influentes que não podem ser avaliados por meio dos questionários padronizados. O *questionamento socrático* consiste em um método que envolve uma série de perguntas (sistemáticas) usadas para enfraquecer as defesas, tanto durante as fases de exploração e avaliação quanto no início do tratamento, a fim de revelar os pensamentos e as crenças fundamentais de um indivíduo (Dattilio, 2000; Beck, 1995). O questionamento socrático pode permitir ao clínico reunir uma cadeia de pensamentos que mediam entre os eventos e os relacionamentos e as reações emocionais e comportamentais de cada indivíduo. A técnica conhecida como *seta descendente*, desenvolvida por Aaron Beck e colaboradores (1979), é uma abordagem que usa o questionamento socrático. Essa técnica foi desenvolvida para revelar as suposições básicas de um indivíduo que geram pensamentos disfuncionais ou distorcidos. O clínico que usa a técnica da seta descendente identifica o pensamento inicial e depois o acompanha com perguntas como "Se for assim, então o que acontece?".

Um terapeuta tratou uma família com um filho adulto que relutava em sair de casa porque sentia a necessidade de permanecer ligado à sua família por questões de "segurança". O jovem se tornou retraído e socialmente recluso, requerendo um apoio familiar excessivo e constante. A técnica da seta descendente produziu os resultados mostrados na Figura 5.2.

Como revelou essa técnica, a crença básica do filho estava no medo do fracasso e até mesmo da morte. Ele acreditava que não era nada sem a sua

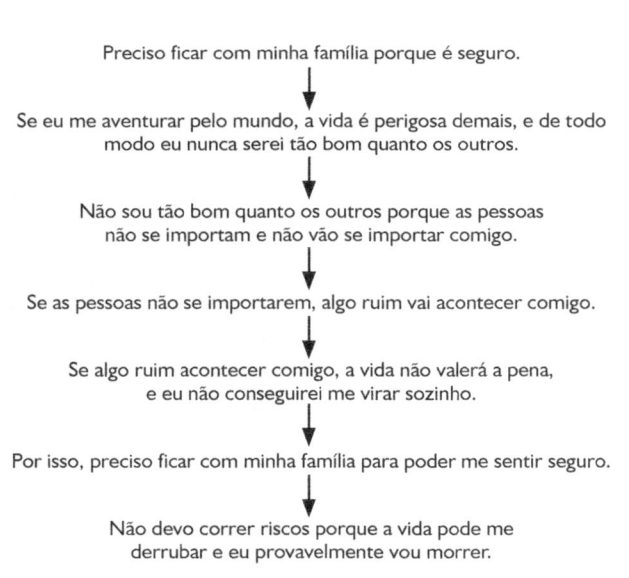

Preciso ficar com minha família porque é seguro.
↓
Se eu me aventurar pelo mundo, a vida é perigosa demais, e de todo modo eu nunca serei tão bom quanto os outros.
↓
Não sou tão bom quanto os outros porque as pessoas não se importam e não vão se importar comigo.
↓
Se as pessoas não se importarem, algo ruim vai acontecer comigo.
↓
Se algo ruim acontecer comigo, a vida não valerá a pena, e eu não conseguirei me virar sozinho.
↓
Por isso, preciso ficar com minha família para poder me sentir seguro.
↓
Não devo correr riscos porque a vida pode me derrubar e eu provavelmente vou morrer.

FIGURA 5.2
Seta descendente de filho esquivo.

família. É interessante notar que, examinando a dinâmica da família, o terapeuta percebeu que, embora os pais quisessem muito ver seu filho sair de casa e ser bem-sucedido, também tinham suas próprias dúvidas sobre a sua capacidade de sobreviver sozinho e sutilmente reforçavam sua permanência em casa. O uso da mesma técnica para examinar as cognições dos pais revelou alguns de seus temores de que o filho não fosse capaz de funcionar sozinho, apesar de já ser um adulto. Também revelou o aspecto oculto da própria contradependência dos pais: "Estaríamos perdidos se ele não precisasse de nós". Então, muitos dos comportamentos de seus pais sutilmente reforçavam sua dependência e permanência em casa, embora, explicitamente, declarassem que queriam que ele saísse e se tornasse mais independente. Esse tipo de situação duplo-cega sutil pareceu criar muita confusão e disfunção e provocou uma paralisação por parte do filho e também da família.

Lidar com cognições desse tipo é muito importante no tratamento familiar. Reestruturar o pensamento dos pais, para que se tornassem mais otimistas, realmente fossem em frente e assumissem o risco de promover a independência do filho, os incentivaria a apoiar a independência dele. Qualquer trabalho realizado com seu filho em termos de ele tomar medidas para sair de casa, assumir riscos e ver que talvez não estivesse tão destinado a falhar quanto previa seria de grande benefício.

Era também essencial tratar das próprias necessidades de dependência dos pais, ou seja, de que seu filho permanecesse dependente deles. O uso da técnica da seta descendente serviu para revelar um esquema subjacente de vulnerabilidade e desamparo, juntamente com o medo do fracasso, em todos os membros da família. A técnica permitiu que cada indivíduo tomasse consciência da sua cadeia de pensamentos, para ver como ela conduzia a conclusões equivocadas e reforçava antigas suposições que não eram necessariamente corretas.

ENTREVISTAS INDIVIDUAIS

As entrevistas individuais com cada membro de uma família são com frequência conduzidas logo após a sessão conjunta inicial, para coletar informações sobre o funcionamento passado e presente, incluindo estresses, psicopatologias, saúde em geral, potenciais de enfrentamento, etc. Com frequência, os membros da família são mais abertos a descrever dificuldades pessoais como depressão, abandono em um relacionamento passado, etc., sem outros membros presentes. As entrevistas individuais dão ao clínico uma oportunidade de avaliar possível psicopatologia que pode ser influenciada por problemas nos relacionamentos conjugais ou familiares (e por sua vez pode estar afetando adversamente as interações familiares). Dada a alta ocorrência concomitante de psicopatologia individual e problemas de relacionamento

(L'Abate, 1998), é fundamental que o terapeuta de casal e família seja experiente na avaliação do funcionamento individual ou faça encaminhamentos a colegas que o auxiliem nessa tarefa. O terapeuta pode então determinar se a terapia conjunta deve ser suplementada com terapia individual.

Como já mencionado, o terapeuta deve estabelecer diretrizes claras para a confidencialidade durante as entrevistas individuais. Entretanto, se o terapeuta souber que um indivíduo sofre abuso físico e parece estar em perigo, o foco se desloca para o trabalho com essa pessoa, a fim de desenvolver planos para manter a segurança e tomar medidas para que ela saia de casa e busque abrigo em outro lugar caso aumente o risco de abuso.

Já descrevi como o terapeuta tem oportunidades de observar padrões de interação conjugal e familiar durante a entrevista conjunta inicial (p. ex., o estilo e o grau de expressão de pensamentos e emoções de uns para com os outros; quem interrompe quem; quem fala por quem). Em uma abordagem cognitivo-comportamental, a avaliação é contínua, e o terapeuta observa os processos familiares durante cada sessão.

As observações comportamentais relativamente não estruturadas são com frequência suplementadas por uma tarefa de comunicação estruturada durante a entrevista conjunta inicial (Baucom e Epstein, 1990; Epstein e Baucom, 2002). Tendo por base as informações fornecidas pelo casal ou pela família, o terapeuta escolhe um tópico que todos os membros considerem uma questão não resolvida em seu relacionamento e lhes pede que passem mais ou menos 10 minutos discutindo enquanto o terapeuta os filma. Outra alternativa seria pedir aos membros da família que manifestem seus sentimentos sobre a questão e reajam às expressões uns dos outros da maneira que considerarem apropriada, ou solicitar-lhes que tentem resolver a questão no tempo designado. De costume, para minimizar a influência de suas interações, o terapeuta sai da sala. Essas discussões filmadas de resolução de problemas são usadas rotineiramente na pesquisa de interação de casais e de membros de uma família (Weiss e Heyman, 1997), embora estes últimos com frequência se comportem de maneira um pouco diferente do que se comportariam em casa. Os terapeutas podem usar sistemas de codificação comportamental desenvolvidos para propósitos de pesquisa, como o Marital Interaction Coding System – MICS-1V [Sistema de Codificação de Interação Conjugal], Heyman, Eddy, Weiss e Vivian (1995), como guias para identificar as frequências e sequências dos comportamentos verbais e não verbais, positivos e negativos, dos membros da família (por exemplo, aprovação, aceitação da responsabilidade, contato físico positivo, reclamação humilhante, queixas cruzadas). Como acontece com as observações da interação familiar durante as entrevistas, o terapeuta cognitivo-comportamental considera esses dados como amostras de interação potencialmente típicas do processo familiar, mas requerem verificação por meio de observações e relatos repetidos dos membros da família sobre as interações que ocorrem em casa.

IDENTIFICAÇÃO DE PADRÕES DE MACRONÍVEL E QUESTÕES BÁSICAS DO RELACIONAMENTO

O terapeuta coleta informações no decorrer das entrevistas conjunta e individual, acrescidas das respostas dos membros da família aos questionários, e busca padrões e temas amplos de macronível que reflitam questões básicas do relacionamento. Por isso, o terapeuta cognitivo-comportamental assume uma abordagem empírica da avaliação, usando as observações iniciais para formar hipóteses, mas esperando até que os padrões repetitivos apareçam antes de tirar conclusões sobre os principais problemas e potencialidades da família. Durante a primeira sessão familiar conjunta, os pais podem, por exemplo, descrever que estabelecem limites firmes para o comportamento de uma filha adolescente, e o terapeuta então formula a hipótese de que há uma clara hierarquia de poder na família. Entretanto, em uma entrevista individual a filha revela que consegue facilmente contornar as regras e a conversa de seus pais sobre a imposição de punições e, em outras sessões familiares conjuntas, os pais não reagem quando a filha os interrompe repetidas vezes. Nesse caso, acumulam-se as evidências de que os pais têm relativamente pouco poder sobre os comportamentos da filha.

AVALIAÇÃO DA MOTIVAÇÃO PARA A MUDANÇA

Um dos aspectos mais importantes a se investigar durante a fase de avaliação é a *motivação para a mudança*. Trata-se provavelmente de um dos melhores indicadores prognósticos de que um casal ou família obterá um bom resultado com o tratamento. Por isso, é extremamente importante fazer perguntas como "De quem foi a ideia de buscar tratamento?" ou "O que trouxe vocês aqui?". Além disso, avaliar o nível de descontentamento e o estado de infelicidade indica até que ponto um casal ou família está motivado a realizar mudanças. O grau de desesperança dos cônjuges ou dos membros da família também afeta seu nível de motivação. As cognições dos membros individuais sobre o desejo do outro de mudar, sua percepção da competência do terapeuta na facilitação da mudança, e seu nível de tolerância para suportá-la são todos fatores muito importantes.

O uso das primeiras atribuições de tarefas a serem feitas em casa também serve como um teste para determinar a motivação para a mudança. Por isso, embora não seja típico designar tarefas para casa durante a fase de avaliação, simplesmente pedir aos membros da família que respondam a questionários ou realizem outras pequenas tarefas configura um instrumento inicial de prognóstico. É interessante notar que, em um estudo recente conduzido por Dattilio, Kazantzis, Shinkfield e Carr (no prelo), os terapeutas de casal e família indicaram que a previsão de não adesão às tarefas de casa pelos clientes seria a principal razão para deixarem de atribuí-las a eles. Ninguém progride no tratamento sem um trabalho árduo, e o cumprimento das tarefas a serem realizadas em casa constitui um bom sinal de que os clientes estão dispostos a realizar tal trabalho. Isso também dá um indício de como eles trabalham juntos e diz muito sobre a dinâmica familiar.

Finalmente, os terapeutas precisam confiar em seu sexto sentido ou intuição sobre a maneira como os membros da família motivados realizarão uma mudança. De acordo com a teoria do intercâmbio social, se os sujeitos estiverem suficientemente desencantados com um relacionamento, o nível de motivação para a mudança pode ser alto, especialmente se acreditarem na possibilidade de atingirem uma mudança real.

FEEDBACK SOBRE A AVALIAÇÃO

A TCC é uma abordagem colaborativa. O terapeuta cognitivo-comportamental continuamente compartilha seus pensamentos e impressões com os clientes e, junto com eles, desenvolve intervenções destinadas a lidar com suas preocupações. Depois de coletar informações de entrevistas, questionários e observações comportamentais, o terapeuta proporciona aos clientes um resumo conciso dos padrões que emergiram, incluindo:

1. suas potencialidades;
2. suas principais preocupações apresentadas;
3. as exigências ou estressores da vida que provocaram problemas de ajustamento para o casal ou para a família;
4. padrões de macronível construtivos e problemáticos em suas interações que parecem influenciar os problemas atuais.

O terapeuta e os clientes então identificam as principais prioridades de mudança, assim como algumas intervenções que têm potencial de aliviar os problemas. Esse é também um momento importante para o terapeuta explorar as possíveis barreiras à terapia de casal ou família, assim como os medos de mudanças que talvez sejam antecipadamente consideradas estressantes e difíceis pelos participantes, e para chegar, com a família, às medidas que podem ser tomadas para reduzir o estresse. Também é importante, tanto para o terapeuta quanto para os clientes, avaliar o relacionamento de trabalho potencial entre eles e determinar se esse é ou não um bom ajuste. Em geral, o período de avaliação proporciona um amplo tempo para todos determinarem se conseguem trabalhar juntos efetivamente, embora isso continue a ser reavaliado à medida que o processo de tratamento progride. O terapeuta deve pensar se os clientes parecem se sentir compreendidos e perguntar como estão indo as coisas, para obter uma boa percepção de que todos se sentem suficientemente à vontade para seguir o tratamento. Reavaliações periódicas da aliança terapêutica são importantes e devem ser discutidas em intervalos variados ao longo da terapia (Dattilio, Freeman e Blue, 1998).

IDENTIFICAÇÃO DE PENSAMENTOS AUTOMÁTICOS E CRENÇAS BÁSICAS

Pré-requisito fundamental para modificar as cognições distorcidas dos parceiros ou dos membros da família sobre si mesmos e um sobre o outro é aumentar sua capacidade de identificação de seus *pensamentos automáticos*. Depois de introduzir o conceito dos pensamentos automáticos que espontaneamente passam pela cabeça de uma pessoa, o terapeuta treina o casal e os membros da família na observação de seus padrões de pensamento durante as sessões que lidam com reações emocionais e comportamentais negativas em relação um ao outro. No modelo cognitivo-comportamental, monitorar as experiências subjetivas da pessoa consiste em uma habilidade que pode ser desenvolvida. Para melhorar a habilidade de identificação de seus pensamentos automáticos, os clientes são solicitados a manter um pequeno caderno de anotações sempre à mão entre as sessões e a anotar nele uma breve descrição das circunstâncias em que se sentem estressados sobre o relacionamento ou estão envolvidos em conflito. Tal registro deve também incluir a descrição dos pensamentos automáticos, assim como as reações emocionais resultantes e quaisquer reações comportamentais para com outros membros da família.

Normalmente uso o Registro do Pensamento Disfuncional (Disfunctional Thought Record), uma versão modificada do Registro Diário dos Pensamentos Disfuncionais (Daily Record of Dysfunctional Thought; Beck et al., 1979), inicialmente desenvolvido para a identificação e modificação de pensamentos automáticos na terapia cognitiva individual. Por meio desse tipo de manutenção de registros, o terapeuta demonstra aos casais e famílias como seus pensamentos automáticos são vinculados às reações emocionais e comportamentais e auxilia-os a entender os temas específicos de macronível (p. ex., questões de limite) que os perturbam em seus relacionamentos. Esse procedimento também aumenta a consciência dos membros da família de que suas reações emocionais e comportamentais negativas um em relação ao outro são potencialmente controláveis por meio do exame sistemático das cognições associadas. Desse modo, o terapeuta treina cada indivíduo para assumir maior responsabilidade por suas próprias reações. Um exercício que com frequência se mostra bastante útil é fazer os casais e as famílias examinarem seus registros individualmente e indicarem os vínculos entre os pensamentos, as emoções e o comportamento. O terapeuta então pede a cada indivíduo que explore cognições alternativas, que produzam diferentes reações emocionais e comportamentais a uma dada situação.

Um exemplo do exame dos pensamentos automáticos envolve o próximo caso, em que um jovem casal sul-americano, casado há apenas dois anos, procurou terapia.

O bom amante: o caso de Roberto e Zarida

Roberto e Zarida começaram a experimentar dificuldades em seu relacionamento e a achar que era importante tratar disso o mais cedo possível. Como resultado, meu nome foi indicado pelo ginecologista de Zarida. Durante a sessão conjunta inicial, Zarida declarou que Roberto era excessivamente controlado durante as relações sexuais, o que com o tempo fez com que ela não tivesse mais certeza do amor dele por ela. Entretanto, Roberto afirmou reiteradas vezes que a amava mais do que a qualquer outra mulher com quem já tenha se envolvido, e por isso se casou com ela. Zarida, no entanto, simplesmente "achava que algo não estava certo" e que Roberto parecia muito inibido e conservador ao fazer amor, o que a perturbava. Zarida prosseguiu, dizendo estar particularmente perturbada porque sabia que Roberto havia tido muitos encontros sexuais com mulheres durante seu tempo de solteiro e com frequência se referia carinhosamente a ele como "Casanova". Roberto evidentemente havia tido muito mais relacionamentos sexuais do que Zarida, que só teve um outro namorado antes de se casar com Roberto. Além disso, Zarida também lembrou que, quando ela e Roberto começaram a namorar, ele era um "tigre" sexualmente, e eles tiveram algumas das relações sexuais mais fantásticas que ela jamais teve.

Quando lhe perguntei por que isso a perturbava tanto, Zarida disse que ela sabia que Roberto era conhecido como um "bom amante", e que ela se lembrava de ter ouvido outras mulheres com quem ele havia namorado dizerem que ele era um homem muito amoroso. Entretanto, Zarida lutava com o fato de que, apesar de Roberto afirmar o quanto a amava, ele não demonstrava isso durante suas relações sexuais. "Nossas relações acontecem sempre na mesma posição e parecem ser banais e conservadoras." Quando perguntei a Roberto sobre isso na sessão conjunta com Zarida, ele teve muito pouco a dizer. Eu achava que havia algo mais acontecendo, até que, a certa altura, com a permissão de Zarida, decidi conversar com Roberto sozinho, em uma ocasião separada, para explorar mais detalhadamente a questão.

No decorrer da sessão individual com Roberto, ele me disse que durante seus anos de solteiro esteve com várias mulheres e era muito ativo sexualmente. Prosseguiu descrevendo em detalhes como suas relações sexuais eram bastante versáteis e que ele se orgulhava de ser um "bom amante". Tentei me aprofundar na razão de ele ter tanta dificuldade em se portar da mesma maneira com a mulher que ele realmente amava e com quem havia se casado, e ele me explicou que isso tinha a ver com suas atitudes e crenças sobre as mulheres e relações sexuais. "Eu era um bom amante com essas mulheres porque elas eram apenas minhas amantes. Eu não estava apaixonado por nenhuma delas, mas as desejava. No máximo, talvez as apreciasse, mas esses antigos relacionamentos consistiam mais em uma atração física do que em um verdadeiro relacionamento romântico." Roberto prosseguiu me explicando que ele tinha uma crença dicotômica sobre "fazer sexo com as mulheres e fazer amor com aquela com quem você se casou". Ele me disse que não queria olhar para sua esposa da mesma maneira que olhava para suas ex-amantes, porque isso de algum modo a vulgarizaria. Ou seja, ele acreditava que se fosse sexualmente versátil e tentasse atividades diferentes, como sexo oral ou outros tipos de preliminares, isso colocaria sua esposa na mesma categoria de suas amantes – algo que ele queria evitar. Roberto disse que tinha a maior consideração por sua esposa e não queria desvalorizar seu relacionamento ao envolvê-la em muitas das atividades sexuais que ele mantinha quando era um "solteiro fogoso".

Essa conversa desencadeou outras discussões sobre as posturas rígidas de Roberto e sobre o fato de procurar atividades sexuais variadas com a pessoa a quem ama não significar necessariamente a vulgarização do relacionamento amoroso. Roberto havia desenvolvido uma distorção a respeito disso que envolvia o "pensamento dicotômico". Ele derivou parte desse pensamento de sua própria mãe, que lhe ensinou tal noção e sempre lhe disse: "Os homens fazem sexo com suas namoradas, mas fazem amor com suas esposas". É interessante notar que a mãe de Roberto tinha suas próprias razões para acreditar tão fortemente nesse conceito. Foi sua maneira de lidar com a infidelidade de seu próprio pai (o avô de Roberto). Parece que o pai dela era muito mulherengo e tivera várias amantes enquanto estivera casado. Por isso, para compartimentalizar seus sentimentos em sua própria mente, a mãe de Roberto formulou essa lógica como uma estratégia de enfrentamento e a transmitiu ao filho.

Roberto passou a encarar essa crença literalmente – de que fazer amor com a própria esposa deveria envolver uma postura conservadora e não incluiria nenhuma atividade que pudesse ser considerada "pervertida" ou "livre". Também ocorria de Roberto sentir alguma culpa pessoal por ter sido "tão promíscuo" anteriormente. Ele achava que, de algum modo, podia ter "contaminado sua esposa", transformando Zarida em uma das "mulheres perdidas" que ele namorou antes de se casar.

Grande parte do meu trabalho com Roberto consistiu em ajudá-lo a ver a importância de discutir suas atitudes sobre fazer amor com Zarida. Quando Zarida soube de suas razões, começou a rir, aliviada diante da ideia de que essa era a única razão de Roberto não ter sido mais versátil em sua atividade sexual com ela. A terapia então prosseguiu para se concentrar em ajudar Roberto a mudar algumas de suas crenças distorcidas sobre sexualidade e o seu impacto sobre sua esposa e seu casamento.

Por meio de estratégias comportamentais graduais, como assistir a alguns vídeos de terapia sexual feitos profissionalmente para cônjuges e ler materiais prescritos como uma atribuição colaborativa a ser feita em casa, Roberto e Zarida conseguiram melhorar suas relações sexuais. Roberto pouco a pouco aprendeu a se tornar mais livre na sua expressão sexual com a esposa, sem achar que a estava desrespeitando ou tratando como uma de suas ex-amantes. Isso também pareceu auxiliar Zarida a controlar a depressão e os temores de que seu marido realmente não a amasse.

DIFERENCIAÇÃO ENTRE CRENÇAS BÁSICAS E ESQUEMAS

Muito frequentemente, os termos *crença básica* e *esquema* são confundidos um com o outro. As crenças básicas consistem na verdade em um nível de esquema. Os esquemas são o padrão geral por meio do qual o indivíduo enxerga o mundo; as crenças básicas são componentes ou uma camada específica de um esquema. Por isso, os esquemas contêm muitas crenças básicas.

Por exemplo, no caso de Roberto e Zarida, o pensamento automático dele era: "Eu preciso ser sexualmente respeitoso com minha esposa". Quando Roberto foi mais questionado, uma crença básica foi revelada: "Eu tinha um desempenho sexual versátil com minhas amantes porque não as amava". Quando mais elementos foram revelados sobre o esquema de Roberto com relação à atividade sexual e os relacionamentos, ficou claro que o seu esquema era "Uma esposa é especial e precisa ser tratada da maneira mais respeitosa possível". Está claro que esse era o padrão primário do seu pensamento, que incluía muitos pensamentos automáticos e crenças básicas.

ESTRUTURAÇÃO NEGATIVA E COMO A IDENTIFICAR

A *estruturação negativa* pertence a uma visão particular que os cônjuges ou os membros da família mantêm um sobre o outro ou sobre sua situação e que deturpa as percepções e interações comportamentais. Esse conceito foi pela primeira vez introduzido por Abrahms e Spring (1989), quando cunharam o termo *fator flip flop*. O termo concerne à propensão de um casal a encarar um ao outro sob uma luz negativa, às vezes vendo ao inverso uma característica anteriormente positiva. Um bom exemplo seria um marido inicialmente atraído à sua esposa porque ela lhe parecia relativamente "despreocupada", mas que agora, durante um período de estresse, podia se referir a ela como "preguiçosa" ou "desmotivada".

Com a ajuda do terapeuta, os cônjuges desafiam essas estruturas negativas listando as características negativas, ou o inverso daquelas que foram um dia consideradas qualidades positivas, e as evidências que apoiavam suas crenças (Beck, 1988; Dattilio, 1989; Dattilio e Padesky, 1990). Indica-se como uma maneira de encorajar os cônjuges ou os membros da família a aceitar o fato de que suas distorções estariam deturpando a maneira como veem um ao outro e a realmente desafiar suas percepções.

O caso de Martha e Jim

O exemplo que se segue é o de uma técnica usada durante uma sessão com um casal em que a esposa, Martha, estava irritada com o marido. Ela foi solicitada a primeiro listar as qualidades compensadoras ou positivas de Jim que inicialmente a atraíram. Ela apresentou uma lista dessas características: ele é responsável, sabe o que quer, é inteligente, firme e charmoso. Quando solicitada a escrever as características irritantes do marido, Martha escreveu o seguinte: controlador, exigente, convencional, rígido e manipulador.

Quando os atributos foram justapostos, Martha foi indagada se algumas de suas impressões negativas sobre Jim poderiam ser o inverso do que ela um dia considerou qualidades positivas, agora encaradas sob uma luz negativa.

Qualidades positivas iniciais	Qualidades irritantes atuais
É responsável	Controlador
Sabe o que quer	Exigente
É inteligente	Convencional
É firme	Rígido
É charmoso	Manipulador

Delinear esse conceito às vezes funciona como uma intervenção eficaz para ajudar alguém a examinar sua própria estrutura mental sobre outra pessoa e a avaliar se essa percepção é afetada por distorção. As estruturas negativas podem ser extremamente fortes, particularmente quando um casal ou um membro da família está paralisado sobre uma questão emocionalmente carregada, como no caso anterior de Roberto e Zarida.

IDENTIFICAÇÃO E ROTULAÇÃO DE DISTORÇÕES COGNITIVAS

É proveitoso os membros da família se especializarem em identificar os tipos de distorções cognitivas envolvidos em seus pensamentos automáticos. Um exercício com frequência eficaz é fazer cada parceiro ou membro da família ir até a lista de distorções e rotular quaisquer distorções nos pensamentos automáticos que ele (ou ela) registrou durante a semana anterior (ver Apêndice B). O terapeuta e o cliente discutiam aspectos dos pensamentos inapropriados ou extremados e como a distorção contribuiu para quaisquer emoções e comportamentos negativos na ocasião. Essas revisões dos registros escritos na sessão, ao longo de várias sessões, aumentam as habilidades dos membros da família de identificar e avaliar seus pensamentos contínuos sobre seus relacionamentos.

Se o terapeuta acredita que as distorções cognitivas de um membro da família estão associadas a uma forma de psicopatologia individual, como depressão clínica, deve determinar se a psicopatologia pode ser tratada dentro do contexto da terapia de casal ou família, ou se o indivíduo precisa de encaminhamento a terapia individual. Os procedimentos para a avaliação do funcionamento psicológico dos membros individuais da família estão além do escopo deste capítulo, mas é importante que os terapeutas de casal e família estejam a par da avaliação da psicopatologia e encaminhem os pacientes a outros profissionais, quando necessário.

TRADUÇÃO DOS PENSAMENTOS, EMOÇÕES E COMPORTAMENTOS NO PROCESSO DE CONCEITUALIZAÇÃO

Um aspecto vital da avaliação envolve entender o interjogo entre os pensamentos, as emoções e o comportamento. Consequentemente, o processo de conceitualização é de extrema importância, sobretudo quando se tenta entender como os indivíduos interagem nos relacionamentos conjugais e familiares, e também como seus pensamentos, emoções e comportamentos afetam uns aos outros. Um dos primeiros passos para ajudar os membros a tomarem consciência de suas dinâmicas diferentes é utilizar o Registro do Pensamento Disfuncional. Essa é uma boa maneira de inicialmente fazê-los começar a acompanhar suas emoções e como elas afetam os pensamentos automáticos e o comportamento. Trata-se de uma ferramenta fundamental para que entendam como os esquemas direcionam seus pensamentos e como tudo tem um impacto na emoção e no comportamento. Deve também ser entendido que há uma dinâmica recíproca entre esses três domínios, o que está mais bem descrito pela Figura 5.3.

ATRIBUIÇÃO E PADRÕES E O SEU PAPEL NA AVALIAÇÃO

A atribuição e os padrões são indicadores relevantes de problemas nos relacionamentos. Quando os indivíduos começam a esboçar seus pensamentos, emoções e comportamento e vinculá-los a esquemas, é importante que determinem como as atribuições e os padrões se desenvolveram enquanto resultado de seus estilos particulares de pensamento. Deve também ser enfatizado que a adesão às atribuições e aos padrões subsequentemente geram pensamentos automáticos, emoções e comportamentos que contribuem para o processo cíclico contínuo. Tudo isso se torna importante, em especial quan-

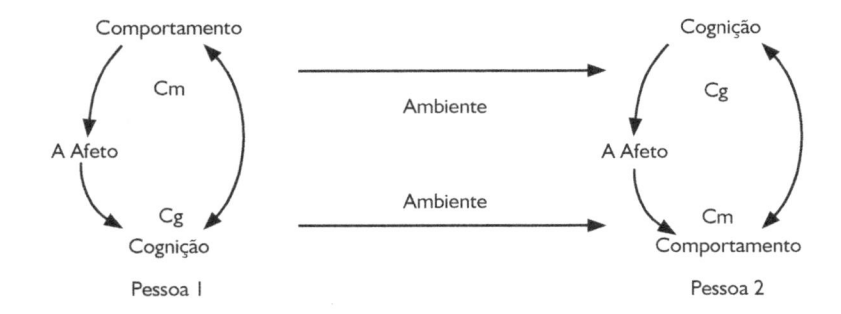

FIGURA 5.3
Modelo recíproco de interação familiar.

do os indivíduos começam a fazer mudanças em sua dinâmica interacional e a reestruturar seu pensamento para afetar o restante de suas emoções e comportamentos. As atribuições e os padrões estão certamente sujeitos a mudança quando novas informações moldam o novo desenvolvimento de esquemas e a interação geral entre os cônjuges e os membros da família.

FOCO NOS PADRÕES DE COMPORTAMENTO MAL-ADAPTATIVOS

Uma vez identificados os pensamentos, as emoções, os comportamentos e os atributos e padrões que os acompanham, o próximo passo é citar os padrões comportamentais mal-adaptativos específicos que contribuem para a interação disfuncional. Quando os cônjuges ou os membros da família identificam esses padrões de comportamento, prescrições e exercícios comportamentais podem ser utilizados como tarefas de casa, visando melhorar o curso dos padrões interacionais. Estes, é claro, são também acompanhados da testagem e da reintegração dos pensamentos automáticos tendo por base as novas informações que os indivíduos coletam da observação e da reconsideração.

TESTAGEM E REINTERPRETAÇÃO DOS PENSAMENTOS AUTOMÁTICOS

O processo de o terapeuta fazer o cliente reestruturar os pensamentos automáticos envolve encorajar a consideração de explicações alternativas. Para fazer isso, o terapeuta precisa ajudar o cliente a examinar evidências relacionadas à validade de um pensamento, sua adequação à situação familiar ou ambos. Identificar uma distorção no pensamento de um indivíduo ou considerar uma maneira alternativa de encarar os eventos do relacionamento contribui para a emergência de reações emocionais e comportamentais diferentes por parte de outros membros da família. Perguntas como as que se seguem são em geral úteis para orientar cada membro da família no exame de seus pensamentos:

- "De suas experiências passadas ou dos eventos que ocorreram recentemente na sua família, que evidências existem que corroborem esse pensamento? Como você pode conseguir alguma informação adicional para ajudá-lo a julgar se o seu pensamento é preciso?"
- "Qual seria uma explicação alternativa para o comportamento do seu parceiro? O que mais poderia levar o seu parceiro a se comportar dessa maneira?"
- "Examinamos vários tipos de distorções cognitivas que podem influenciar as visões de uma pessoa sobre os outros membros da família e

contribuir para que essa pessoa fique furiosa com eles. Que distorções cognitivas – se há alguma – você consegue ver nos pensamentos automáticos que tem tido a respeito...?"

Por exemplo, um adolescente que acreditava que seus pais estavam sendo injustos nas restrições às suas atividades relatou pensamentos automáticos ("Eles adoram me reprimir", "Eu nunca consigo fazer nada") que estavam associados à raiva e à frustração com relação aos pais. O terapeuta o treinou em discernir que ele estava fazendo leitura da mente e que seria importante aprender mais sobre os pensamentos e sentimentos de seus pais sobre o assunto. O terapeuta também o encorajou a pedir aos pais para descreverem seus sentimentos. Ambos responderam que se sentiam tristes e culpados por terem de reprimir seu filho, mas que seus temores com relação ao bem-estar dele, baseados no uso de drogas que ele havia feito no passado, estavam superando o seu impulso a deixá-lo ter mais liberdade. O filho conseguiu perceber que sua inferência podia não estar correta, e o terapeuta comentou com os membros da família que eles provavelmente se beneficiariam das discussões de resolução de problemas para lidar com a questão de que tipos de restrições eram mais adequados. Similarmente, o terapeuta treinou o filho em examinar seu pensamento "Eu nunca consigo fazer nada", o que levou o adolescente a citar várias situações em que seus pais lhe permitiram algumas atividades sociais. Assim, o filho reconheceu que havia se envolvido em pensamento dicotômico. O terapeuta discutiu com a família sobre o risco de pensar e falar em termos extremados, porque poucos eventos ocorrem "sempre" ou "nunca".

Assim, coletar e pesar as evidências para os pensamentos são partes integrantes da TCC. Os membros da família podem proporcionar um *feedback* valioso que auxilia os indivíduos a avaliar a validade da adequação de suas cognições, ao mesmo tempo em que usam boas habilidades de comunicação. Depois de os indivíduos desafiarem seus pensamentos, devem avaliar sua crença nas explicações alternativas e na sua inferência ou crença original, talvez em uma escala de 0 a 100. Os pensamentos revisados não devem se tornar assimilados, a menos que sejam considerados dignos de crédito.

FORMULAÇÃO DE UM PLANO DE TRATAMENTO

Subsequentemente à fase de avaliação, o clínico estabelece um plano de tratamento estruturado que pode ser modificado à medida que progride. Identificando os alvos pertinentes a serem tratados, listar os objetivos específicos e as intervenções estabelecidas serve como uma espécie de mapa a ser seguido pelo clínico ao longo do tratamento.

Há muitas maneiras de se conseguir isso, mas um dos métodos mais estruturados é recorrer aos manuais de plano de tratamento que podem ser modificados para aplicação caso a caso. Um exemplo de um manual desse tipo é *O planejador do tratamento psicoterápico para casais* (*The couples psychotherapy treatment planner*; O'Leary, Heyman e Jongsma, 1998) e *O planejador de tratamento da terapia familiar* (*The family therapy treatment planner*; Dattilio e Jongsma, 2002). Esses planejadores de tratamento oferecem aos clínicos uma diretriz específica para lidar com as metas, objetivos e intervenções do tratamento com casais e famílias. Recomenda-se que o clínico estabeleça alguma percepção do plano de tratamento para atuar como uma diretriz geral no interesse de manter com os clientes uma abordagem baseada em evidências.

Os planos de tratamento também permitem o acesso à revisão dos objetivos específicos da terapia com os clientes e servem para facilitar a colaboração entre o terapeuta e os clientes.

6

Técnicas cognitivo-comportamentais

EDUCAÇÃO E SOCIALIZAÇÃO DE CASAIS E DE MEMBROS DA FAMÍLIA SOBRE O MODELO COGNITIVO-COMPORTAMENTAL

É importante educar os casais e as famílias sobre o modelo de tratamento cognitivo-comportamental. Na estrutura e na natureza colaborativa da abordagem, é necessário que o casal ou os membros da família entendam os princípios e os métodos envolvidos. O terapeuta inicialmente proporciona uma breve visão geral e didática do modelo e periodicamente se refere a conceitos específicos durante a terapia. Além de apresentar essas "miniconferências" (Baucom e Epstein, 1990), o terapeuta com frequência pede aos clientes para lerem partes de livros como *Love is never enough*, de Beck (1988), e *Fighting for your marriage*, de Markman e colaboradores (1994). Também é importante explicar aos clientes que as lições de casa constituirão uma parte essencial do tratamento e que a biblioterapia consiste em um tipo de dever de casa que ajuda a orientá-los para o modelo de tratamento. Entender o modelo mantém todas as partes sintonizadas com o processo de tratamento e reforça a noção de assumir a responsabilidade por seus próprios pensamentos e ações.

O terapeuta também informa os clientes que estruturará as sessões de modo a manter a terapia concentrada no alcance dos objetivos que eles concordaram em buscar durante o processo de avaliação (Epstein e Baucom, 2002; Dattilio, 1994, 1997). Parte do processo de estruturação consiste em terapeuta e casal ou família estabelecerem uma agenda explícita no início de cada sessão. Outro aspecto de estruturação das sessões envolve o estabelecimento de regras básicas para o comportamento do cliente dentro e fora das sessões (por exemplo, os indivíduos não devem contar ao terapeuta segredos que não possam ser compartilhados com outros membros da família; todos os membros da família devem comparecer a todas as sessões, a menos que o terapeuta ou a família decidam de outra maneira; o comportamento verbal ou físico abusivo é inaceitável).

Ao mesmo tempo, os terapeutas não devem ter uma postura insistente ao introduzir o modelo terapêutico. Como as pessoas são diferentes, nem todos os casais e famílias aceitam uma versão rígida do modelo cognitivo-comportamental, e os terapeutas devem estar prontos a adaptá-lo para se ajustar à natureza e à personalidade de um casal ou família. Por exemplo, alguns clientes acham o modelo cognitivo-comportamental proveitoso, mas exigente demais, e consequentemente se recusam a completar os inventários ou realizar as tarefas de casa porque consideram que esses exercícios os aprisionam em um curso particular de tratamento. O terapeuta pode modificar até certo ponto uma abordagem sem alterar os pressupostos ou princípios básicos do tratamento.

Eu com frequência gosto de dizer aos clientes que o exame dos nossos estilos de pensamento pode causar um impacto importante em nossas emoções e comportamentos, e esta é uma das coisas que vamos explorar no decorrer da terapia. Esse tipo de abordagem é em geral muito eficaz com casais e famílias.

IDENTIFICAÇÃO DOS PENSAMENTOS AUTOMÁTICOS E DAS EMOÇÕES E COMPORTAMENTOS ASSOCIADOS

Pré-requisito fundamental para mudar as cognições distorcidas ou extremadas dos membros da família sobre si mesmos e de uns em relação aos outros é aumentar sua capacidade para identificar seus pensamentos automáticos. Depois de introduzir o conceito de pensamentos automáticos – pensamentos que espontaneamente surgem na mente de um indivíduo – o terapeuta treina os membros de um casal ou de uma família na observação de seus padrões de pensamento durante as sessões que estão associados às suas reações emocionais e comportamentais negativas em relação um ao outro. Então, para melhorar a habilidade de identificação de seus pensamentos automáticos, os clientes são solicitados a manter um pequeno caderno de anotações à mão entre as sessões e a descrever de forma breve as circunstâncias em que eles se sentem estressados no relacionamento ou estão engajados em conflitos. Esse registro deve incluir uma descrição dos pensamentos automáticos que vêm à mente, as reações emocionais resultantes e quaisquer reações comportamentais com relação a outros membros da família. Costumamos usar uma versão modificada do Registro Diário dos Pensamentos Disfuncionais (Daily Record of Dysfunctional Thoughts; Beck et al., 1979), inicialmente desenvolvido para a identificação e modificação dos pensamentos automáticos na terapia cognitiva individual. Uma amostra para a versão modificada, o Registro do Pensamento Disfuncional (Dysfunctional Thought Record), pode ser encontrada no Apêndice B.

Por meio desse tipo de manutenção de registro, o terapeuta consegue demonstrar aos casais e famílias como seus pensamentos automáticos estão ligados às reações emocionais e comportamentais e ajudá-los a entender os temas específicos de macronível (por exemplo, questões de limites) que os perturbam em seus relacionamentos. Esse procedimento também aumenta a consciência dos membros da família de que suas reações emocionais e comportamentais negativas em relação um ao outro são potencialmente controláveis por meio do exame sistemático das cognições a eles associadas. Assim, o terapeuta treina cada indivíduo para assumir maior responsabilidade por suas próprias reações. Nas sessões futuras, um exercício que com frequência se mostra útil é fazer o casal ou os membros da família examinar seus registros e indicar os vínculos entre os pensamentos, as emoções e o comportamento. O terapeuta então pede a cada indivíduo para explorar cognições alternativas que produzam reações emocionais e comportamentais diferentes a uma situação.

A Figura 6.1 ilustra o Registro do Pensamento Disfuncional de Richard, que ficou bravo com a esposa, Samantha, quando foi usar sua camionete e o tanque de gasolina estava vazio. Você pode ver como o pensamento automático de Richard ("Samantha me deixou sem gasolina de novo. Ela não dá a mínima pra ninguém, a não ser pra ela própria") o conduziu a um ânimo agitado. Quando Richard percebeu que apresentava distorções de pensamento do tipo "tudo ou nada" e "magnificação", conseguiu se redirecionar, considerar um pensamento mais racional e equilibrado e se acalmar.

ABORDAGEM E REESTRUTURAÇÃO DOS ESQUEMAS

Esquemas rígidos

Às vezes, o casal ou os membros da família mantêm crenças ou conceituações rígidas sobre algumas questões. Quando violadas por novas informações incongruentes com o esquema resistente, em vez de os indivíduos aquiescerem, se acomodarem ou assimilarem esse material, podem se tornar mais rígidos e radicais e utilizar a racionalização como um mecanismo de defesa, em vez de incorporar as novas informações ao seu esquema e ajustá-las a ele. Isso é possível com casais e membros de uma família patologicamente mais rígidos em seus sistemas de crença.

Mudando os esquemas da família de origem

Os indivíduos às vezes relutam em mudar seu pensamento sobre a sua família de origem porque julgam isso desrespeitoso, ou encaram como um sinal de lealdade aos seus pais manter o sistema de crenças. Isso acontece apesar do fato de às vezes o novo pensamento ser mais racional e funcional.

Orientações: Quando você perceber que seu humor está piorando, pergunte-se "O que está se passando na minha mente nesse exato momento?" e assim que possível anote o pensamento ou imagem mental na coluna dos pensamentos automáticos.

Data Horário	Situação	Pensamentos automáticos	Emoções	Distorção	Reação alternativa	Resultado
	Descreva: 1. evento real que está conduzindo a uma emoção desagradável; ou 2. corrente de pensamentos, devaneios ou lembranças que estão conduzindo a uma emoção desagradável; ou 3. sensações físicas estressantes.	1. Escreva os pensamentos automáticos (PA) que precederam as emoções. 2. Avalie a sua convicção imediata nos pensamentos automáticos de 0 a 100%.	Descreva: 1. especifique (triste, ansioso, zangado, etc.); 2. avalie o grau de intensidade de 0 a 100%.	1. Pensamento "tudo ou nada" 2. Supergeneralização 3. Filtro mental 4. Desqualificação do positivo 5. Conclusões precipitadas 6. Magnificação ou minimização 7. Raciocínio emocional 8. Afirmações do tipo "deveria" 9. Rotulação 10. Personalização 11. Leitura mental 12. Catatrofização	1. Escreva uma resposta alternativa aos pensamentos automáticos. 2. Avalie a convicção na resposta alternativa de 0 a 100%.	1. Reavalie a convicção nos pensamentos automáticos de 0 a 100%. 2. Reavalie a intensidade de emoções de 0 a 100%.
	Fui correndo para a caminhada e percebi que estava sem gasolina.	Samantha me deixou de novo sem gasolina. Ela não dá a mínima para ninguém que não seja ela própria.	Furioso Frustrado Agitado	1. Pensamento tudo ou nada. 6. Magnificação.	Talvez ela estivesse com pressa e não tenha percebido. Eu não devo levar tudo para o lado pessoal. As pessoas cometem erros. Deus sabe que eu cometi muitos.	Um pouco menos agitado 50%

Perguntas para ajudar a construir uma RESPOSTA ALTERNATIVA: (1) Qual a evidência de que o pensamento automático é verdadeiro? Não é verdadeiro? (2) Há hipóteses alternativas a essas? (3) Qual é a pior coisa que poderia acontecer? Eu poderia conviver com isso? Qual é a melhor coisa que poderia acontecer? Qual é o resultado mais realista? (4) O que eu deveria fazer a respeito? (5) Qual é o efeito da minha crença no pensamento automático? Qual poderia ser o efeito de eu mudar minha maneira de pensar? (6) Se _____ (nome da pessoa) _____ estivesse nessa situação e tivesse esse pensamento, o que eu lhe diria?

FIGURA 6.1
Registro do Pensamento Disfuncional de Richard.

É muito parecido com mudar a decoração de uma casa para se atualizar no tempo. Às vezes a antiga decoração já superou o seu propósito e precisa de reparos ou restauração. Às vezes as crenças e os estilos de pensamentos de um indivíduo sobre determinadas situações também precisam ser restaurados e revitalizados. Não é realista esperar que uma antiga crença ou estilo de pensamento possa funcionar sem nenhuma modificação para adaptá-lo a uma nova situação. A vida com frequência significa mudança. As coisas evoluem.

INSTITUIÇÃO DA REPRESENTAÇÃO POR MEIO DO REENQUADRAMENTO E DA REPETIÇÃO

Quando os membros da família tentam identificar os pensamentos, as emoções e o comportamento que ocorreram nos incidentes passados, talvez apresentem dificuldade para se lembrar de informações pertinentes com relação às circunstâncias e às reações de cada pessoa, particularmente se a interação familiar estava emocionalmente carregada. Imagens mentais, dramatização ou ambos podem ser úteis na restauração de lembranças de certas situações. Essas técnicas com frequência reavivam as reações dos membros da família, e o que começa como dramatização pode rapidamente se tornar uma interação ao vivo.

Os membros da família podem também ser treinados a mudar os papéis durante os exercícios de dramatização para aumentar a empatia pelas experiências um do outro dentro da família (Epstein e Baucom, 2002). Por exemplo, os cônjuges são solicitados a representar o papel um do outro ao recriar uma discussão que tiveram recentemente sobre finanças. Concentrar-se na estrutura de referência e nos sentimentos subjetivos da outra pessoa proporciona novas informações capazes de modificar a visão que um tem do outro. Por isso, quando o marido desempenhou o papel da esposa, ele pôde entender melhor a ansiedade e o comportamento conservador dela com relação aos gastos de dinheiro, baseados em suas experiências de pobreza durante a infância.

Quando buscam terapia, com frequência as partes com dificuldades desenvolveram um foco muito estreito nos problemas de relacionamento; por isso, o terapeuta solicita que relatem lembranças de pensamentos, emoções e comportamentos que ocorreram na época em que se conheceram, namoraram e desenvolveram sentimentos amorosos em relação um ao outro. O terapeuta se concentra no contraste entre os sentimentos e o comportamento passados e presentes como evidências de que os parceiros conseguiam se relacionar de uma maneira muito mais satisfatória e, com o esforço apropriado, podem recuperar as interações positivas.

As técnicas de formação de imagens mentais devem ser usadas com cautela e habilidade e provavelmente devem ser evitadas se houver uma história de abuso verbal ou físico no relacionamento. Similarmente, as técnicas de dramatização só devem ser usadas quando o terapeuta se sente confiante de que os membros da família conterão reações emocionais fortes e não apresentarão comportamento abusivo em relação um ao outro.

Embora a narrativa de eventos passados proporcione informações importantes, a habilidade do terapeuta para avaliar e intervir nas reações cognitivas, afetivas e comportamentais problemáticas dos membros da família em relação um ao outro quando estas ocorrem durante as sessões proporciona a melhor oportunidade para a mudança dos padrões familiares (Epstein e Baucom, 2002).

TÉCNICAS COMPORTAMENTAIS

Treinamento da comunicação

Melhorar as habilidades dos membros da família para expressar os pensamentos e emoções, assim como para ouvir efetivamente um ao outro, é uma das formas de intervenção mais comuns encontradas em várias abordagens da terapia. Na verdade, muitos acreditam que as habilidades de comunicação estão entre os principais ingredientes que fazem os relacionamentos funcionarem (McKay, Fanning e Paleg, 2006). John Gottman (1994), que conduziu uma quantidade substancial de pesquisa sobre os relacionamentos de casais, relatou que os estudos realizados com casais que permaneceram casados demonstraram a importância da comunicação, prevendo o curso longitudinal dos relacionamentos e, desse modo, o divórcio ou a satisfação conjugal. De fato, em um estudo longitudinal realizado com casais violentos, Gottman e Gottman (1999) previram, com acurácia, que a probabilidade de divórcio era alta. Gottman (1994) descobriu que a essência do equilíbrio nos relacionamentos envolvia o comportamento emocional, a cognição, a percepção e a fisiologia, o que todos os pesquisadores consideraram fatores a se analisar para prever com precisão o divórcio. Gottman acreditava que cada cônjuge estabelece um equilíbrio de aspectos positivos e negativos nessas quatro áreas, e que o equilíbrio determina o destino final do relacionamento.

Gottman (1994) descobriu que os casais que gravitavam na direção do divórcio mostravam mais negatividade do que positividade em seu comportamento emocional e interação conjugal. O autor prosseguiu indicando determinadas interações negativas – queixas/críticas, desprezo, defensividade e incomunicabilidade – como as mais preditivas do fim do relacionamento. Esses termos vieram a ser classicamente conhecidos como "os Quatro Cavaleiros do Apocalipse" (Gottman, 1994, p. 10):

1. *Queixas/críticas*: Consiste na queixa como uma expressão de desacordo ou raiva sobre questões específicas, que pode escalar para

a crítica, tornando-se mais julgadora, global e responsabilizadora depois de repetidas tentativas de se resolver a questão.
2. *Desprezo*: Trata-se de zombaria, insulto, sarcasmo ou escárnio do outro indivíduo, indicando incompetência ou absurdo (por exemplo, desaprovação, desdém, julgamento, humilhação, etc.).
3. *Defensividade*: Consiste na tentativa de evitar ou se proteger da perspectiva de ataque. Pode ser a negação ou a responsabilização por um problema, um contra-ataque ou uma queixa.
4. *Incomunicabilidade*: O ouvinte não faz nenhuma manifestação em relação ao falante, de modo que um "muro de pedra" é levantado entre os dois. Emocionalmente, o falante percebe o ouvinte como desligado, presunçoso, hostil, desaprovador, frio ou desinteressado.

Os casais que experienciam problemas de comunicação tendem a reformular todo o relacionamento em termos da "cascata de distanciamento e isolamento" (Gottman e Gottman, 1999, p. 306). Tal processo envolve

1. encarar o problema conjugal como grave,
2. acreditar que não há meio de trabalhar as questões com o outro cônjuge,
3. sentir-se inundado pelas queixas do outro cônjuge,
4. organizar as vidas de modo paralelo de forma a passarem cada vez menos tempo juntos e
5. sentir solidão.

Outra distinção tem sido feita com respeito à comunicação linear *versus* circular. A comunicação linear reflete o pensamento de causa e efeito e é concentrado no outro (fora do *self*). Quando um cônjuge se engaja nesse tipo de comunicação, não fala sobre si mesmo nem se revela, ou fala sobre si mesmo simplesmente para reagir aos outros. A comunicação circular reflete uma forma de pensamento mais madura, diferenciada e abstrata. Nesse nível, os cônjuges conseguem falar sobre seus padrões de relacionamento recíprocos e entrelaçados. Por exemplo, a esposa indica que está zangada devido ao comportamento não verbal do marido. Ela pode esclarecer o significado da sua preocupação e, talvez, fazer elaborações em resposta ao comportamento exibido. Dessa maneira, os parceiros conseguem ver como o padrão de comportamento de cada um afeta o outro e incorporar cognitivamente esse conhecimento em seus sistemas de crença. Os padrões de comunicação começam a se tornar mais claros por meio desse tipo de discussão.

A comunicação orientada para o conteúdo lida apenas com o conteúdo específico que está à mão. Na comunicação de conteúdo, os membros da família se concentram apenas no que estão pensando, não em como estão pensando. O processo de comunicação é mais maduro, diferenciado e abstrato.

Os membros da família olham para fora de si para se tornarem seus próprios observadores. Eles discutem a maneira como conversam um com o outro e mudam os padrões disfuncionais de interação e comunicação.

A maior parte dos programas tradicionais de treinamento da comunicação sugere que os terapeutas auxiliam o casal ou os membros da família a passarem da comunicação linear para a circular e do conteúdo para o processo da comunicação, a fim de promover um intercâmbio saudável. Esse processo pode se desenvolver no decorrer de um diálogo terapêutico em que o terapeuta aponta déficits de comunicação específicos e faz sugestões em termos de estratégias para melhorar a comunicação e a interação. É possível fazer isso, por exemplo, ao propor várias estratégias tanto para o falante quanto para o ouvinte, como aquelas relacionadas nas seguintes sessões.

Estratégias para o falante

O falante precisa identificar as necessidades do ouvinte. Os falantes podem considerar as seguintes estratégias ou diretrizes quando se expressam:

1. *Fale atentamente.* O falante deve fazer um esforço para falar da mesma maneira, consistentemente, mantendo um contato visual apropriado e direto e buscando sinais corporais (faciais ou posturais) que indiquem que o seu parceiro está sendo receptivo ao que está falando. Talvez seja melhor usar um tom consistente e calmo, com variação moderada, mesmo quando os indivíduos estão zangados ou perturbados.
2. *Faça perguntas significativas.* Manter a brevidade na conversa e ir direto ao ponto são sempre desejáveis. Às vezes usar perguntas que suscitem respostas do tipo sim ou não pode truncar a conversa e torná-la improdutiva. No entanto, em vez disso, o falante pode considerar que fazer perguntas conduziria a respostas mais completas por parte do ouvinte porque facilitariam uma comunicação mais circular – comunicação em que há igual intercâmbio entre o falante e o ouvinte.
3. *Não fale demais.* Fale a quantidade certa e evite prolongar as declarações. Isso com frequência proporciona ao ouvinte a oportunidade de esclarecer e refletir sobre o que está ouvindo.
4. *Aceite o silêncio.* Essa atitude permite ao leitor "digerir" o que está sendo dito e proporciona alguma consideração adicional. Não interprete o silêncio como resistência. Às vezes a melhor maneira de enfatizar alguns pontos é fazer uma pausa ou usar períodos de silêncio depois de falar.
5. *Evite a contrainvestigação.* Descarregar perguntas ao ouvinte na tentativa de captar algo durante a conversa pode ser muito destrutivo.

A diplomacia e o respeito são um meio muito melhor de ajudar o ouvinte a escutar a mensagem que você quer transmitir.

Estratégias para o ouvinte

Com frequência, os casais e as famílias escutam um ao outro, mas apenas em um nível mínimo. Na verdade não escutam o que está sendo dito. Boas habilidades de escuta envolvem entender claramente o que é dito e a capacidade para responder na conversa circular. Os ouvintes podem considerar as seguintes diretrizes:

1. *Ouça atentamente*. Tente manter um bom contato visual com o falante e demonstrar que você o escuta ao exibir um comportamento direcionado para o objetivo e respostas confirmatórias.
2. *Não interrompa*. Você com frequência tem dificuldade para ouvir quando está falando. Isso também com frequência é interpretado como um sinal de grosseria e desrespeito. Há várias estratégias que podem ajudá-lo a se conter quando está tentando ouvir o que não quer ouvir, ou algo que pode enfurecê-lo (por exemplo, ver "A técnica do bloco e do lápis" na p. 153).
3. *Esclareça o que ouve*. Tente fazer um resumo claro sobre o que ouviu no fim do pronunciamento do falante. Isso com frequência ajuda a garantir que você está recebendo a mensagem que lhe está sendo dirigida. É também importante admitir quando você não entende ou quando algo não está claro, para que possa ser dito de outra forma.
4. *Reflita sobre o que ouve*. Essa atitude difere da busca por esclarecimento. A reflexão envolve comunicar ao falante que você está tomando conhecimento e entendendo o que é dito. Em essência, consiste em repetir o pronunciamento do falante com algum senso de confirmação para indicar que a mensagem está sendo recebida.
5. *Resuma*. Tanto o falante quanto o ouvinte devem sempre tentar resumir sua conversa para que não restem fios soltos e ambos tenham um entendimento claro do que foi comunicado. É provavelmente um dos pontos fundamentais da comunicação circular. Resumir também permite aos indivíduos gerar um acompanhamento e uma conversa futura.

Às vezes recomendo alguma leitura aos clientes, para ajudá-los a ficarem mais sintonizados ao escutar os outros. Um recurso excelente é a leitura de *The lost art of listening*, de Michael P. Nichols (1995).

O treinamento da comunicação constitui parte essencial da TCC porque tem um impacto positivo sobre as interações comportamentais problemáticas, reduz as cognições distorcidas dos membros da família uns sobre os outros e contribui para a experiência regulada e emoção expressiva. As diretrizes para os falantes também incluem reconhecer a subjetividade de suas próprias visões (não sugere que as visões dos outros seriam inválidas), descrevendo tanto suas emoções quanto seus pensamentos, apontando tanto os pontos positivos quanto os problemas, falando em termos mais específicos do que globais, sendo conciso para o ouvinte poder absorver e recordar sua mensagem, e usando tato e o momento adequado (por exemplo, não se discutem tópicos importantes quando o parceiro está se preparando para dormir). As diretrizes para a escuta empática também incluem exibir a atenção através de atos não verbais (por exemplo, contato com o olhar, acenos de cabeça) e demonstrar aceitação à mensagem do falante (o direito de uma pessoa ter seus sentimentos pessoais). Quer você e seu parceiro concordem ou não, é importante tentar entender ou empatizar com as perspectivas da outra pessoa e demonstrar seu entendimento parafraseando o que o falante disse.

Depois do treinamento, os membros da família devem receber folhetos descritivos das diretrizes de comunicação que podem utilizar, a fim de os consultar sempre que necessário durante os intercâmbios verbais em casa.

Gottman e Gottman (1999) listaram 11 objetivos em suas estratégias de intervenção que, quando satisfeitos, assinalam o término da terapia. Por exemplo, os marcadores do divórcio, particularmente os "Quatro Cavaleiros" anteriormente mencionados, devem ser significativamente reduzidos quando um casal trabalha os seus conflitos. Além disso, a proporção entre a negatividade e a positividade deve ser reduzida. Os autores acham que deve ser estabelecido um "amortecedor", que facilitaria ao parceiro ver a raiva do outro como uma informação valiosa em vez de um ataque pessoal. Também sugerem a criação de um "mapa do amor" a ser mantido em uma base diária. Tais estratégias proporcionariam aos cônjuges um meio de continuarem a aprender sobre os mundos um do outro, atualizando periodicamente o seu conhecimento. Recomenda-se também que os cônjuges criem uma prevalência do sentimento positivo (PSP). A prevalência do sentimento é definida como "uma discrepância entre as perspectivas de quem está dentro e de quem está fora". Envolve mensagens e observações em geral descritas como objetivamente negativas ou irritáveis, mas em vez disso são encaradas como neutras ou até mesmo positivas pelo receptor das mensagens (Gottman e Gottman, 1999, p. 313). A manutenção de uma PSP é conseguida voltando-se para *versus* afastando-se de, desse modo sugerindo que os cônjuges fiquem mais emocionalmente conectados e engajados um com o outro. Grande parte da conexão é não emocional e ocorre nos eventos diários do casamento e dos contextos familiares neutros. Gottman e Gottman (1999) acreditam que cada indivíduo precisa aceitar a influência do seu cônjuge, especialmente o marido da esposa, e sugerem que ambos considerem os seguintes pontos:

- Usar uma abordagem moderada em vez de agressiva ao lidar com o conflito.
- Reparar efetivamente as cadeias de interação negativas.
- Usar o afeto positivo para a desescalação.
- Aprender como acalmar fisiologicamente seu parceiro e você mesmo.
- Adquirir as ferramentas para tornar cada conversa melhor do que a anterior sem a ajuda do terapeuta.

Com frequência, é importante os terapeutas exemplificarem boas habilidades de expressão e escuta. Pode-se usar exemplos gravados em vídeo, como aqueles que acompanham o livro *Fighting for your marriage*, de Markman e colaboradores (1994). Durante as sessões, o terapeuta treina o casal ou os membros da família no seguimento das diretrizes da comunicação, começando com as discussões de tópicos relativamente benignos para que as emoções negativas não interfiram nas habilidades construtivas. Quando os indivíduos demonstram boas habilidades, são solicitados a praticá-las, como tarefas de casa, com tópicos cada vez mais conflitivos. O seguimento das diretrizes mencionadas com frequência aumenta as percepções de cada indivíduo de que os outros são respeitosos e têm boa vontade em relação a eles.

Às vezes, apesar das regras ou diretrizes usadas no treinamento da comunicação, os terapeutas familiares descobrem que os cônjuges e os membros da família continuam a experienciar dificuldade em evitar molestar ou discutir com os outros. Pode se tornar um teste para a paciência dos terapeutas e implicar um enorme desperdício de tempo. Algumas das técnicas discutidas nos próximos parágrafos são extremamente úteis no trabalho com indivíduos que continuam a experienciar esse tipo de dificuldade.

Comunicando empatia

É comum que em casais ou entre os membros de uma família alguém se queixe de que o outro não consegue demonstrar empatia pelos sentimentos daquele ou pelas dificuldades que enfrenta. Ensinar os casais e os membros da família a ouvir e expressar empatia às vezes requer treinamento e demonstração. Juntamente com as habilidades de escuta, a demonstração de entendimento e as expressões de empatia são essenciais, sobretudo quando conduzem à próxima questão, que é o senso de validação. A empatia constitui um pré-requisito para a intimidade e para o diálogo positivo. Vários pesquisadores (Guerney, 1977) desenvolveram programas de tratamento completos concentrados nos princípios para o desenvolvimento de habilidades empáticas. O programa Melhoria do Relacionamento Conjugal (Conjugal Relationship Enhancement), promovido por Barry Ginsberg (1997, 2000) em sua

Abordagem para a Melhoria do Relacionamento (Relationship Enhancement Approach), proporciona maneiras eficazes para melhorar a satisfação no relacionamento.

Validação

O conceito de validação tem aparecido em vários textos sobre terapia de casal e família e foi particularmente enfatizado por Gottman, Notarius, Gonso e Markman (1976) e Markman e colaboradores (1994). A validação deve ser claramente distinguida da reflexão e do acordo, no sentido de que se trata de uma comunicação do reconhecimento sem necessariamente haver acordo. Logo, os membros da família podem demonstrar validação em suas respostas sem necessariamente ceder a desacordos, o que às vezes ajuda a acalmar a tensão em um diálogo negativo. Segue-se um exemplo de validação de sentimentos sem necessariamente haver acordo.

Jackie: Não posso acreditar que os Schleagels nem sequer tenham olhado para nós quando passamos por eles no restaurante com os Davises na noite passada. Eu me senti tão ignorada.
Luke: Bem, não acho que eles tenham nos ignorado. Talvez estivessem sem óculos ou não tenham nos visto. Mas certamente entendo que você tenha se sentido embaraçada e desconsiderada.
Jackie: Bem, eu me senti. O que custava terem olhado para nós e reconhecer nossa presença nos acenando ou qualquer coisa assim? Sei que estava muito cheio e barulhento ali, mas, mesmo assim, isso me deu uma enorme sensação de ter sido desconsiderada.
Luke: Eu sei. Percebi que isso realmente aborreceu você enquanto estávamos lá e eu também me senti mal por você, mas não vi as coisas da mesma maneira. Não ligo para esse tipo de coisa. Tento não deixar que coisas pequenas assim me atinjam. Simplesmente não vale a pena.

Luke fez um excelente trabalho de validação dos sentimentos de sua esposa, embora, ao mesmo tempo, não tenha concordado com ela. É fácil ver como o cônjuge pode oferecer suporte, mas ao mesmo tempo sugerir que talvez o outro precise olhar a situação de uma perspectiva diferente e reconsiderar alternativas. A reação de Luke realmente serviu para facilitar algum pensamento transicional por Jackie e possivelmente encorajá-la a considerar se estaria engajada em uma distorção cognitiva ou, pelo menos, em uma expectativa irrealista.

A validação é extremamente importante nos relacionamentos. Com frequência faz a diferença entre se os indivíduos se sentem isolados ou desligados em seus intercâmbios com os cônjuges e membros da família, e se há alguma sensação de segurança no relacionamento. A validação é também uma reação excelente ao parceiro ou membro da família quando este se encontra emocionalmente perturbado, como no diálogo precedente. Quer o comportamento do parceiro tenha ou não causado os sentimentos, a validação pode atuar como um ótimo intermediário. Os terapeutas incorporam exercícios de validação regulares em seu trabalho com casais e treinam os cônjuges em como reconhecer a necessidade de validação e proporcioná-la quando for útil.

Técnicas para modificar e reduzir as interrupções na comunicação

No decorrer do seu trabalho, os terapeutas familiares quase certamente encontrarão indivíduos que interrompem agressivamente um ao outro enquanto tentam contar suas próprias versões de uma determinada história ou expressar suas emoções. É natural, particularmente quando se discutem tópicos emocionalmente carregados. Embora nem todas as interrupções sejam necessariamente ruins, essas invasões com frequência criam uma atmosfera de dissensão e, às vezes, podem inibir o processo terapêutico. Todo terapeuta está destinado a encontrar esse tipo de situação e vai precisar se basear em muitas estratégias para controlá-la. Várias intervenções têm sido sugeridas na literatura profissional ao longo dos anos, destinadas a remediar o problema. Por exemplo, Markman, Stanley e Blumberg (1994, p. 63) desenvolveram uma estratégia que envolve proporcionar aos parceiros um pedaço de linóleo ou outro tipo de cobertura para o piso que é segurado pelo indivíduo falante a fim de indicar que ele "tem o chão" e que o parceiro deve resistir a interrompê-lo ou interferir no que ele está dizendo. Embora essa técnica tenha se mostrado eficaz em alguns casos, foi desastrosa em outros, particularmente quando estão envolvidos indivíduos impulsivos e irritadiços (certa vez fui atingido no rosto por um pedaço de linóleo que saiu voando). É uma situação especialmente problemática quando o conteúdo da apresentação de um parceiro é suposta pelo outro parceiro como inadequada ou provocativa (Dattilio, 2001c).

Em técnica proposta por Susan Heitler (1995), o terapeuta interrompe o cônjuge ou o membro da família que interveio e pede que pare a discussão, ou simplesmente manda "parar". Mais uma vez, a técnica é eficaz, mas como eventualmente precisa ser repetida numerosas vezes pode requerer um tempo valioso e se tornar frustrante para o terapeuta, que termina atuando mais como um árbitro do que como um clínico (eu me vi certa vez dizendo "pare" 146 vezes durante uma única sessão) (Dattilio, 2007). Uma intervenção desse tipo pode também cortar parte da expressão afetiva que na verdade seria um componente importante do processo de tratamento, impedindo assim a expressão do material vital.

A técnica do bloco e do lápis

Em várias ocasiões, os casais e os membros da família compartilharam comigo que uma das principais razões de espontaneamente interromperem um ao outro é devido ao medo de não terem uma oportunidade de expressar seus próprios pensamentos ou emoções espontâneos. Por isso, importa criar um mecanismo por meio do qual os indivíduos sejam capazes de captar seus pensamentos automáticos e reações emocionais sem interromper o fluxo do tratamento.

Alguns anos atrás, enquanto estava trabalhando com um casal emocionalmente carregado, desenvolvi uma intervenção que achei eficaz para ajudar o casal e os membros da família a conter seus movimentos impulsivos de interromper as autoexpressões um do outro.

Certo dia, durante uma sessão, percebi que a esposa estava inquieta, mexendo uma caneta que segurava, enquanto seu marido apresentava sua versão de uma discussão que haviam tido dois dias antes. A discussão conduziu a um confronto fisicamente abusivo, em que a mulher bateu no marido e tornou a situação extrema. Os dois parceiros pretendiam acabar aí a história. Entretanto, quando ouviu a visão do marido do que havia ocorrido, a mulher foi ficando cada vez mais ansiosa e, consequentemente, cada vez mais inquieta com a caneta na mão.

O terapeuta cognitivo-comportamental que existia em mim queria lhe perguntar o que estava se passando em sua mente, mas, ao mesmo tempo, não queria interromper o fio do pensamento de seu marido. Pensei comigo mesmo: "Se ela houvesse tido a oportunidade de escrever seus próprios pensamentos automáticos e as emoções que os acompanhavam, teria conseguido dirigir sua atenção para uma tarefa construtiva e, ao mesmo tempo, captar parte da intensidade dos seus sentimentos. Também teria a garantia de que seu próprio conteúdo ou emoções não seriam perdidos e de que ela poderia se referir a eles quando seu marido terminasse de falar". Pedi-lhe que fizesse isso e também sugeri que o marido se envolvesse no mesmo tipo de exercício enquanto ela falava. Providenciei para que cada um deles tivesse um lápis e um bloco de papel à mão a fim de registrarem quaisquer pensamentos ou emoções que experienciassem enquanto ouvissem a versão um do outro sobre o incidente, garantindo assim que o conteúdo pudesse ser posteriormente discutido. Para minha grande satisfação, a intervenção funcionou extremamente bem. Manteve os cônjuges ocupados e envolvidos, enquanto cada um permitia em silêncio que o seu parceiro falasse. Ambos relataram terem se sentido satisfeitos de que nenhum de seus pensamentos ou emoções tivesse sido deixado para trás ou ignorado.

O verdadeiro processo do exercício da escrita cognitivo-comportamental não é apenas catártico; ele reduz a interrupção, permite que os cônjuges e os membros da família concentrem sua atenção e os ajuda a ouvir o que está sendo dito, enquanto mantêm um registro escrito de informações valiosas.

A técnica, como muito outras, não funciona em todos os casos. Na verdade, alguns indivíduos a consideram uma intervenção mecânica e se recusam a utilizá-la. Também pode encorajar alguns cônjuges a não escutar um ao outro, e eles devem ser lembrados tanto de ouvir quanto de escrever. Entretanto, a técnica deve ser com frequência considerada quando os parceiros ou os membros da família interrompem continuamente um ao outro. Esse comportamento também pode ter a ver com questões de limites e controle, que também precisam de tratamento. No mínimo, a técnica do bloco e do lápis é um método que permite a revisitação do tópico do rompimento sob uma nova luz. Deve-se lembrar de que a necessidade é a "mãe da invenção". É útil usar essa invenção na fase inicial do tratamento, porque, quanto mais cedo ela for empregada, maior a probabilidade de ser eficaz.

Estratégias para a resolução de problemas

Não surpreende que os casais e as famílias com frequência sintam dificuldade para resolver problemas, considerando que ela se fundamenta no bom relacionamento e na comunicação. Quando a negociação está envolvida, em geral requer a habilidade para pesar as alternativas de uma maneira calma e serena, que tem sido documentada como a mais difícil nas áreas de desentendimento (Bennun, 1985). Por isso, as estratégias de resolução de problemas sempre constituíram parte importante da TCC com casais e famílias (Dattilio e Van Hout, 2006).

Epstein e Baucom (2002) proporcionaram um resumo dos achados de vários investigadores, que produziram três importantes conjuntos de fatores na resolução de problemas com casais e podem também ser aplicados às famílias. Tais fatores envolvem questões instrumentais, orientadas para a tarefa. Os autores observaram o seguinte:

1. Comunicações específicas, como aceitar a responsabilidade ou expressar desrespeito.
2. Padrões de interação ou as maneiras como os parceiros reagem um ao outro. Discussões construtivas por parte dos dois parceiros indicam relacionamentos mais satisfatórios.
3. Incorporação das preferências e dos desejos dos dois indivíduos nas soluções. (Epstein e Baucom, 2002, p. 39)

Os terapeutas cognitivo-comportamentais também usam instruções escritas, exemplos, repetições e treinamentos comportamentais para facilitar a resolução efetiva dos problemas. Os principais passos na resolução de problemas envolvem conseguir uma definição clara e específica do problema em termos de comportamentos que estão ou não ocorrendo, gerando soluções comportamentais específicas para o problema, sem atacar as ideias próprias ou de outros membros da família, avaliando as vantagens e desvantagens de cada solução alternativa e selecionando uma solução que parece factível e atrativa para todos os membros envolvidos, e concordando com um período de experiência para implementar a solução escolhida e avaliar sua eficácia. A prática das habilidades de dever de casa é importante para sua aquisição (Dattilio, 2002; Epstein e Baucom, 2002).

Segue-se um conjunto de passos adaptados de Epstein e Schlesinger (1996) que podem ser usados com casais e famílias como diretrizes para a resolução de problemas:

- Defina o problema em termos comportamentais específicos. Compare as percepções e chegue a uma descrição acordada do problema.
- Gere um conjunto de soluções possível.
- Avalie as vantagens e desvantagens de cada solução.
- Escolha uma solução possível.
- Implemente a solução escolhida e avalie sua eficácia.

Trata-se de uma área que pode ser estrategicamente designada como dever de casa em uma base repetida, e o terapeuta revê o processo e o resultado com o casal ou com a família rotineiramente.

Acordos de intercâmbio comportamental

Os acordos de intercâmbio comportamental são parte integrante da TCC. Os contratos para intercambiar os comportamentos desejados têm um papel importante na redução das tensões familiares. Entretanto, os terapeutas devem evitar tornar o intercâmbio comportamental de um membro da família contingente apenas do intercâmbio de outro. Por isso, o objetivo dos acordos de intercâmbio comportamental é que cada indivíduo identifique e apresente um comportamento específico que envolveria o autoaprimoramento, independente das ações que os outros membros realizem. Os principais desafios que o terapeuta encontra é encorajar os membros da família a evitar "se comportarem cerimoniosamente", esperando que os outros se comportem de modo positivo primeiro. Apresentações didáticas breves sobre a reciprocidade negativa em relacionamentos estressados, o fato de o indivíduo só ter o controle sobre suas próprias ações, e a importância de haver um compromisso pessoal para melhorar a atmosfera da família são algumas intervenções que reduzem a relutância dos indivíduos em fazer a primeira contribuição positiva.

A vinheta que se segue ilustra um acordo de intercâmbio comportamental.

> **O caso de Sally e Kurt**
>
> Sally se queixava de que Kurt tinha o mau hábito de ler o jornal do dia quando estava em sua poltrona e então deixar o jornal já lido no chão em uma pilha desorganizada para a empregada depois jogar fora. Sally queria que Kurt colocasse os jornais lidos em uma cesta de papéis ao lado da sua cadeira e depois os jogasse no lixo no fim da semana. Sally achava que isso seria mais apropriado do que os deixar no chão de maneira desorganizada. Kurt finalmente concordou em fazer isso, em troca de Sally se lembrar de não colocar cabides vazios na maçaneta da porta do quarto deles, um hábito que Kurt dizia que o deixava "louco". Esse acordo de intercâmbio pareceu eficaz na manutenção do comportamento modificado tanto para Kurt quanto para Sally.

Intervenção em déficits e excessos nas reações emocionais

Embora a TCC seja às vezes caracterizada como a negligência das emoções, trata-se de uma percepção equivocada. Várias intervenções são utilizadas, quer para melhorar as experiências emocionais de indivíduos inibidos, quer para moderar reações extremadas. Para os membros da família que relatam experienciar pouca emoção, o terapeuta pode:

1. estabelecer diretrizes claras para o comportamento dentro e fora das questões, em que se expressar não conduz à recriminação por parte de outros membros;
2. usar o questionamento da seta descendente para investigar as emoções e cognições básicas;
3. treinar uma pessoa na percepção de indícios internos para os estados emocionais;
4. repetir expressões que tenham impacto emocional sobre o indivíduo;
5. reconcentrar a atenção em tópicos emocionalmente relevantes quando um indivíduo tenta mudar de assunto;
6. envolver o indivíduo em dramatizações relacionadas a questões importantes do relacionamento para provocar reações emocionais.

Com indivíduos que experienciam emoções intensas que afetam adversamente tanto a eles próprios quanto a outras pessoas importantes, o terapeuta pode:

1. ajudar o indivíduo a compartimentalizar as reações emocionais programando momentos específicos para discutir tópicos estressantes;
2. treinar o indivíduo em atividades de autotranquilização, como técnicas de relaxamento;

3. melhorar sua capacidade para monitorar e desafiar o estabelecimento de pensamentos automáticos;
4. encorajar o indivíduo a buscar apoio social dos membros da família e dos outros;
5. desenvolver sua capacidade para tolerar sentimentos estressantes;
6. melhorar as habilidades do indivíduo para expressar emoções construtivamente, a fim de que os outros prestem atenção.

Contratos de contingência

Essa técnica foi inicialmente desenvolvida por Richard Stuart (1969), que acreditava que se deveria focar na aceitação interpessoal em que casais e membros da família respondem uns aos outros. Stuart argumentava que, em vez de se concentrar em como uma resposta indesejável ou perturbadora de um cônjuge resmungador poderia ser modificada, que se deveria deslocar o foco para a maneira como o intercâmbio de comportamentos positivos poderia ser maximizada e até obter dos parceiros um contrato escrito para fazê-lo. Essa estratégia se fundamenta no princípio da reciprocidade, introduzida inicialmente por Joseph Wolpe (1977). O uso da reciprocidade se destina a atingir um equilíbrio no intercâmbio comportamental. Exemplo disso é o uso do *quid pro quo*.

O terapeuta familiar pioneiro Don Daveson (1965) sugeriu uma estratégia similar, usando as analogias médicas e sociais da *homeostase* e do *quid pro quo* [compensação]. O *quid pro quo*, como sugerido por Stuart (1969), visava fortalecer o *status* de um cônjuge ou membro da família para atuar como mediador de reforço a fim de influenciar o comportamento do outro cônjuge ou de outros membros da família. Isso era conseguido fazendo-se com que um cônjuge fizesse algo que o outro queria. Por isso, formula-se a hipótese de que o parceiro ou membro da família terá maior probabilidade de mudar o seu próprio comportamento para agradar alguém que também o agrade. Do mesmo modo, essa pessoa não seria motivada a mudar o seu próprio comportamento para agradar alguém cujo comportamento não é visto como incondicionalmente compensador.

A segunda atitude é vista com frequência no início da terapia de casal, quando os cônjuges estão paralisados e um deles declara que não fará o primeiro movimento para a mudança: "Por que deveria? Ele (ou ela) nunca dá o primeiro passo". Esse tipo de luta pelo poder ou paralisação é exatamente o que o *quid pro quo* se destina a mudar. Stuart sugeriu tirar a iniciativa da intervenção do casal ou da família, desenvolvendo um ambiente em que a frequência e a intensidade do reforço positivo mútuo sejam maximizadas. Assim, em uma situação em que os cônjuges estão paralisados, em vez de se concentrar no por quê, o terapeuta instrui o casal a simultaneamente buscar as qualidades positivas um do outro em vez de só se concentrar nos aspectos indesejáveis. Stuart delineou um processo de quatro passos para o emprego da estratégia.

1. Identificar uma justificativa para a mudança mútua.
2. Fazer com que o parceiro ou membro da família inicie as mudanças em seu próprio comportamento.
3. Registrar a frequência do comportamento visado em um gráfico.
4. Fazer com que cada parceiro ou membro da família assine um contrato escrito para uma série de mudanças de comportamentos desejadas.

Alguns símbolos, como fichas ou moedas, são usados como recompensas. Assim, o indivíduo pode gerar um crédito positivo, que mais tarde será trocado quando ele for o receptor de comportamentos compensadores de outras pessoas. (As fichas não são tipicamente bem recebidas pelos membros das famílias atuais. Por isso, na maior parte dos casos são usados contratos escritos.)

Treinamento da assertividade

Uma estratégia de melhoria de habilidades sociais com frequência usada na terapia familiar é o treinamento da assertividade. Os comportamentos em geral tímidos e intimidados observados e que podem fazer com que os indivíduos evitem falar por si ou, em alguns casos, pareçam excessivamente agressivos constituem uma das áreas que causam grandes dificuldades nos relacionamentos. Quando esta se torna uma questão de destaque na interação, há necessidade de treinamento formal para identificar a diferença entre as reações agressivas e assertivas. Fazer os cônjuges e os membros da família praticar todos os três tipos de reações – não assertiva, assertiva, agressiva – uns com os outros pode ser útil para ajudá-los a entender que o comportamento assertivo os beneficia, fazendo-os ter uma relação saudável.

O terapeuta pode usar dramatização durante as sessões, encaminhar os indivíduos para programas de treinamento ou determinar que assistam a vídeos de treinamento da assertividade, particularmente aqueles que envolvem o contexto de um casal ou de uma família. Permitir que os cônjuges observem modelos do mesmo gênero dentro da sua faixa etária relativa é muito útil para lhes mostrar a diferença entre o comportamento assertivo e os comportamentos não assertivos ou agressivos.

As questões culturais também devem ser mantidas em mente ao se sugerir o treinamento da assertividade, sobretudo com casais e famílias de várias origens, como aquelas que procedem de culturas que desencorajam as mulheres de falar com os maridos. Também podem ser usadas tarefas de casa que envolvam a prática de comportamento assertivo ou biblioterapia, para leitura de livros como *Your perfect right*, de Alberti e Emmons (2001).

Técnicas e intervenções paradoxais

As técnicas e intervenções paradoxais são utilizadas há muito tempo (Dowd e Swobodoa, 1984). Inicialmente propostas pelos existencialistas humanistas (Frankl, 1960) e depois pelos terapeutas comportamentais (Ascher, 1980, 1984), seus princípios têm sido aplicados à mudança psicológica humana.

Usadas pelos terapeutas de casal e família, as técnicas e intervenções paradoxais, mais conhecidas pelo termo prescrição de sintomas (Watzalawick, Weakland e Fisch, 1974), datam de meados da década de 1960, quando Watzalawick, Beavin e Daveson (1967) recomendaram seu uso na terapia de casal e família.

Há vários tipos de técnicas paradoxais (Weeks e L'Abate, 1979). Objetivos específicos são essenciais para intervenções paradoxais, que também têm sido referidas na literatura profissional como "paradoxo pragmático" (Weeks e L'Abate, 1982). Neste aspecto, a intenção paradoxal coloca o indivíduo, o casal ou mesmo a família em uma espécie de situação duplo-cega em que não há escolha real, ou que significaria uma situação de "não perda" no caso de um paradoxo terapêutico. O conceito básico é produzir uma mudança de segunda ordem na estrutura do sistema.

Já em 1928, Dunlap (1932) começou a aplicar uma técnica, que chamou na época de *prática negativa,* para vários problemas, tais como roer unha, enurese e gagueira. Dunlap dirigiria o indivíduo a praticar um sintoma sob condições prescritas com a previsão de extinguir o hábito. As prescrições paradoxais são mais comumente divididas naquelas dirigidas ao encorajamento de comportamentos sintomáticos e naquelas voltadas às regras que governam e são peculiares a um determinado casal ou família (Weeks e L'Abate, 1979). Os métodos paradoxais também incluíam aqueles que utilizam prescrição, como

1. encorajar o paciente a realizar seu comportamento sintomático,
2. dar permissão aos casais e aos membros da família para experienciar esses sintomas e
3. a prática, que envolve encorajar o aprimoramento do comportamento sintomático, e a previsão, que envolve sugerir que o casal ou os membros da família relaxem deliberadamente (Bornstein, Kruger e Cogswell, 1989).

Os métodos paradoxais são traiçoeiros, e o terapeuta precisa ser cauteloso de como e quando os usar. O terapeuta deve conceituar os problemas sistematicamente, considerando todos os fatores envolvidos no problema em questão.

Weeks e L'Abate (1982) são bem conhecidos por seus princípios básicos de psicoterapia paradoxal usados com casais e famílias. Eles delinearam cinco princípios a seguir. O primeiro princípio utiliza o sintoma como um aliado. O comportamento sintomático do casal ou da família não é considerado em termos negativos, mas sim encarado como um veículo para a mudança. A abordagem se baseia na noção de que a função do sintoma seria, antes de qualquer coisa, impedir a mudança na família. O segundo princípio, que é identificar o sintoma específico, se aplica aos sintomas que ocorrem dentro de um contexto social e, por isso, é fundamental ao se tratar casais e famílias. O terceiro princípio coloca o sintoma sob um controle consciente. Se o terapeuta estiver trabalhando com um indivíduo, o paradoxo pode ser construído conscientemente por meio da representação e amplificar o sintoma. Quando o sintoma ocorre dentro de um sistema de interação, como em um casal ou em uma família, todos os membros do sistema devem ser incluídos. A estratégia seria fazer com que outros membros da família auxiliem o indivíduo identificado a realmente experienciar o sintoma. A segunda estratégia seria fazer com que outro(s) membro(s) assuma(m) um papel paradoxal. O exemplo clássico que Weeks e L'Abate citam é o seguinte:

> Assumir o sintoma é uma filha agir e se responsabilizar pela família monoparental. Diz-se à filha que exagere nas atitudes tomadas por sua mãe. Ao mesmo tempo, diz-se à mãe que assuma o papel paradoxal da filha. Ela é instruída a abrir mão da sua posição de autoridade e a ser uma criança desamparada. (Weeks e L'Abate, 1982, p. 91)

Weeks e L'Abate elaboraram o quarto princípio, que consiste em bloquear o aparecimento do sintoma. Isso é feito com a previsão ou prescrição de uma recidiva real. Finalmente, o quinto princípio consiste em garantir o envolvimento do paciente. Isso é feito por meio de várias técnicas, como instruir o indivíduo a apresentar o sintoma. Como alternativa, uma mensagem paradoxal pode ser escrita para leitura regular pelo indivíduo (por exemplo, "Preciso continuar a agir contra os desejos dos meus pais").

Uma das estratégias paradoxais mais comumente utilizadas é a implementação das prescrições. Em essência, trata-se de instruir os membros da família a exagerarem o sintoma do qual se queixam. Por isso, se eles dizem que a atmosfera da família se caracteriza por brigas frequentes, são encorajados a aprender uma maneira mais eficaz de brigar. Podem ser solicitados a reservar horários específicos para brigar. DeShazer (1978, p. 21) fez um casal iniciar deliberadamente uma briga, jogando uma moeda para decidir quem começaria. Então instruiu os parceiros a se alternarem nos gritos e berros um com o outro a intervalos de 10 minutos. Cada um dos parceiros assumia a sua vez como gritador e ouvinte não responsivo; depois, trocavam suas posições. A intenção de DeShazer foi fazer esse casal brigar "para parar de brigar". Em essência, era uma descrição de sintoma sistêmico destinada a mudar as negativas à obtenção de um resultado positivo. Essa é com frequência a essência da intenção paradoxal (Dattilio, 1987).

Duncan (1989) delineia dois tipos de intervenções gerais. Uma delas é a contenção, em que o terapeuta desencoraja a mudança e até nega que ela seja possível. Há supostamente muitos tipos de intervenções de contenção, usadas a intervalos variados no processo terapêutico para facilitar a mudança ou manter mudanças já realizadas. A segunda intervenção concerne ao estilo do terapeuta, que envolve a maneira como o terapeuta aborda o cliente e o método pelo qual as crenças e valores deste são incorporados e respeitados por aquele. Indico Duncan (1989) para uma descrição mais completa dessas técnicas.

Há várias regras práticas que devem ser seguidas quando utilizadas estratégias paradoxais. Weeks e L'Abate (1982) delinearam cinco princípios básicos aplicáveis a indivíduos, casais e famílias, e são diferentes das prescrições delineadas na página 159:

1. reestruturar positivamente os sintomas;
2. vincular os sintomas a todos os membros do sistema no casal ou na família;
3. reverter o vetor dos sintomas;
4. prescrever e sequenciar a intervenção paradoxal no correr do tempo;
5. utilizar uma intervenção paradoxal que garanta que os membros da família atuem de alguma maneira na tarefa.

As estratégias paradoxais podem ser mais apropriadas para alguns tipos de casos do que para outros. Em geral são os problemas crônicos, graves ou de longo prazo que melhor respondem à intervenção paradoxal. Birchler (1983) também delineia métodos paradoxais e sugere que as intervenções paradoxais só devem ser empregadas depois que um membro da família tiver aprendido e empregado com sucesso habilidades básicas de comunicação e de resolução de problemas. Isso tem como objetivo garantir que os membros da família se sintam relativamente confiantes de que podem superar quaisquer problemas que surjam como resultado dessa intervenção bastante complexa. Birchler também aconselha uma revisão completa do caso para garantir que outras abordagens mais diretas não seriam eficazes e para descartar o uso de outras medidas antes de recorrer a intervenções paradoxais.

As intervenções paradoxais são provavelmente mais bem utilizadas com famílias legitimamente paralisadas ou resistentes a outras intervenções terapêuticas. Como anteriormente declarado, Birchler (1983) enfatiza que o critério fundamental de uma intervenção bem-sucedida se fundamenta em uma forte análise funcional do sistema antes da sua implementação. As intervenções paradoxais são relativamente complexas e difíceis de empregar; por isso, é imperativo um entendimento sólido do sistema interacional dentro do casal ou da família. A atribuição paradoxal deve ser explicada às famílias de modo a enfatizar sua necessidade, tendo em vista os fracassos anteriores ou barreiras à mudança e depois de as técnicas mais convencionais terem sido esgotadas. Alguns behavioristas-cognitivos também sugeriram, no passado, que o uso de medidas paradoxais como uma estratégia geral na terapia de casal pode ser inconsistente com a perspectiva comportamental (Jacobson e Margolin, 1979). Embora essas intervenções às vezes sejam úteis, dependendo das circunstâncias, são também problemáticas, pois as estratégias paradoxais envolvem um pouco de fraude, o que também levanta preocupações éticas. Todos esses fatores devem ser levados em consideração cuidadosamente antes de se implementarem intervenções paradoxais.

Reduzindo a intensidade e "pedindo um tempo"

Ensinar os membros da família a reduzir a intensidade de situações potencialmente explosivas não é fácil, e com frequência, muitos se veem na tortura de uma situação emocionalmente carregada em que atuam comportamentalmente antes de terem tempo de intervir.

O caso de Curtis e Margo

Em uma sessão de terapia, Curtis e Margo descreveram um evento que era típico para eles, e que criava muito atrito. Margo iniciou a sua interpretação da história: "Já estávamos há uma semana na praia. As coisas estiveram tensas a semana toda porque brigamos muito antes de sairmos de férias. Achei que as férias poderiam ser uma trégua para nós, mas, obviamente, as coisas realmente não mudaram. De todo modo, meus pais ficaram com as crianças, e Curtis disse que deveríamos por gasolina no carro na véspera do dia de voltar para casa. Com todas as pessoas saindo da praia no fim de semana, as filas nos postos de gasolina ficavam grandes, mas decidimos tirar vantagem da trégua e abastecer o carro no dia seguinte. Havia também algumas coisas que eu queria pegar na praia".

"Então fui dirigindo, e Curtis estava no assento do passageiro. Estávamos passando por uma estrada secundária, e eu supus que não estava dirigindo suficientemente rápido para os padrões dele. Ele ficou me provocando, dizendo que eu estava indo muito devagar, e acabamos em uma discussão sobre quem não está dirigindo e fica dando palpites no modo de dirigir do outro. Àquela altura, fiquei irritada porque estávamos de férias e ele tinha de começar a brigar. Começamos a discutir sobre o fato de estarmos de férias e de eu estar cansada de fazer tudo depressa o tempo todo e... bem, uma

coisa leva à outra e eu apertei até o fundo o acelerador. Disse a ele 'Assim está bastante rápido pra você?'. Com isso, você não imagina – um policial me fez parar, e, então, a próxima coisa de que me lembro foi de ganhar uma multa. E este idiota ficou ali sentado rindo de mim porque eu fui multada. Fiquei extremamente irritada!"
    Naquela altura, eu intervim usando a seguinte estratégia.

Dattilio: Muito bem, vamos voltar atrás um pouquinho e dar uma olhada no que aconteceu aqui. Obviamente, Margo, você já estava agitada muito antes de acelerar o carro, certo?
Margo: É verdade. Passei a semana toda agitada.
Dattilio: Antes de tudo, você sabe que, se está agitada e se coloca na posição de dirigir o carro com Curtis ao lado, há uma grande possibilidade de as coisas se complicarem.
Margo: É, suponho que sim.
Dattilio: Muito bem, antes de qualquer coisa, vocês dois precisam assumir a responsabilidade e ter em mente que, quando há uma tensão entre vocês, seja do lado de ambos ou de um só lado, é chegada a hora de estarem conscientes do fato de que a situação pode rapidamente se maximizar, particularmente com vocês dois, o que parece acontecer com muita frequência.
Margo: Sim, mas tudo estaria ótimo se ele não fosse tão implicante.
Dattilio: Bem, esse é o problema aqui. Até conseguirmos que as coisas se estabilizem um pouco, vocês precisam estar conscientes de quando estão em situações tensas, porque há uma grande probabilidade de as coisas piorarem rapidamente. Vocês dois devem assumir a responsabilidade por seus respectivos comportamentos.
Margo: Ok. Então, o que eu deveria ter feito? Deveria ter parado e saído do carro?
Dattilio: Não, mas acho que, àquela altura, se você estava começando a se sentir agitada, talvez parar no acostamento da estrada e dizer: "Olhe, não sei se quero dirigir se você começar com essa conversa. Talvez seja melhor você dirigir ou ter uma postura diferente". Dar a si mesma uma chance de se acalmar.
Margo: Bem, fizemos isso antes. Tentei isso antes, e ele simplesmente disse "Não, não, eu vou calar a boca".
Dattilio: Sim, mas você tem uma escolha. Se acha que as coisas estão saindo do controle, precisa assumir a responsabilidade e dizer "Não, não quero dirigir nessas condições" e, se o pior ficasse pior ainda, estacionar o carro durante um tempo até as coisas se acalmarem. A questão é que você realmente poderia ter machucado alguém ou machucado vocês dois fazendo o que fez e, falando muito francamente, isso foi irracional!
Margo: É, eu sei que foi irracional. Foi simplesmente uma reação espontânea no momento.
Dattilio: É aí que queremos intervir. O melhor momento de intervir é antes que as coisas se tornem emocionalmente carregadas, e isso significa que vocês dois têm de assumir a responsabilidade de se conter. Além disso, parar o carro teria dado a Curtis uma mensagem clara de que você não dirigiria sob essas condições. Curtis, o que estava passando por sua cabeça durante esse episódio?

> Curtis: Bem, ela estava andando ridiculamente devagar. Sei que ela não está acostumada a dirigir naquela área, mas – quer dizer – eu tive a impressão de que ela estava andando tão devagar só para me provocar.
> Dattilio: Isso é verdade, Margo?
> Margo: Não, não. Eu não estava fazendo isso. Não queria bater em alguém porque havia trânsito por toda a parte e eu não sabia para onde estava indo. Não sabia com certeza onde havia um posto de gasolina. Não faço esse tipo de coisa só para irritá-lo.
> Dattilio: Então, Curtis, talvez você tenha interpretado mal isso, o que só piorou a situação.
> Curtis: É, provavelmente.
> Dattilio: Mais uma vez, precisamos estar atentos a esse tipo de coisas e às mensagens que transmitimos a nós mesmos, porque elas são muito fortes, e, para as coisas mudarem, vocês precisam começar a mudar seu modo de pensar. Isso, obviamente, vai ter um impacto importante também sobre suas emoções.

Também sugeri aos parceiros que usassem técnicas de respiração profunda e exercícios de reestruturação como um meio de se prevenirem contra ataques futuros. Os procedimentos de "pedir um tempo" são muito eficazes quando todos os membros da família estão de acordo. Com frequência, peço-lhes para fazerem o sinal de um "T" com as duas mãos para indicar "Eu preciso de um tempo". Eles também concordaram, previamente, que ninguém exploraria o recurso de "pedir um tempo", mas que o usariam quando precisassem legitimamente de um período de descanso. Essa estratégia ajuda a quebrar o clima de uma discussão agitada.

Ensaio comportamental

Depois do treinamento das habilidades e do *feedback* do terapeuta, os casais e os membros da família com frequência precisam ensaiar as habilidades específicas. Pode-se fazer isso por meio de instruções verbais e de modelação durante o processo da terapia. Essas sessões práticas têm sido tradicionalmente referidas como *ensaio comportamental*. Começam na sessão de terapia e pouco a pouco se generalizam para o ambiente dos indivíduos. O ensaio comportamental é uma das partes mais essenciais para a sequência do tratamento porque proporciona *feedback* ao terapeuta sobre o quanto os casais e os membros da família aprenderam. Além disso, a prática real solidifica a mudança e contribui para que ela se torne um recurso permanente. O ensaio comportamental pode ser considerado, de certa maneira, um "processo de modelagem", em que tanto o terapeuta quanto os cônjuges ou membros da família aprendem a adotar um novo modo de interação.

O segmento inicial do treinamento ocorre na sessão de terapia, em que se proporciona *feedback* sobre o que tem sido demonstrado e são feitas recomendações colaborativamente sobre a maneira como o refinamento ocorre e é aplicado à situação. Considere o exemplo que se segue.

O caso de John e Mary

John e Mary tinham dificuldade de impedir que suas discussões evoluíssem para uma troca de gritos. Parte da tarefa inicial consistia em levantar questões sensíveis na terapia e praticar falar sobre elas até o ponto em que cada cônjuge começasse a se sentir desconfortável ou se tornasse emocionalmente perturbado. Nesse ponto, eles eram instruídos a pedir um tempo e se desengajar da conversa para darem um ao outro algum espaço dentro do diálogo para se tranquilizarem. Esse exercício envolvia o terapeuta como um *coach*, intervindo ou apoiando os parceiros e monitorando os níveis emocionais e pensamentos que contribuíam para os períodos de agitação. O treinamento repetido da monitoração e da capacidade de expressar a necessidade de parar se tornaram uma tarefa, mas finalmente se mostraram muito úteis. Eles foram mandados para casa a fim de tentar fazer isso sozinhos e relatar a experiência na sessão seguinte, quando cada um discutiria algumas das dificuldades de atingir o objetivo e se fracassaram ou não. Essa prática foi repetidamente ensaiada durante várias visitas, ponto em que John e Mary começaram a experimentar algum sucesso.

Dattilio: Então, como foi sua semana?
John: Nós fracassamos. Comecei uma conversa sobre o que precisava ser feito na casa quando chegasse a primavera, e imediatamente Mary começou a retrucar sem parar que todas essas tarefas tinham de ser feitas em uma ou duas semanas. Comecei a ficar irritado, mas não disse nada. Finalmente, isso acabou provocando um importante descontrole entre nós.
Dattilio: Muito bem, e o que você acha que fez de errado?
John: Bem, acho que não devia ter falado nisso tão cedo. É apenas um mau hábito e algo que eu realmente preciso me lembrar de controlar. Tendo a ignorar Mary porque ela tem a mania de ficar me repetindo as coisas, e isso é realmente um mau hábito.
Dattilio: Bem, pode ser, mas também é importante que você controle o seu pensamento sobre isso, porque essa é uma parte essencial na facilitação da mudança.
Mary: Percebi que John ficou quieto e interpretei que algo estava se passando na sua cabeça. Foi quando decidi parar, mas era um pouco tarde demais, e ele ficou muito irritado.
Dattilio: Ok. Vamos voltar atrás e experimentar de novo. Vai demorar algum tempo até estabilizarmos isso porque esse é um padrão de longo prazo entre vocês dois. Esses padrões não desaparecem da noite para o dia, mas isso é parte do ensaio comportamental.
John: Eu sei, é que às vezes é desencorajador.

> Dattilio: É claro, mas nós vamos chegar lá. Vamos tentar de novo. Talvez você queira pensar em algumas outras maneiras de conseguir isso, ou talvez Mary possa dar uma dica a você de maneira menos "irritante" para lembrá-lo antes de você começar a reagir.
> Mary: Eu não me importaria de fazer isso, contanto que ele não fique ofendido.
> Dattilio: Bem, vamos entender que agora – antes de tentarmos – quaisquer tentativas que o outro faça para lhe recordar do que você está tentando fazer são ok, para que não sejam levadas para o lado negativo.
> John e Mary: Ok, vamos tentar.
> Dattilio: Ótimo, então vamos tentar de novo a lição de casa. Busquem um tópico para discutir e acompanhem como acham que se comportaram na discussão, e então poderemos discutir o assunto um pouco mais na próxima sessão.

No exemplo precedente, é fácil observar que às vezes ajudar os clientes a examinarem suas cognições e comportamentos consiste em um trabalho muito tedioso. Mais uma vez, corresponde a grande parte do que a terapia faz – muito ensaio e encorajamento comportamental, bem como esforço, na modelagem de comportamentos e de padrões comportamentais. A mudança não ocorre sem muito trabalho árduo, e boa parte do processo terapêutico é dedicada a reforçar e encorajar os clientes a investir tempo e energia na mudança de sua dinâmica interacional.

Inversão de papéis

Em seu livro abrangente sobre terapia de casal, Jacobson e Margolin (1979) enfatizaram a importância da inversão de papéis. Trata-se de uma técnica de dramatização usada com frequência com casais e com famílias para fazer as partes verem a perspectiva do outro. Jacobson e Margolin sugeriram que os cônjuges fossem solicitados a inverter os papéis e discutir um problema como ele costuma ser discutido em casa, e cada pessoa assume o papel do outro cônjuge. Os autores acreditavam que tanto o terapeuta quanto os parceiros poderiam se tornar mais sensíveis à má interpretação dos seus comportamentos. Como cada um dos cônjuges tende a reagir tanto às percepções dos comportamentos do outro quanto aos comportamentos reais, os autores acreditavam que a inversão dos papéis esclareceria a natureza dessas interpretações inadequadas, e o terapeuta, como uma terceira parte objetiva, poderia então corrigi-los. Assumir o papel do outro parceiro amplia a perspectiva de cada indivíduo de uma maneira muito parecida com aquela do *feedback* do vídeo. Concentrando-se no outro, em vez de em si mesmo, um parceiro, com frequência experimenta pela primeira vez, de maneira empática, a posição do outro indivíduo. Como resultado, essa experiência pode mudar a maneira como a pessoa pensa a respeito de toda discussão. Também dá ao cônjuge uma oportunidade de imitar os tipos de comportamentos e atitudes que ele ou ela gostaria de ver no parceiro, enquanto representa o papel deste. A inversão de papéis é um exercício divertido e às vezes provoca risos, o que pode se tornar um alívio muito necessário no decorrer do tratamento. Por meio deste tipo de dramatização, o terapeuta pode também assumir um papel instrumental na modelagem de comportamentos positivos e na provisão de *feedback*.

Essa técnica é um pouco mais difícil de orquestrar no caso de uma família grande, e a dramatização deve ser realizada entre dois membros de uma família de cada vez.

Adquirindo habilidades de relacionamento

Boa parte da abordagem cognitivo-comportamental com famílias envolve o ensino direto de habilidades para lidar com os problemas e com as diferenças. Sob tal aspecto, o terapeuta seria como um *coach*. O terapeuta supervisiona o desenvolvimento e a aquisição de habilidades que os clientes usarão no processo terapêutico e quando surgirem conflitos futuros. Em geral, significa ensinar ao casal ou à família novas maneiras de se comunicar, resolver problemas e lidar com a mudança no sistema.

Muitos dos teóricos orientados para os sistemas e estruturas se baseiam em sugestões e diretrizes indiretas, raramente definidas de modo explícito no tratamento. A TCC é mais didática e prescritiva. Por isso, apesar de alguém como Salvador Minuchin se descrever como um instrumento *reflexivo* de mudança, os cognitivo-comportamentais se considerariam instrumentos *prescritivos* de mudança. O ensaio comportamental e a prática guiada são importantes no processo de tratamento, que se assemelha ao modelo de treinamento de Guerney (1977), assim como aquele que foi proposto para terapia conjugal baseada na aprendizagem social e em princípios de intercâmbio comportamental por Jacobson e Margolin (1979).

Um dos problemas potenciais inerentes à abordagem mais didática e prescritiva oferecida pela TCC é que os clientes podem criar dependência em relação ao terapeuta a ponto de não conseguirem realizar as atribuições sozinhos. Por isso a TCC endossa uma abordagem colaborativa em que os clientes assumem a responsabilidade pela mudança. Para reforçar o funcionamento independente do cliente, cliente e terapeuta desenvolvem colaborativamente tarefas de casa que o cliente consiga realizar para implementar o que aprendeu. As tarefas de casa são discutidas em maiores detalhes na seção que se segue.

Tarefas de casa

Apresentamos aqui uma seção ampliada sobre as tarefas de casa porque constituem um aspecto absolutamente importante e integral da abordagem cognitivo-comportamental. É com frequência encarada como um dos agentes de mudança mais eficientes (Kazantzis, Deane e Ronan, 2000; Kazantzis, Whittington e Dattilio, no prelo).

O uso da tarefa de casa, ou *tarefas fora da sessão*, não é algo novo no campo da psicoterapia. Durante alguns dos primeiros dias de tratamento, Freud (1952) sugeria que seus pacientes fóbicos se aventurassem na sociedade e enfrentassem seus medos quando já tivessem trabalhado alguns conflitos na análise.

Anos mais tarde, os terapeutas enfatizaram a importância das tarefas de casa, apregoando-as como componentes adjuntivos fundamentais do tratamento (Dunlap, 1932). Evidentemente, os terapeutas cognitivo-comportamentais são reconhecidos principalmente por enfatizar as tarefas de casa como um aspecto fundamental do tratamento para um amplo espectro de transtornos. George Kelly (1955) foi um dos primeiros teóricos a introduzir o uso da tarefa de casa como um componente integrante da sua terapia de papel fixado. A tarefa de casa foi também utilizada em abordagens de curto prazo para vários transtornos em uma tentativa de facilitar os ganhos de tratamento (Kazantzis et al., 2000). Foram os terapeutas cognitivos que descobriram que os pacientes que realizavam mais lições de casa desenvolviam um resultado mais positivo no tratamento (Bryant, Simons e Thase, 1999).

Em minha opinião, as tarefas de casa são uma parte importante do arsenal de técnicas terapêuticas. Na verdade, em um livro sobre terapia familiar editado por mim, 75% dos autores de mais de 16 orientações diferentes indicaram usar regularmente tarefas de casa em seu trabalho (Dattilio, 1998a). Os terapeutas familiares cognitivo-comportamentais têm apregoado que as tarefas de casa são a pedra fundamental do tratamento (Dattilio, 1998, 2002; Dattilio e Padesky, 1990).

Em uma pesquisa recente realizada por membros da Associação Americana para as Terapias de Casal e Família (American Association for Marriage and Family Therapy – AAMFT), constatou-se que a maioria dos clínicos relatou que se valiam mais da tarefa de casa na terapia com casais do que com famílias (Dattilio, Kazantzis, Shinkfield e Carr, no prelo). Verificou-se ainda que três quartos dos participantes desse estudo designam três ou mais tipos diferentes de tarefa de casa durante as dez primeiras sessões com os clientes. A maioria dos clínicos recomenda uma ou duas atribuições de tarefa de casa por sessão.

A tarefa de casa também tem sido endossada pelas abordagens sistêmica, estrutural, psicodinâmica, integrativa e pós-moderna. Um exemplo disso é o falecido terapeuta familiar Jay Haley (1976), que dava grande credibilidade às tarefas de casa no seu trabalho. Parece que a tarefa de casa deve ser um padrão, considerando que vários desdobramentos da terapia ocorrem no intervalo entre as sessões.

L'Abate (1985) discute o uso do que ele chama de tarefas de casa sistemáticas (*systematic homework assignments*). O autor designa um mínimo de três lições de casa por sessão.

Há vários benefícios no uso das tarefas de casa (Dattilio, 2005a; Dattilio, L'Abate e Deane, 2005). Em primeiro lugar, nenhuma situação é mais explosiva do que a de um casal ou família em crise, e o uso das tarefas de casa conduz o processo terapêutico além das sessões de terapia. A maior parte do tempo de um paciente é passada fora das sessões, no ambiente doméstico, onde ocorre a maior parte dos problemas. Por isso, a tarefa de casa serve para manter as sessões de terapia vivas durante os períodos de intervalo entre elas e promove uma transferência dos avanços ocorridos nas sessões para a vida diária.

A tarefa de casa também ajuda a mover as famílias na direção de um envolvimento ativo (Prochaska, DiClemente e Norcross, 1992). A tarefa de casa pode também ser usada no início da fase de avaliação, para testar a motivação à mudança. Estas também podem ser extremamente eficazes para tratar da resistência de um casal ou de uma família no decorrer do processo.

Outro benefício obtido com a tarefa de casa consiste em proporcionar aos indivíduos uma oportunidade de implementar e avaliar *insights* para comportamentos de enfrentamento discutidos durante o processo terapêutico. A prática serve para elevar a consciência de várias questões que foram desdobradas no tratamento. Além disso, a tarefa de casa pode aumentar as expectativas de os clientes continuarem a realizar mudanças em vez de simplesmente discutirem a mudança durante as sessões. Os exercícios em geral requerem participação, o que cria a sensação de que o paciente está participando ativamente no processo da mudança. Como alternativa, a tarefa pode também estabelecer o palco para experiências. Essas experiências são reintroduzidas na sessão seguinte para um processamento adicional. Podem ser realizadas modificações nos pensamentos, sentimentos ou comportamentos, à medida que a tarefa de casa é processada nas sessões de terapia.

Ocasionalmente, os processos de tratamento podem se tornar vagos e abstratos, sobretudo na área da terapia familiar. Acrescentando foco e estrutura, as lições de casa podem revitalizar o tratamento. Além disso, a tarefa de casa aumenta a motivação dos clientes para a mudança porque lhes proporciona algo específico em que trabalhar.

Um benefício adicional inclui o envolvimento aumentado de outras pessoas importantes. Isso ocorre por meio de lições que requerem a participação de outros.

As tarefas de casa são moldadas inicialmente quando os membros da família interagem em uma sessão de terapia. Eles são então instruídos a modificar sua interação fora da sessão. Em todos os casos, é importante que o clínico leve em conta a capacidade, tolerância e motivação do casal ou da família a maximizar o potencial para a realização bem-sucedida das tarefas específicas de lição de casa.

São utilizados com as famílias vários tipos de tarefas de casa. Alguns dos mais comuns estão discutidos nos parágrafos que se seguem. Algumas lições podem ser mais adequadas mais cedo no processo de tratamento (isto é, biblioterapia, automonitoração, etc.), e outras devem ser introduzidas mais tarde (isto é, atribuições orientadas para a ação, reestruturação cognitiva, etc.).

Tarefas de biblioterapia

A biblioterapia é importante porque ajuda a reforçar as questões abordadas durante as sessões de terapia e mantém o cliente ativo entre estas. As leituras designadas são em geral relevantes para o foco de recepção de conteúdo no decorrer do tratamento. Algumas das tarefas de biblioterapia envolvem fazer o casal ler livros como *Fighting for your marriage*, de Markman e colaboradores (1994). As famílias também podem se beneficiar de tarefas de casa como aquelas encontradas em *Brief family therapy planner*, de Bevilacqua e Dattilio (2001). Apesar das nossas tentativas de imprimir determinados conceitos nos clientes no decorrer da terapia, às vezes fazê-los ler sobre essas ideias tem um efeito profundo no seu modo de pensar sobre os conceitos.

Interações com gravações de áudio ou vídeo em casa

Conversas gravadas em áudio ou vídeo e comportamentos não verbais fora da sessão permitem ao terapeuta e aos membros da família rever algumas interações que ocorrem mais espontaneamente nos ambientes naturais. Isso proporciona uma oportunidade para rever novas ideias importantes e também o conteúdo que é discutido nas sessões. Durante o exame de uma fita na sessão, os clínicos pedem aos indivíduos opiniões e pensamentos retrospectivos sobre seus comportamentos e discutem estratégias de enfrentamento ou interações alternativas. Por exemplo, os envolvidos podem gravar em vídeo uma reunião familiar, ou até mesmo uma discussão acalorada, para que a dinâmica interacional seja observada e o colapso da comunicação possa ser identificado. A gravação em vídeo tem uma vantagem sobre a gravação em áudio, pois podem ser observados também os comportamentos não verbais e a linguagem corporal.

Programação de atividades

O uso da programação de atividades – com ênfase na comunicação e nas habilidades de interação e de resolução de problemas – é extremamente importante para os casais e para as famílias. A programação de atividades se destina a diagnosticar a disfunção e também a aprender novos comportamentos. Por exemplo, uma família experimenta uma nova atividade em conjunto (p. ex., esquiar) e observa como cada membro reage a uma situação não familiar e como os indivíduos ajudam uns aos outros. Eles se unem ou cada um age isoladamente? Vários manuais introduzidos na literatura profissional exploram o uso específico da programação das atividades nas tarefas de casa e em várias atividades fora da sessão, tanto com casais quanto com famílias (Bevilacqua e Dattilio, 2001).

A programação de atividades também pode ser usada para ajudar as famílias a rastrear suas atividades em uma base regular. Se há interações ou sintomas negativos dentro do relacionamento, os casais e as famílias se beneficiam de formas menos exigentes de atividade, como, por exemplo, mantendo uma lista de atividades realizadas durante o dia ou conversando sobre as tarefas que foram realizadas. A programação de atividades deve incluir uma avaliação subjetiva indicativa do nível de realização ou prazer que proporcionam.

Os clientes podem usar escalas para avaliar atividades de 0 (nenhuma sensação de prazer ou domínio) a 10 (uma sensação total de prazer ou domínio). A programação de atividades e as escalas de avaliação combinadas em geral encorajam os indivíduos a se concentrar nas atividades que proporcionam uma sensação de realização e prazer. Ambas são também designadas para desenvolver e aumentar a coesão entre os cônjuges e entre os membros da família.

Automonitoração

Nas TCC tradicionais, os indivíduos são em geral solicitados a realizar avaliações de pensamento ou humor entre as sessões. Exercícios de monitoração são designados para proporcionar ao clínico informações precisas sobre as áreas de dificuldades dos cônjuges ou dos membros da família. Os clientes são também solicitados a se concentrar nos pensamentos automáticos e nas crenças que experimentam durante a realização de exercícios e atividades. A automonitoração justifica-se por auxiliar os indivíduos a entrar em contato com o que exatamente pensam, o que sentem e como se comportam, e qual impacto isso tem sobre a dinâmica individual. Exemplo disso é o uso da Folha Diária do Pensamento Disfuncional (Daily Dysfunctional Thought Sheet;

Beck, Rush, Shaw e Emery, 1979), em que os indivíduos são solicitados a registrar seus pensamentos durante as discussões e a fazer a conexão de como afetam seus humores e comportamentos.

Tarefas comportamentais

Como anteriormente mencionado, as tarefas comportamentais consistem em parte importante do tratamento com casais e famílias. As tarefas comportamentais incluem fazer os indivíduos conversarem consigo mesmos para buscar explicações alternativas. Os indivíduos utilizam essa técnica sozinhos ou com um cônjuge ou membro da família para modificar alguns comportamentos. Essas tarefas comportamentais podem também concernir à localização pelos indivíduos de vínculos comuns entre eles.

As tarefas comportamentais são com frequência mais eficazes quando os membros da família estão envolvidos em seu projeto e planejamento. O planejamento pode incluir a programação do momento da tarefa, quem estará envolvido, com que frequência ela será conduzida e a sua duração.

As tarefas comportamentais devem ser programadas para serem reexaminadas após sua realização, com uma discussão de quaisquer dificuldades que o casal ou os membros da família tenham tido em sua realização. Se a atribuição não puder ser cumprida, deve-se tentar analisar os impedimentos para que dificuldades futuras sejam identificadas e tratadas efetivamente.

Algumas das tarefas comportamentais mais populares incluem o uso de comportamentos agradáveis, ensaio comportamental, exercícios de assertividade e inversão de papéis.

Reestruturação cognitiva de pensamentos disfuncionais

Os membros da família às vezes experimentam dificuldade em avançar e podem se beneficiar de exercícios estruturados que lhes permitam pesar estilos de pensamento alternativos e identificar crenças distorcidas. O uso do Registro Diário dos Pensamentos Disfuncionais (Daily Record of Dysfunctional Thoughts) desenvolvido por Beck e colaboradores (1979) é um método para a reavaliação de seus estilos de pensamento.

Desenvolvimento e implementação das tarefas de casa

Às vezes os clínicos são culpados por atribuir tarefas de casa aleatoriamente, pelo simples fato de se mostrarem capazes de fazê-lo. Atribuir lições aleatórias implica o risco de por os clientes em perigo porque isso pode lhes dar a impressão de que o terapeuta acredita que a resolução dos seus problemas é simples – "apenas faça essa tarefa bastante óbvia, e seus problemas estarão terminados". Selecionar estrategicamente as tarefas de casa relevantes para a família é um objetivo fundamental (Kazantzis e Dattilio, no prelo). Atribuir lições específicas é crucial, e por isso sua seleção deve ser cuidadosa.

Um bom exemplo do uso de tarefas de casa estratégicas é demonstrado no caso de Matt e Elizabeth na seção "Intensidade e foco emocional", no Capítulo 2, em que todos concordamos que fazer ambos escreverem exatamente o que precisavam um do outro quando estavam sendo confortados foi fundamental para o seu problema. O exercício provou ser bastante efetivo em seu caso particular.

Entretanto, se eu houvesse simplesmente sugerido um exercício aleatório para o desenvolvimento da intimidade emocional que não se ajustasse ao seu problema específico, o tiro poderia na verdade ter saído pela culatra, causando mais tensão entre os dois.

Nelson e Trepper (1993, 1998) produziram dois livros sobre intervenções de terapia familiar, muitas das quais incluem tarefas de casa que podem ser usadas durante o tratamento. Escolher o momento adequado de uma lição para que ela não seja precoce demais no processo de tratamento é essencial a fim de maximizar os benefícios terapêuticos.

Sugiro que, ao incorporar as tarefas de casa, os clínicos pensem especificamente sobre a maneira como desejam usar tarefas no decorrer do tratamento e qual momento seria apropriado para a intervenção. Os clínicos também precisam pensar sobre o que desejam fazer na tarefa de casa. Ao utilizar uma tarefa específica, pode ser prudente usar seu próprio estilo na abordagem dos cônjuges ou dos membros da família. Reserve um tempo para explicar e examinar cada atribuição com os cônjuges ou membros da família, para que entendam exatamente qual é o objetivo da tarefa e, mais importante, saber exatamente o que devem fazer e por quê. Com frequência, os clientes sinalizam afirmativamente com as cabeças, indicando que entendem a tarefa de casa, quando na verdade estão confusos sobre a solicitação específica, mas relutantes em falar.

Adesão à tarefa de casa

Pesquisa recente corroborou a importância da indagação a respeito das tarefas de casa. Bryant e colaboradores (1999) avaliaram fitas de terapia relacionadas à designação e à adesão à tarefa de casa. Em seu estudo, o mais forte indicativo da adesão à tarefa foi o comportamento dos terapeutas na revisão das tarefas atribuídas. As habilidades terapêuticas gerais também apontaram a adesão à tarefa de casa nesse estudo. As habilidades gerais incluíam cooperação no estabelecimento da tarefa de casa e provisão de reforço positivo na forma de encorajamento e elogio pelos esforços. A pesquisa, embora conduzida com clientes individuais, é importante também para as terapias de casal e família.

Durante o processo de garantia de concordância por parte de cada membro do casal ou da família quanto à realização de uma tarefa, o clínico pode encontrar uma situação em que um determinado indivíduo considera que a tarefa é tola ou simplesmente não é uma boa ideia. Essas questões precisam ser enfrentadas de frente. Quanto mais concordância for obtida entre os cônjuges ou entre os membros da família sobre a tentativa de realização da lição de casa, mais provável é o sucesso da tarefa.

Acompanhamento

O acompanhamento dos resultados das tarefas de casa é obviamente muito importante. Recomenda-se que isso faça parte da agenda da visita subsequente, a menos, é claro, que o casal ou os membros da família solicitem mais tempo para realizar a tarefa. Garantir acompanhamento dos resultados também proporciona uma mensagem indireta ao casal ou à família de que as lições são fundamentais e não são administradas simplesmente para encher o tempo da sessão de terapia ou para lhes dar algo com o que ocupar o tempo fora da sessão.

Resistência no cumprimento das tarefas de casa

Uma das dificuldades mais comuns da terapia quanto à tarefa de casa é a resistência dos cônjuges ou dos membros da família ao seu cumprimento. A resistência ocorre com frequência, apesar da concordância do casal ou da família quanto à tarefa e ao reconhecimento de sua utilidade. Essa resistência pode ter suas raízes na dinâmica mais complicada da família ou do casal, ou decorrer simplesmente do fato de as atividades serem referidas como "tarefa de casa", o que para alguns carrega uma conotação negativa. Os clínicos podem optar por mudar o termo tarefa de casa para *dever* ou *experimento*. As tarefas de casa são mais bem recebidas quando o terapeuta sugere, "Suponhamos que vamos tentar um experimento". Em geral, há algo intrigante com relação ao termo *experimento*, e para muitos seu uso é menos ameaçador ou ditatorial do que o termo *tarefa de casa*.

É essencial que o terapeuta se valha de tato ao lidar com a resistência no cumprimento das tarefas de casa. Os membros dos casais e das famílias que evitam cumprir as tarefas de casa podem estar proporcionando ao clínico uma informação importante sobre o efeito que a mudança teria sobre eles. Incluiria, por exemplo, dificuldades de comunicação, de trabalho como uma unidade ou simplesmente o incômodo de experimentar uma mudança no relacionamento. Independente da razão, é importante explorar a dinâmica subjacente à resistência e as alternativas possíveis para se lidar com ela. Ao discutir essa questão em detalhes, o terapeuta pode decidir tornar a atribuir o mesmo exercício, atribuir um exercício diferente, ou adiar totalmente a ideia para outra ocasião.

Testagem das previsões com experimentos comportamentais

Embora um indivíduo possa usar análise lógica para reduzir com sucesso suas expectativas negativas em relação aos eventos futuros nas interações familiares, as evidências de primeira mão são com frequência necessárias. Os terapeutas cognitivo-comportamentais com frequência orientam os membros da família na criação de *experimentos comportamentais* em que testam suas previsões de que determinadas ações vão conduzir a determinadas reações dos outros membros. Por exemplo, o homem que espera que a esposa e os filhos resistam a incluí-lo em atividades de lazer quando ele chega em casa do trabalho pode fazer planos para tentar se engajar com a família quando chega em casa durante os dois dias seguintes e ver o que acontece. Quando esses planos são desenvolvidos durante sessões conjuntas de terapia familiar, o terapeuta pede aos membros da família para prever quais serão as reações de cada pessoa durante o experimento. Os membros da família podem também prever os potenciais obstáculos ao sucesso do experimento e fazer os ajustes apropriados. Além disso, os compromissos públicos dos membros da família com o experimento com frequência aumentam a probabilidade do seu sucesso.

Segue exemplo de um experimento comportamental com um casal que atendi em terapia vários anos atrás.

"Não cuide de mim": o caso de Lacy e Steve

Lacy e Steve eram um casal de meia idade. Procuraram terapia porque estavam experimentando tensão no relacionamento e brigavam mais do que o habitual. O problema pareceu surgir depois que Lacy quebrou o tornozelo e passou a depender de Steve para cuidar dela. Lacy explicou que sempre mantivera a autonomia e que a ideia de ser minimamente dependente de alguém lhe era inaceitável. A atitude dela criava problemas entre os dois, porque Steve achava que ela rejeitava sua ajuda. Steve se queixava: "Preciso sentir que tenho algum valor no relacionamento, e Lacy raramente me permite ajudá-la porque acha que tem de cuidar de tudo sozinha". Lacy sempre se considerara autossuficiente e, agora, quando precisava ser cuidada, tinha dificuldade de deixar Steve cuidar dela.

Suspeitei de que havia algo mais na resistência de Lacy do que simplesmente querer manter a autonomia. Foi nesse ponto que comecei a usar uma versão breve da técnica da seta descendente para tentar atingir a distorção cognitiva por baixo da sua atitude. Pedi-lhe que me explicasse o que significava depender de Steve.

Lacy: Significa que eu não sou capaz.
Dattilio: Lacy, vamos considerar essa noção inicial de "Eu não sou capaz". O que isso significa para você?
Lacy: Me infantiliza. Eu sou um fracasso como adulto.
Dattilio: Simplesmente depender de outra pessoa não significa que você seja um fracasso total, é isso?

Lacy explicou que entendia que a dificuldade não era uma questão de simplesmente ser um fracasso, mas mais de Steve estar no controle de tudo. Essa distorção do tipo tudo-ou-nada desenvolvida por Lacy não é rara em casais. Eu lhe expliquei um pouco sobre como as distorções às vezes se desenvolvem como o resultado de um pensamento equivocado. Lacy prosseguiu explicando: "Eu sempre me orgulhei de ser uma pessoa independente e agora tenho de ser dependente e isso me perturba". Discutimos a propensão de Lacy de olhar as coisas em termos de tudo-ou-nada. Apontei-lhe que, quando ela faz isso, se fecha em um canto. Estava claro que eu precisava ajudar Lacy a procurar ser mais flexível em seu modo de pensar. Quando discutimos sua família de origem, eu soube que tanto seu pai quanto sua mãe eram extremamente rígidos em seu modo de pensar, e que Lacy havia passado a encarar a vida em termos de tudo-ou-nada. Ela me explicou que, pelo fato de ser contadora, sua vida girava em torno de dicotomias. Lacy prosseguiu, explicando que ela preferia esse modo de pensar porque era mais fácil ao lidar com os eventos da vida. Eu lhe apontei que nesse momento, no entanto, isso havia se tornado difícil devido à mudança ocorrida na sua vida real. O fato de Lacy ter quebrado seu tornozelo realmente abriu a porta para um problema mais sério e crônico que existia no relacionamento, e foi o evento da sua lesão que revelou essa questão mais profunda.

Trabalhei com Lacy sobre a questão na presença do marido, para que ele pudesse ter a oportunidade de ver como o modo de pensar rígido da esposa contribuía para a polarização no relacionamento. Consegui vincular o modo de pensar rígido de Lacy às suas dificuldades no relacionamento e explicar que dar a Steve alguma responsabilidade sobre o seu cuidado era um exemplo do que aspiramos nos relacionamentos saudáveis. Também discutimos a noção de relacionamentos que envolvem o intercâmbio de "dar e receber" e que, quando um relacionamento está desequilibrado (isto é, uma pessoa tem todo o controle de todos os deveres e responsabilidades no relacionamento), isso cria uma distorção no sistema.

Sugeri a Lacy que ela desse pequenos passos em termos de ceder algum controle a Steve, primeiro deixando-lhe fazer algumas tarefas e, depois, lidando com seus pensamentos com relação a abrir mão do controle. Tive de ajudá-la a reestruturar o pensamento que envolvia a catástrofe por ela antecipada, de que isso daria a Steve o controle completo e que ela seria totalmente dominada. Grande parte do problema tinha a ver com o casamento anterior de Lacy, em que o marido controlava tudo. Ele era abusivo e intolerante, e ela tinha muito pouca autonomia. Tive de lembrar a Lacy que este não era o mesmo relacionamento e que compartilhar parte do controle e ser um pouco dependente do marido não era algo tão terrível. Esse conceito também provou ser uma espécie de ajustamento para Steve, à medida que ele não estava acostumado a desempenhar o papel de cuidador. Eu tive de treiná-lo por meio de exercícios comportamentais e ajudá-lo a lidar com a frustração que a esposa experienciava enquanto, pouco a pouco, ia abrindo mão de algum controle para ele.

Lacy sempre se orgulhou de ser uma pessoa independente e ser dependente de outros significava perder sua sensação do *self*. Conversamos sobre abrir mão do controle – com o entendimento e o equilíbrio de que todos precisam ser dependentes, assim como independentes – e sobre o bom equilíbrio ser saudável. Fiz Lacy testar a previsão de que ela se sentiria um fracasso caso cedesse parte do controle a Steve e lhe permitisse cuidar dela. Quando Lacy assumiu o risco e permitiu que Steve cuidasse dela, começou a perceber que não se sentia tão mal quanto havia inicialmente antecipado. Isso lhe proporcionou certa tranquilidade, e ela não se sentiu um fracasso. Continuamos com vários passos bem-sucedidos, em que Lacy previu como se sentiria, e com o tempo conseguiu relaxar e ser mais dependente no relacionamento sem a sensação de estar sendo excessivamente controlada pelo marido. Pequenos experimentos como esse são com frequência essenciais para facilitar a mudança nos relacionamentos.

Esse exemplo de caso é muito importante porque ilustra como a TCC não é apenas uma intervenção simplista e paliativa, pois não se disse a Lacy "Não há nada de errado em ser dependente do seu marido – simplesmente seja". A ideia de explorar junto com ela as raízes dos seus sentimentos e crenças e a descoberta de alguns de seus medos é muito mais abrangente. É inadequada a percepção comum de que a TCC se limita a dar conselhos banais.

Técnicas comportamentais e controle dos pais

Alguns dos escritos iniciais sobre terapia familiar comportamental se concentravam nos comportamentos e no controle dos pais. O trabalho de Gerald Patterson e colaboradores se fez notar particularmente por sua eficácia nessa área e ainda é altamente respeitado entre os terapeutas cognitivos e comportamentais quando lidam com problemas entre pais e filhos (Patterson et al., 1967; Forgatch e Patterson, 1998). As intervenções são tipicamente baseadas em técnicas operantes, mas também combinam outras técnicas, como demonstrado no exemplo de caso que se segue, em que trabalhei com mãe e filho para tratar das queixas de dor de cabeça crônica do filho.

"Eu sinto dor de cabeça": o caso de Clay

Clay, um garoto de 12 anos, foi encaminhado à terapia como resultado de uma dor de cabeça crônica. A mãe de Clay relatou que ele vinha se queixando de dores de cabeça (na área do lobo frontal) diariamente nos 8 meses anteriores ao tratamento. Ele foi submetido a extensivos exames físicos e neurológicos, incluindo um EEG (eletroencefalograma) em vigília e RM (ressonância magnética), que apresentaram resultados negativos. Nesse ponto, foi recomendado terapia comportamental.

A primeira menção de Clay à dor de cabeça crônica aconteceu logo após a separação de seus pais, época em que a mãe de Clay começou a passar menos tempo com ele porque precisou se dedicar mais ao trabalho.

As dores de cabeças de Clay em geral ocorriam pela manhã, antes de ir para a escola, e novamente à noite, na hora de dormir. Ele dizia que a dor de cabeça sempre ocorria na área do lobo frontal. A duração média de suas dores de cabeças era de 1½ a 2 horas, durante as quais Clay chorava e se queixava de dor até ser atendido pela mãe. Ela em geral reagia administrando-lhe analgésico e ficando com ele até que a dor fosse pouco a pouco desaparecendo. As dores de cabeças de Clay também resultavam em faltar um turno da escola.

O principal objetivo da terapia era reduzir a dor de cabeça de Clay, para que ele pudesse reassumir suas atividades diárias e aumentar sua frequência à escola.

Foi decidido primeiro implementar o reforço positivo nos dias em que a dor de cabeça não era relatada e ignorar todos os relatos suspeitos de dor de cabeça *ilegítima*. Só quando os relatos de dor de cabeça eram acompanhados por uma elevação da temperatura corporal é que lhe era dada alguma atenção. As dores de cabeças acompanhadas de temperatura corporal elevada eram designadas como *dores de cabeças legítimas*. O tratamento consistia na administração de analgésico e repouso sem nenhuma atenção verbal adicional.

O tratamento envolveu um simples programa de reforço, com recompensas positivas que consistiam em maiores elogios verbais e uma interação específica entre Clay e a mãe. O elogio verbal e a interação com a mãe, que consistia em jogarem juntos ou simplesmente conversarem, só eram implementados quando havia ausência de relatos de dor de cabeça. Clay foi instruído pelo terapeuta a continuar a relatar diariamente à mãe se sentia ou não dor de cabeça; ela manteria um registro escrito dos episódios de dor de cabeça. A mãe também foi instruída a ignorar os relatos de dor de cabeça de Clay, não lhe dando nenhum tipo de atenção que pudesse ser interpretado como reforço as queixas de dor de cabeça. Quando se passava um dia sem relato de dores de cabeça, a mãe recompensava Clay por meio de elogio verbal e reconhecimento. Isso era algo que Clay considerava muito significativo e se comprovou um excelente meio de reforço positivo para ele.

Esse procedimento simples produziu resultados bem-sucedidos em um período de tempo relativamente curto. Clay reagiu bem ao reforço positivo e percebeu que poderia obter a atenção de sua mãe de maneira mais construtiva e apropriada do que por meio do relato de dor de cabeça.

A Figura 6.2 descreve a redução das queixas de dor de cabeça durante o período de tratamento. Uma "queixa de dor de cabeça" era definida como a expressão verbal da presença de dor de cabeça não acompanhada de uma elevação da temperatura.

Em 12 semanas de tratamento, a dor de cabeça diminuiu rapidamente por meio do uso de reforço positivo, a ponto de a dor psicossomática ser totalmente eliminada.

O reforço positivo é a técnica mais amplamente utilizada para mudar o comportamento no tratamento de crianças e adultos. Pode ser aplicada para reduzir um comportamento indesejável e também para aumentar o comportamento desejável. Para o terapeuta, um pré-requisito ao desenvolvimento de um plano de tratamento bem-sucedido é conduzir uma análise comportamental detalhada que lhe permita escolher um reforçador eficaz e aumentar a frequência do comportamento desejado. Também permite ao terapeuta identificar o antecedente do comportamento indesejado e planejar a prevenção de comportamentos similares (Dattilio, 1983).

Neste caso, quando a dor de cabeça foi atenuada com o uso de reforço positivo, ficou claro que ela era um meio de Clay manipular a mãe para lhe dedicar uma atenção exclusiva. No acompanhamento do programa de tratamento regular, foram dadas instruções informais a Clay sobre como ele poderia obter a atenção da mãe de modo mais apropriado.

Um seguimento de 12 meses revelou a não ocorrência de dores de cabeça desacompanhadas de sintomas adicionais. Além disso, Clay conseguiu ter uma frequência perfeita à escola durante o período de seguimento e declarou estar gostando muito mais do seu relacionamento com a mãe do que antes.

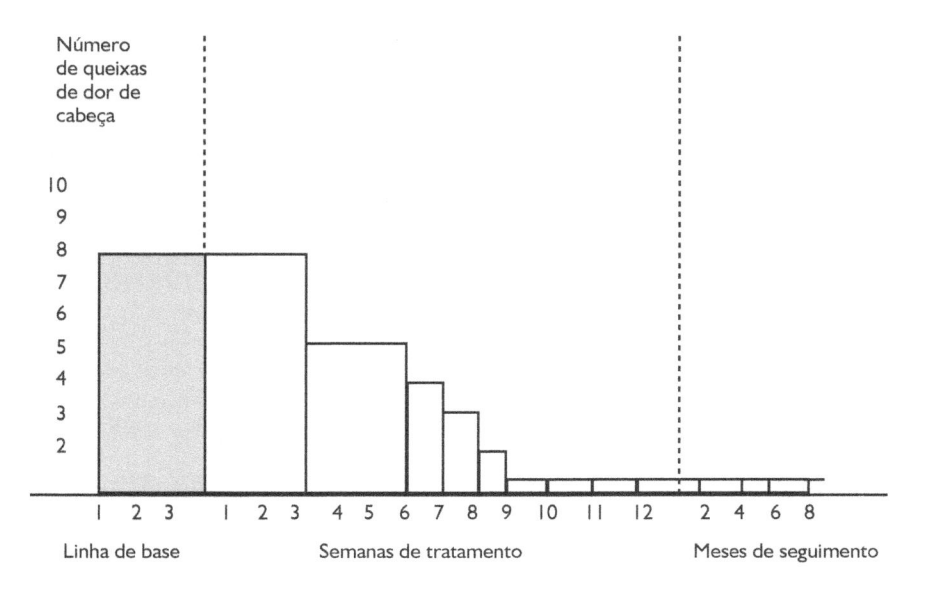

FIGURA 6.2
Número de queixas de dor de cabeça de Clay durante o tratamento e o seguimento.

ABORDAGEM DO POTENCIAL DE RECAÍDA

O potencial de recaída no caso de qualquer casal ou família está sempre presente, particularmente se o problema em questão é crônico. Há várias questões a se ter em mente quando se trabalha com casais e famílias. Antes de tudo, o trabalho é difícil, sobretudo quando enfrentamos uma situação em que há mais de um conjunto de dinâmicas de personalidade. Trata-se de uma das razões por que o trabalho com casais e famílias é tão desafiador. Em segundo lugar, dependendo de há quanto tempo o problema existe e do quão profundamente ele está enraizado, maior é a probabilidade da ocorrência de recaída. Se houver presença de psicopatologia – como depressão, ansiedade, transtorno de personalidade importante ou adicção –, a probabilidade de regressão é ainda maior.

Há vários passos que podem dificultar a recaída. Grande parte do programa de prevenção de recaída com casais que sofrem de abuso de álcool proposto por O'Farrell (1993) pode também ser usado com qualquer outro casal ou família. Os membros da família precisam entender que a recaída é provável, e os indivíduos devem aceitar o fato. Entretanto, isso não significa que eles tenham permissão para retroceder. Os membros da família devem estar atentos ao fato de que os desencadeadores que contribuem para uma recaída também contribuem para a deterioração do relacionamento.

O'Farrell (1993) sugere que se proporcione uma estrutura para discutir a recaída, a ser seguida pelos membros da família. O primeiro passo é desenvolver uma lista de preocupações que cada indivíduo discute quando acha que o relacionamento está começando a se deteriorar. Essa discussão deve especificar situações de alto risco e sinais iniciais de advertência de comportamentos deteriorantes.

O segundo passo é desenvolver um plano de ação com o qual todos os membros da família concordem como medida de evitar os passos rumo à regressão. Isso pode ser feito no início de qualquer indicação de que algo começa a regredir.

O terceiro passo é discutir os comportamentos que devem ser utilizados. Finalmente, deve ser posto em ação outro plano de tratamento individual para lidar com as cognições que contribuem para o aumento da raiva e para comportamentos deteriorantes.

Um plano de recaída é escrito e treinado caso a caso para refletir os padrões deteriorantes comuns em um relacionamento específico. Todo relacionamento é diferente e, por isso, assim como os problemas diferem, também diferem os padrões de deterioração.

Todas as intervenções a serem usadas são discutidas previamente, quase de maneira coreográfica, do mesmo modo que uma família pode planejar como sair de casa na ocasião de um incêndio ou outro tipo de desastre. Com frequência, informo aos casais e às famílias que, assim como as companhias de cruzeiro têm treinos de evacuação, ou alguns prédios conduzem treinos para o caso de incêndio, os membros da família precisam discutir rotineiramente como lidar, por antecipação, com o aumento de conflitos que possa ser desastroso. Dessa maneira, eles estarão preparados para lidar efetivamente com o fato. Ao mesmo tempo, o planejamento também os impele a monitorar sua interação de forma que, enquanto a comunicação for mantida e eles estiverem sintonizados com as nuances do seu relacionamento, sempre estarão preparados para evitar a deterioração.

MANEJO DOS OBSTÁCULOS E DA RESISTÊNCIA À MUDANÇA

Os obstáculos e a resistência à mudança aparecem de várias formas. Às vezes a resistência parece ser quase impossível de superar, o que pode se tornar um verdadeiro desafio à terapia.

Às vezes a resistência ocorre porque um membro da família se recusa a frequentar a terapia. Há várias maneiras de lidar com uma situação desse tipo. Alguns terapeutas assumem a posição de não fazer nenhum esforço para encorajar os cônjuges ou os membros da família a frequentar o tratamento se

> No caso particular de uma família que tratei, uma adolescente resistia à solicitação dos pais de comparecer à terapia familiar porque – argumentava ela – quem tinha problemas eram eles, e não ela. Depois de encontrar com os pais para a sessão inicial e tomar conhecimento da posição da filha sobre a questão, pedi-lhes permissão para eu mesmo entrar em contato com ela. Telefonei para ela e lhe informei de que seus pais haviam me comunicado a sua posição com relação a participar da terapia e que eu respeitava a sua vontade. No entanto, perguntei se ela estaria disposta a me ajudar. Prossegui, explicando-lhe que depois de me encontrar com seus pais eu tendia a concordar com ela de que quem tinha problemas eram eles, e que eu precisava trabalhar com eles uma série de questões, isto é, algumas de suas exigências pouco razoáveis e a sua postura invasiva na vida da filha. Disse-lhe que eu poderia obter um progresso mais rápido se ela compartilhasse comigo algumas de suas percepções sobre os pais e me ajudasse a orquestrar melhor o tratamento. Em essência, essa atitude retirou a pressão que estava sobre a garota, que concordou em se encontrar comigo. Sugeri que nos encontrássemos em uma cafeteria próxima para que ela se sentisse mais à vontade, e não como se estivesse indo à terapia.
>
> Quando nos encontramos, consegui provocar-lhe interesse em compartilhar o que ela tinha de dizer a seus pais diretamente, e, em consequência disso, ela concordou em ir até meu consultório com seus pais na próxima sessão. Finalmente, ela retornou para várias consultas familiares. O que parecia ser o desejo convicto dessa garota de evitar a terapia era na verdade seu medo de ser colocada em uma situação em que perdesse o próprio controle. Quando lhe assegurei que poderia atuar como uma terceira parte neutra e objetiva, ela se sentiu melhor em comparecer à terapia.

essa é a sua vontade. Entretanto, por vezes os terapeutas precisam ser criativos para ajudar o progresso do processo terapêutico.

NEGATIVIDADE E DESESPERANÇA DOS PARCEIROS COM RELAÇÃO À MUDANÇA

Com frequência, os membros da família que buscam tratamento têm lembranças vivas de eventos que se sobrepõem aos comportamentos positivos que procuram. Weiss (1980) se referiu a isso na literatura como *sobreposição do sentimento*. As lembranças negativas com frequência precisam ser abordadas, e os casais devem utilizar técnicas que ajudem a diminuir sua força.

Os esquemas negativos sobre as características do relacionamento precisam ser abordados, fazendo com que os clientes testem a validade de seus pontos de vista rígidos e considerem informações indicativas de que esses pontos de vista podem ser modificados. Treinar os respectivos cônjuges para rastrear as variações situacionais no comportamento um do outro é uma técnica em que notam como os comportamentos diferem de uma situação para outra (Epstein e Baucom, 2002). Epstein e Baucom sugerem que esse exercício se contrapõe à ideia de uma característica constante e abre a porta para explorar as condições que tendem a suscitar as reações positivas ou negativas do outro. A ideia é enfraquecer a influência das lembranças negativas, demonstrando outros padrões na interação. Assim, o desafio do terapeuta é ajudar os casais a perceber e dar crédito a cada pequena mudança positiva que fazem, e cada cônjuge assume a responsabilidade pessoal por fazer mudanças específicas e substituir as velhas lembranças negativas por novas experiências positivas. Também é importante para os cônjuges expressar arrependimento pelas ações passadas que perturbaram um ao outro, ainda que não tenham sido intencionais.

Reduzir a desesperança dos cônjuges sobre o potencial de melhoria no seu relacionamento depende da capacidade do terapeuta para treinar os parceiros em um comportamento mais construtivo um com o outro. O principal objetivo é fazer os cônjuges observarem e monitorarem suas interações negativas à medida que elas diminuem, e se comportarem de modo mais positivo.

DIFERENÇAS NAS AGENDAS

Também é importante que o terapeuta considere a possibilidade de que os membros da família com frequência têm agendas diferentes. Não é raro os terapeutas constatarem que um cônjuge está mais motivado do que o outro a participar do tratamento. Também é possível que o parceiro esteja ali para curar o relacionamento, enquanto o outro está ali para ajudar a por fim ao relacionamento. Outras vezes, um dos cônjuges é completamente contrário à terapia conjunta. Por isso, é importante discutir o que cada indivíduo espera obter do tratamento. O impedimento das agendas conflitantes na terapia pode ser uma janela para uma luta que o casal atualmente experiencia em seu relacionamento como um todo.

Por exemplo, os terapeutas podem apontar como um cônjuge está sob pressão para participar da terapia, e que a resistência do outro a participar parece refletir um padrão mais amplo de exigência-distanciamento no relacionamento do casal. Por isso, a questão dos padrões nos relacionamentos, discutida nos capítulos anteriores, se torna tão importante. O terapeuta pode guiar o cônjuge distanciado a pensar sobre a validade de seus padrões e desafiar alguns dos sistemas de crenças a eles subjacentes. É também importante o terapeuta apontar para cada um dos cônjuges como seus comportamentos contribuem para o processo circular do seu padrão de exigência-distanciamento, e enfatizar que a melhor oportunidade para a mudança envolve que cada pessoa faça um esforço para modificar o próprio comportamento.

Um bom exemplo dessa abordagem é o caso de Diane e Nick. Ela pode mudar sua solicitação de que o marido passe todo o seu tempo livre com ela, concordando em aceitar apenas parte do tempo dele. Nick, por sua vez, pode de vez em quando realizar uma atividade conjunta com a esposa, assim como concordar em se unir a ela em alguma das atividades que ela propor.

Mas o que acontece quando está claro que um dos cônjuges quer continuar o relacionamento e o outro quer terminá-lo? É nesse ponto que o terapeuta precisa ajudar o casal a redefinir os objetivos da terapia, ou os objetivos conflitantes impedirão o prosseguimento de um trabalho conjunto. Os parceiros podem então se concentrar no objetivo compartilhado de determinar como eles podem se relacionar de maneiras construtivas, em vez de destrutivas, lidando com seus objetivos individuais diferentes para o relacionamento. É essencial lidar com as emoções negativas, como raiva ou ressentimento, e colaborar para encontrar soluções razoáveis para as questões importantes do relacionamento.

ANSIEDADE COM RELAÇÃO À MUDANÇA DOS PADRÕES EXISTENTES NO RELACIONAMENTO

Não é raro os membros da família experienciarem desconforto ou ansiedade com a mudança nos padrões de relacionamento. Esses sentimentos podem surgir em um ou mais membros da família. A mudança com frequência atinge estratégias autoprotetoras que os membros da família desenvolveram para evitarem ser magoados ou ficar vulneráveis. Com frequência, os cônjuges se queixam de se sentirem ameaçados pelo fato de a terapia promover mudanças que vão expor uma área de vulnerabilidade pessoal.

Essa questão tem sido tratada na literatura profissional, particularmente à medida que se relaciona com esquemas de vulnerabilidade (Tilden e Dattilio, 2005). O terapeuta precisa explorar os pensamentos e emoções de cada parceiro sobre as mudanças propostas nas interações do casal e sondar as preocupações subjacentes quando um ou os dois membros do casal experienciam ansiedade sobre o que a mudança envolve. Tranquilizá-los com relação aos novos comportamentos e discutir como a situação será diferente constituem passos importantes. É também relevante proceder lentamente ao produzir mudanças no relacionamento, porque uma ameaça à homeostase de um relacionamento com frequência causa problemas. Muitas vezes é preciso discutir essa questão e sugerir técnicas para reduzir a ansiedade, tanto cognitiva quanto comportamentalmente. Além disso, no decorrer das sessões de terapia deve haver discussão sobre como será o novo comportamento e qual será a diferença no clima emocional do relacionamento após a ocorrência de uma mudança.

RENÚNCIA AO PODER E AO CONTROLE PERCEBIDOS

Outra área em que se desenvolve ansiedade é a perda potencial do poder e do controle no relacionamento quando é feito qualquer tipo de mudança. É importante que o terapeuta avalie a distribuição de poder e do controle existentes em qualquer relacionamento, mesmo que ele pareça disfuncional. Qualquer desafio precipitado à estrutura vigente de uma família pode criar ansiedade e encontrar resistência. Isso acontece particularmente com o cônjuge que detém mais poder e percebe a ameaça de mudança como negativa e debilitante para si.

Lidar com as cognições ou com os esquemas de cada membro da família com relação ao poder e ao controle em suas vidas, assim como em seu relacionamento, é um caminho a ser seguido. Mais uma vez, pode também abranger questões de suas respectivas famílias de origem e quais são os seus sistemas de crença com relação ao poder e ao controle. É relevante examinar o grau de equilíbrio nessa área, sobretudo para estabelecer um relacionamento saudável. Qualquer percepção de viés ou ausência de equilíbrio precisa ser discutida. Devem ser acertadas as estratégias sobre a manutenção ou a descoberta de um equilíbrio saudável. Isso também requer que as partes encarem o terapeuta como imparcial e apoiador à medida que se movem rumo à reestruturação de algumas de suas crenças.

OS PROBLEMAS DE ASSUMIR A RESPONSABILIDADE PELA MUDANÇA

Como se pôde ver no caso de Margo e Curtis, assumir a responsabilidade pelos comportamentos existentes, assim como pela mudança, é parte essencial do trabalho de como lidar com a resistência e com os impedimentos em um relacionamento. Os membros da família, particularmente os casais, são notórios por responsabilizar um ao outro, em vez de a si mesmos, pelos problemas no relacionamento (Baucom e Epstein, 1990; Bradbury e Fincham, 1990; Epstein e Baucom, 2002). Obviamente, responsabilizar o outro envolve a autoproteção, o estímulo da autoestima e a negação de necessidade de mudanças em si. Sempre parece mais fácil perceber o comportamento do outro do que o próprio. Os indivíduos em geral pensam nos eventos no seu relacionamento em termos lineares e causais, em vez de circulares e causais, que envolvam influências dos dois indivíduos um sobre o outro.

Como os cônjuges podem ser demasiado defensivos em aceitar o *feedback* um do outro sobre os efeitos do seu comportamento, o *feedback* dado por um terapeuta, que parece não ter interesse pessoal em provar a culpa de alguém, pode ser um mecanismo eficaz para a mudança.

Com frequência, um dos cônjuges pode necessitar que seu parceiro mude e exiba comportamentos insinuantes ou sedutores para com o terapeuta, a fim de o ter como um aliado nessa missão. Aqui se apresenta um dos principais desafios ao terapeuta – manter o equilíbrio e a neutralidade como um facilitador para a mudança. Nesse aspecto, o terapeuta deve definitivamente evitar tomar partido e ajudar cada um dos parceiros a encontrar maneiras de avançar melhor e resolver as questões em seu relacionamento. É também importante estabelecer diretrizes para que cada cônjuge concorde em assumir 50% da responsabilidade na realização de mudanças. Isso ajuda a evitar qualquer atribuição desigual de culpa que possa vir à tona. Eu tenho o hábito de lembrar repetidamente aos clientes de assumirem a responsabilidade por seus próprios comportamentos e de se engajarem em um comportamento menos acusatório com o outro.

Para uma discussão mais detalhada da resistência e dos impedimentos encontrados nos casais, veja o excelente capítulo de autoria de Epstein e Baucom (2003).

Muitos dos tipos de resistência a obstáculos encontrados nos casais são com frequência também observados nas famílias. Os terapeutas sem dúvida encontrarão infinitos obstáculos e resistências, que com frequência se tornam mais intensos nas famílias devido ao aumento na dinâmica envolvida. É importante simplesmente aceitar a noção de que superar a resistência e os obstáculos faz parte do processo terapêutico e constitui um desafio importante, particularmente nos casos difíceis. O caso da família Shim, que se segue, é ilustrativo.

O caso dos Shim

Os Shim eram uma família de uma área pobre da cidade encaminhados para tratamento por via judicial. Um problema importante desde o início era que o fato de eles terem detestado a sentença. Os membros da família, incluindo vários dos adolescentes, estavam vestidos de maneira desmazelada, com higiene deficiente. A maioria deles tinha dentes deteriorados ou em falta. Todos apareceram para a primeira consulta, embora de má vontade. Eu tive de ponderar quem havia sido sentenciado – eles ou eu.

O Sr. Shim, o pai e "chefe da família", com frequência chegava à terapia com o hálito cheirando a álcool e com os pelos do bigode se movimentando em várias direções. Durante as sessões, ele em geral ficava sentado com um sorriso sarcástico no rosto, falando muito pouco. Sua esposa compensava a indiferença e a recalcitrância dos filhos, falando sem parar. O resto da família se sentava de maneira desengajada e totalmente desinteressada do que acontecia na sala, a menos, é claro, que uma das crianças arrotasse ou expelisse gases, o que provocava uma avalanche de risos nos outros. Eu temi trabalhar com essa família. Eles não se davam ao trabalho de ocultar seu desdém por mim. Certamente, não era um bom ajuste terapêutico. Os obstáculos não estavam *entre nós, eram nós*. Contudo, os Shim tinham pouca escolha, e eu também, pois estavam com prisão preventiva decretada, e eu fui especificamente designado por um juiz de alta patente para trabalhar com eles como um favor ao tribunal.

A família havia sido sentenciada por acusações de furto e por receptação de propriedade roubada. Dizia-se que toda a família estava envolvida em uma gangue de furtos, algo que os Shim negavam veementemente.

Afora o nosso desencantamento mútuo, havia muitas outras barreiras ao tratamento com os Shim, empecilhos que davam um novo significado ao termo obstáculo. Havia o alcoolismo, o desemprego e o que parecia ser uma depressão de fundo e possível início de demência do pai. O abuso da maconha era desenfreado entre os filhos. Havia ainda a negação de tudo por parte da mãe, particularmente do comportamento criminoso do filho adolescente e o abuso crônico de substância do marido. Para completar o quadro, essa família funcionava em um nível intelectual muito baixo, provavelmente na faixa fronteiriça do retardo mental. É desnecessário dizer que tudo isso me deixou inseguro sobre a possibilidade de realmente fazer algo pelos Shim.

Infelizmente, para os terapeutas que trabalham com famílias obrigadas a fazer tratamento, esses desafios não são raros. O principal foco nesse tipo de trabalho é realizar a mudança por meio da reestruturação de pensamentos e da modificação de comportamentos – ou seja, se a mudança for possível.

OBSTÁCULOS

O termo *obstáculo* é definido pelo dicionário como uma barreira ou qualquer coisa que interfira no progresso. Na terapia familiar, como em qualquer forma de tratamento, os obstáculos ocorrem de ambos os lados da mesa do terapeuta, como está tão pungentemente retratado no caso dos Shim. Ou seja, as barreiras ocorrem tanto por parte do terapeuta quanto do cliente, uma situação que pode prejudicar seriamente o progresso do tratamento e às vezes conduzir a terapia a uma paralisação. No caso dos Shim, percebi que não era apenas a família que impedia o progresso no tratamento – eu também participava disso.

Em seu trabalho, Leahy (2001) discute o conceito de resistência na terapia cognitiva e o define essencialmente como qualquer fator que impeça o processo de tratamento, seja por parte do paciente, seja do terapeuta. A próxima seção destaca vários obstáculos que podem com frequência impedir o progresso da terapia familiar a partir dos dois pontos de vista. São discutidos alguns passos em relação ao que fazer para neutralizar tais obstáculos.

Obstáculos do terapeuta

Muitos obstáculos têm sua origem no terapeuta em seu trabalho com famílias particularmente difíceis. Os bloqueios podem incluir a própria resistência ou mecanismos de defesa do terapeuta que emergem no decorrer do tratamento. O caso que acaba de ser mencionado é um excelente exemplo de como ocorreu resistência de ambos os lados, particularmente com a reação do terapeuta ao comportamento da família. Às vezes não é nem mesmo necessário que um caso seja difícil como aquele aqui mencionado para que se desenvolvam dificuldades.

O fracasso do terapeuta ao trabalhar suas próprias questões derivadas da sua própria família de origem é um dos obstáculos menos reconhecidos na terapia familiar. Um exemplo perfeito dessa situação é o terapeuta que nunca trabalhou o conflito com seus próprios pais e pode ter ficado alheio ao reconhecimento do quanto um jovem está se engajando em distorções em seu modo de pensar com relação aos pais. Devido aos próprios conflitos não resolvidos do terapeuta, o curso do tratamento pode ser afetado. Além disso, a situação pode se tornar ainda mais diluída e ocorrerem transferências.

Outro tipo de obstáculo ocorre quando o terapeuta se sente oprimido ou desamparado diante de um caso difícil devido a treinamento ou supervisão insuficientes. Um obstáculo desse tipo com frequência culmina em fracasso. Também contribui para um movimento de esgotamento ou de impasse, impedindo assim o processo terapêutico. Ao trabalhar com os Shim, era essencial que eu reavaliasse minhas próprias cognições sobre trabalhar com uma situação tão difícil e lidar com minhas próprias distorções com relação à minha eficácia como terapeuta.

Mais tarde compreendi que sabotei a mim mesmo, já antes do início do tratamento, tendo pensamentos catastróficos sobre o desastre que seria uma terapia com aquela família. Em certo sentido, eu estava resistindo a lidar com o que erroneamente percebia como sendo "o fundo do poço", após ter tido o luxo de lidar no passado com famílias educadas e de alto nível. Além disso, eu estava personalizando a disfunção dos Shims e encarando-a como um "fracasso à espera por acontecer".

Esse pensamento catastrófico em geral indica que o terapeuta pode ter perdido sua objetividade e precisa readquirir algum senso de equilíbrio. Quando acontece, recomenda-se que o terapeuta busque uma supervisão de pares ou mesmo consultas durante o período em que surge o conflito. No caso dos Shim, senti a necessidade de entrar em contato com um colega que havia trabalhado com famílias de origem socioeconômica similar. Esse mentor particular foi muito hábil ao me ajudar a reestruturar meu modo de pensar, sugerindo que eu não me sentisse ofendido com o comportamento e a recalcitrância da família. Em suma, aprendi a me distanciar adequadamente e a encarar o comportamento dos membros da família como um resultado de seus problemas. Eu precisava enfrentar o fato de que eu mesmo estava me engajando na distorção cognitiva de personalizar e me pressionar a ser bem-sucedido em uma situação muito difícil. Essa família apresentava uma fachada tão desencorajadora que eu me via destinado a fracassar. Reestruturar meu modo de pensar e meu sistema de crenças sobre o sucesso no tratamento era uma questão importante para mim; ao mesmo tempo, retomar o caminho e lidar com esse sistema familiar danificado seria o melhor a fazer. Quando consegui superar o bloqueio em mim mesmo, pude avançar e ser mais bem-sucedido, ajudando essa família a superar seus próprios obstáculos no processo do tratamento.

Expectativas irrealistas

Estabelecer expectativas realistas constitui um fator muito importante na terapia familiar – aliás, de qualquer tipo de tratamento. Ser excessivamente otimista sobre o que se é capaz de realizar no tratamento forma uma cilada comum para os terapeutas novatos. Pode causar estresse para o terapeuta e preparar a todos para o fracasso. Por exemplo, tentar reabilitar o Sr. Shim quanto à dependência de álcool sem desintoxicação em regime fechado e sem apoio da família poderia ser considerado *pensamento mágico*. Esse padrão enraizado certamente não mudaria, a menos que muitas dinâmicas fundamentais da família mudassem. Um bom resultado requereria tempo e bastante estimulação, e talvez não fosse viável, sobretudo em se tratando de uma família como essa. A capacidade de avaliar uma situação familiar é essencial para todas as partes envolvidas, a fim de que sejam estabelecidas expectativas realistas. Às vezes, as expectativas até precisam ser restabelecidas em todo o curso da terapia. Por isso, uma maneira de superar o obstáculo é ser o mais realista e flexível possível quanto ao que fazer no tratamento e quando.

Havia uma miríade de questões a serem tratadas com os Shim, e era improvável que a maioria dos objetivos chegasse a ser alcançada. Eu sabia em algum lugar da minha mente que a família provavelmente não permaneceria em tratamento. Por isso, estabelecer a expectativa realista de fazer com que eles comparecessem à terapia já seria uma conquista importante e, obviamente, um primeiro passo.

Obstáculos culturais

As questões culturais são certamente um aspecto do tratamento que precisa ser considerado quando se trabalha com famílias. Atualmente, os Estados Unidos têm experienciado o maior fluxo de imigrantes desde o início do século XIX. Estima-se que mais de um milhão de imigrantes legais e ilegais chegam anualmente ao país (McGoldrick, Giordano e Pearce, 1996; McGoldrick et al., 2005).

Embora muitas famílias de imigrantes nos Estados Unidos se tornem aculturadas, ainda honram alguns costumes baseados em sua herança cultural. Muitas tradições culturais e ambientais estão profundamente enraizadas na família, o que pode ser percebido por alguém não familiarizado com a cultura em questão como uma resistência deliberada à mudança. Um exemplo clássico envolve uma família polonesa com a qual trabalhei vários anos atrás quando lecionei na Cracóvia. Depois de introduzir uma tarefa de casa para a qual solicitei que os membros da família coletassem informações, percebi a falta de adesão do pai como uma resistência importante ao tratamento. Só quando conversei com um colega, um psiquiatra polonês, é que eu soube que essa resistência não era rara entre os homens poloneses, particularmente aqueles que eram produtos do ex-domínio soviético. Ele me explicou que, como resultado da ocupação nazista na Polônia e, depois, da presença do comunismo, muitos indivíduos, particularmente os homens, tinham dificuldade em receber ordens. Não se tratava apenas de uma característica cultural, mas também de um comportamento remanescente de anos de opressão. Quando entendi mais claramente esse conceito coletivo, consegui reestruturar minha abordagem e aplicá-la de modo mais colaborativo, tornando-a atrativa ao pai daquela família. Essencialmente, pedi permissão ao pai para trabalhar com ele, o que ele concordou de boa vontade. Esse exemplo não é raro, particularmente com os filhos de famílias que foram sujeitas à opressão em várias nações (Dattilio, 2001b).

Os clínicos que conduzem terapia familiar devem se familiarizar com vários aspectos culturais na literatura, assim como com os ambientes dos quais os indivíduos procedem, para evitar obstáculos. Um texto excelente e abrangente sobre esse tópico é o livro *Ethnicity and family therapy* (McGoldrick et al., 2005). Essa obra oferece aos terapeutas familiares *insight* sobre a maneira de funcionar das famílias de várias culturas. Proporciona também aos terapeutas informações suficientes para determinar se uma família está operando a partir de uma crença rigidamente mantida devido à sua cultura ou se é mais o reflexo de um traço de personalidade, ou possivelmente de ambos.

Questões étnicas

Às vezes o fato de o terapeuta familiar ser de etnia ou cultura diferente da família com a qual está trabalhando se torna um problema. No caso anteriormente mencionado, o fato de eu ter um *status* socioeconômico diferente veio à tona como uma questão posterior no tratamento com os Shim, quando foi discutido o tópico de lidar com questões étnicas entre as famílias. Muitos dos filhos dos Shim tinham dificuldade para entender como eu, tendo sido criado em um bairro branco de classe média alta, compreenderia as dificuldades que eles enfrentavam. Era evidentemente uma questão que eu precisava destrinchar. Tive de decidir se essa objeção era uma cortina de fumaça que lhes permitia se desviarem das questões de maior destaque na terapia. Decidi confrontá-los sobre o assunto e os induzi a considerar que, embora eu não fosse afro-americano e não morasse em um ambiente socioeconômico inferior, estava disposto a ouvi-los e tentar aprender a expandir o meu conhecimento sobre as suas lutas.

Forças ambientais

Outro obstáculo ao tratamento é observado nos casos de famílias expostas a ambientes que inibem ou impedem as mudanças alcançadas no decorrer da terapia. (Obviamente, para uma família que se reúne em terapia durante 90 minutos por semana, retornar a um ambiente que os afasta da direção do tratamento sem dúvida será contraproducente na manutenção de tudo o que se alcança no decorrer da terapia.) No caso particular dos Shim, as intervenções terapêuticas tiveram muito pouco poder contra as fortes forças ambientais que criavam uma necessidade de eles sobreviverem por meio de uma vida de crime e, às vezes, de violência. De um ponto de vista comportamental, o reforço constante no ambiente doméstico constituía um grande antagonista a qualquer mudança terapêutica, a menos, é claro, que a família estivesse disposta a adotar incondicionalmente o desejo de mudar e, para isso, tentar ao máximo mudar diante dessas forças ambientais. Infelizmente, mudar a motivação de um indivíduo é às vezes muito difícil e envolve a questão anterior de estabelecer expectativas realistas. Por vezes, mudar os comportamentos envolve, se possível, mudar o entorno em que se vive. Fui bem-sucedido com os Shim induzindo-os finalmente a considerar mudar o seu local de moradia para dar um novo início às suas vidas.

Psicopatologia

A psicopatologia é evidentemente um dos maiores obstáculos no tratamento com famílias, sobretudo quando há uma psicopatologia importante em um ou mais membros da família.

Os transtornos do Eixo II tipicamente aumentam os obstáculos desafiadores no decorrer do tratamento, sobretudo quando presentes em um dos pais. Alguns transtornos de personalidade impedem o processo a ponto de o progresso chegar a uma paralisação gritante. Na maioria dos casos, os indivíduos com transtornos graves do Eixo II resistem a encaminhamento para terapia individual; no entanto, quando o transtorno é menos grave, alguns aspectos podem ser tratados diretamente no processo da terapia familiar. Depende em grande parte da cooperação do membro da família diagnosticado com o transtorno. Por exemplo, no caso anteriormente mencionado, foi determinado no decorrer do tratamento que o Sr. Shim tinha uma quantidade substancial de narcisismo com características passivo-agressivas. Entretanto, o abuso de substância dificultava extremamente lidar com suas questões de personalidade. O fato de ele também pouco falar durante o tratamento foi um problema importante, em especial porque sua esposa tendia a compensar isso falando sem parar, facilitando que o marido permanecesse taciturno e mantivesse suas questões individuais encobertas.

Nesse caso particular, solicitei que os pais se sentassem um do lado do outro, e eu me dirigia a eles como a uma frente unida. Depois, tentei acentuar o poder da mãe na esperança de que isso trouxesse à tona os sentimentos do pai. Eu o encarava como aquele que realmente tinha o poder real na família, embora ele raramente falasse. O Sr. Shim operava por trás das cenas; sua esposa era a figura de proa. Em essência, tentei explorar o narcisismo do pai. Infelizmente, isso explodiu na minha cara quando o Sr. Shim faltou a várias sessões devido à sua "fadiga". Então, decidi mudar de tática e chegar até ele dizendo-lhe que precisava dele para me ajudar a lidar com questões importantes na família e que eu não conseguiria sem ele. Tirá-lo do lugar de conforto e colocar sua esposa sob os refletores lhe era atrativo. Pareceu captar seu interesse, e ele começou a cooperar e aparecer mais regularmente nas sessões, embora ainda levemente intoxicado. Só muito mais tarde no tratamento eu conseguiria gradualmente encontrar o caminho para lidar com suas questões pessoais.

Outras psicopatologias menos graves do que os transtornos do Eixo II, mas tão desafiadoras quanto eles, são alguns dos transtornos do Eixo I. Por exemplo, em casos em que o pai ou a mãe agorafóbico, o diagnóstico tem um efeito profundo no redirecionamento da distribuição de poder na família. Há casos em que os filhos assumem o papel dos pais, o que também é um importante obstáculo a se tratar, não somente na terapia familiar, mas também individualmente.

Baixo funcionamento intelectual e cognitivo

O *insight* é um dos aspectos importantes da TCC. Quando os indivíduos carecem de *insight* significativo, podem reagir mais favoravelmente a intervenções comportamentais puras. Foi certamente o que ocorreu com a família Shim, cujos membros estavam todos funcionando em um nível intelectual muito baixo. Em contraste, no entanto, todos os membros da família tinham um funcionamento muito alto quando se tratava de "esperteza das ruas" e, em muitos aspectos, eu não era páreo para eles. Eu usava metáforas o máximo possível para ajudá-los a expandir seu modo de pensar. Eles pareciam reagir bem a metáforas concretas, assim como a intervenções comportamentais diretas. Por exemplo, eu os fiz fazerem uma lista das qualidades que contribuíam para trabalharem de maneira coesa em seus círculos do crime. Embora os atos comportamentais não fossem aprovados, eu enfatizava o conceito de coesão e como a família se unia para se engajar em atitudes de encobrimento, como entrar ilegalmente em uma casa. Depois conversamos sobre como algumas dessas mesmas habilidades poderiam ser utilizadas de maneira produtiva, sem romper a lei. No decorrer das discussões, usávamos a linguagem com a qual eles estavam familiarizados, como "ficar na sua" e não "dedurar um ao outro", e assim por diante. Depois tentei transferir essa medida de coesão a outras instâncias, estimulando-os a apoiar um ao outro a permanecerem "limpos" e cumpridores da lei. Discutimos sobre como ganhar dinheiro e como lidar com conflitos com as autoridades. Em essência, começamos a incluir uma mudança de comportamento reestruturando indiretamente os esquemas.

Efeitos do tratamento anterior

O progresso na terapia familiar pode ser prejudicado por experiências passadas com terapeutas anteriores. Nesse caso particular, os Shim nunca haviam posto os pés no consultório de um terapeuta e, no que lhes diz respeito, jamais procurariam um terapeuta. Em outros casos, no entanto, um impedimento específico pode envolver o tratamento com terapeutas anteriores que trabalham de maneira diferente e que talvez tenham exercido um efeito negativo sobre a capacidade da família de se beneficiar do tratamento. A confiança consiste em um dos fatores importantes na terapia. Consequentemente, se a família vem a perder a confiança no terapeuta anterior, estabelecer uma linha de confiança requer um longo período e exige muita cautela.

Às vezes a terapia anterior pode ter sido interrompida por causa da eficácia do tratamento, ao tocar em uma questão sensível. A família pode usar o antigo terapeuta como um bode expiatório e criticá-lo duramente. É essencial que o terapeuta não faça o jogo dos clientes nem apoie a detração de um terapeuta anterior, mas, em vez disso, direcione sua energia para explorar maneiras alternativas de ajudar a família.

Pressionando na hora errada

Tem sido a minha experiência que o terapeuta às vezes tem de pressionar no decorrer da terapia para facilitar a mudança. Às vezes, quando o movimento é paralisado, você precisa estimular uma família a suscitar a mudança.

Por exemplo, em um ponto da terapia com os Shim, os filhos se uniram contra a mãe devido às suas implicâncias incessantes. O pai se recusava a se posicionar, e decidi persuadi-lo a reagir.

Dattilio: O que você acha sobre o que está acontecendo entre sua esposa e seus filhos neste exato momento?
Pai: Não sei. O que você quer que eu diga?
Dattilio: Diga o que você acha ou o que você sente.
Pai: Não sinto nada.
Dattilio: Bem, você deve sentir ou pensar alguma coisa.
Pai: Não, nadinha.
Dattilio: Por que não?
Pai: Não sei, acho que eu não escuto muito.
Dattilio: Então você se desliga deles?
Pai: Acho que sim.

Essa transação estava evidentemente paralisada, em particular porque o pai não queria se comprometer. Minha suspeita era de que ele tinha uma montanha de pensamentos e sentimentos sobre o que acontecia, mas que mantinha certo poder na sua neutralidade. Decidi me intrometer e ajudar a mãe a lidar com a crítica de seus filhos, explorando alternativas com ela. Então, pedi ao pai para deliberadamente ficar do lado dos filhos contra a mãe, unindo-se a eles em suas críticas a ela. Ele não gostou nem um pouco disso.

Dattilio: Você não quer atacar sua esposa por implicar o tempo todo?
Pai: Você está tentando me fazer de bobo, não está?
Dattilio: De bobo? Não. O que lhe dá essa impressão?
Pai: Papo furado – você está me analisando.

Dattilio: Não, estou apenas tentando fazer com que você admita os seus sentimentos, só isso.
Pai: Cascata...
Dattilio: Tente entender que, quando você fica sentado aí todo calado, transmite a todos da família uma mensagem muito forte.
Pai: Que... que mensagem?
Dattilio: Uma mensagem silenciosa de que você os apoia.
Pai: E daí se eu faço isso?
Dattilio: Então seja homem e diga isso.
Pai: Vá se danar!
Dattilio: Tudo bem – pense sobre isso.

Ouvi mais desse pai durante a conversa do que havia ouvido nas últimas seis sessões. Embora a conversa a essa altura estivesse bastante negativa e acalorada, ela produziu algum movimento e nos tirou da paralisia em que estávamos. A partir desse ponto do tratamento, conseguimos nos mover rumo a uma mudança. O fato de o pai agora verbalizar seus pensamentos e sentimentos deslocou a dinâmica do tratamento.

Como anteriormente estabelecido, as tarefas de casa consistem em um aspecto extremamente importante do tratamento e são com frequência parte integrante da alavancagem de um terapeuta na superação de obstáculos (Dattilio, 2002). No caso particular dos Shim, precisei desenvolver uma tarefa de casa que facilitasse sua participação conjunta e encorajasse uma coesão positiva e algumas estratégias de enfrentamento empíricas. Para tarefa de casa, decidi atribuir a tarefa de fazê-los – juntos, como uma unidade familiar – procurar um novo lugar para morar. Eles todos concordavam que parte do seu problema era o ambiente em que viviam, então os estimulei a participar de uma coleta de informações sobre um novo local de moradia. Isso fez com que eles trabalhassem de forma coesa em prol de uma causa comum produtiva. Foi o primeiro passo para um trabalho positivo. Isso também serviu como uma nova atividade a realizarem juntos. Também fiz com que se deslocassem para a tarefa agradável de saírem juntos para comer, mais tarde – algo que evitavam há anos.

Na nossa consulta subsequente, discutimos os sentimentos de cada um sobre a experiência.

Vacina contra a reincidência

Outro impedimento muito comum no tratamento é a reincidência. É fácil recair nos comportamentos anteriores, particularmente quando há forte propensão. Por isso, uma estratégia eficaz é tanto o terapeuta se "vacinar" quanto "vacinar" toda a família contra a propensão à reincidência e discutir como se deve lidar com isso. Por exemplo, era óbvio que os Shim podiam ficar extremamente tentados de novo a se envolver com furto ou com receptação de propriedade roubada. Discutimos um mecanismo a ser usado por eles para enfrentar a tentação de tirar de alguém algo que não lhes pertencesse. Esse procedimento incluía vários passos para romper o ciclo da regressão:

1. Eles foram aconselhados a não atender de imediato um amigo conhecido por estar envolvido em confusão caso lhes telefonasse, mas a lhe telefonar em seguida. Nesse ínterim, deviam pensar sobre o que dizer se o amigo propusesse algo ilegal. Deviam pensar sobre as escolhas que tinham à sua disposição e sobre o poder de escolha. Como o poder era uma das principais questões na família, conversamos sobre como exercer sua força sendo bem-sucedidos ao evitar problemas. (Também sugeri que os membros da família podiam ter medo de pedir a ajuda um do outro.)
2. Dois dos desencadeantes que os levavam a roubar eram o tédio e a raiva. Alguns dos garotos relatavam que em geral cometiam roubo em momentos em que estavam entediados e tinham pouca coisa para fazer ou quando estavam com raiva de algo. Por isso, desenvolvemos uma lista de comportamentos alternativos a considerarem, que envolviam atividades mais produtivas e métodos facilitadores para a expressão da sua raiva.
3. Evitar a cilada da autoimagem negativa era outra área a ser destacada para evitar a reincidência. Quando os membros da família saíam de si, tendiam a reincidir em velhos padrões. É um padrão típico. Consequentemente, os Shim foram preparados para monitorar a conversa autodepreciativa ou não lisonjeira como um meio de levantar o moral.
4. Reestruturar seus pensamentos sobre a necessidade de agir por impulso proporcionou outra importante habilidade de enfrentamento. Ensinar os membros da família a adiar a ação impulsiva, parando para pensar ou mudando de atividade, foi extremamente eficaz.

Conduzir qualquer tipo de psicoterapia é com frequência difícil, independentemente da cultura do cliente. Se não fosse a existência dos obstáculos no tratamento, a autoajuda ocorreria com mais sucesso, e este livro não seria necessário. Os terapeutas encontrarão infindáveis obstáculos no decorrer de suas carreiras ao trabalhar com indivíduos, casais e famílias. Aprender a usar várias ferramentas e técnicas e manter um curso firme de paciência provavelmente é o maior bem que qualquer terapeuta pode adquirir. Ao superar os obstáculos, os terapeutas primeiro precisam aceitar a realidade de que são uma parte necessária do processo terapêutico e um eterno desafio a ser enfrentado.

7
Tópicos especiais

DIVÓRCIO

Às vezes, apesar de nossos melhores esforços para salvar casamentos deteriorados, os casais acabam enfrentando o divórcio.

Apesar dos efeitos traumáticos associados ao início do terrorismo nos Estados Unidos, o divórcio continua a ser a segunda forma mais grave de estresse que uma pessoa pode sofrer, próximo da perda por morte de um filho ou cônjuge (Granvold, 2000). O divórcio pode causar um profundo impacto nos indivíduos e nas famílias e evidentemente precisa ser tratado por meio terapêutico. Mesmo que um indivíduo deseje o divórcio, as esperadas mudanças e adaptações têm resultados tanto positivos quanto negativos. Embora as consequências positivas desses eventos transformadores da vida predominem, alguns resultados negativos atingem proporções de crise.

Mesmo quando o divórcio parece a solução mais razoável para uma situação intolerável, até certo ponto é traumático para todos os envolvidos, até mesmo para o terapeuta. O divórcio de um casal, após uma quantidade de tempo significativa em terapia, pode parecer um fracasso para o terapeuta que deu o melhor de si. Às vezes, como curadores, tentamos impedir os casais de se divorciarem em vez de permitir que decidam por si. Sei que fiz isso às vezes, e nem sempre com o melhor resultado. Em vez disso, os terapeutas precisam ajudar os casais a enfrentar o que é iminente, em oposição a tentar consertar algo que não tem como funcionar.

Epstein e Baucom (2002) introduziram uma abordagem melhorada da TCC que integra aspectos do estresse familiar e da teoria do enfrentamento (por exemplo, McCubbin e McCubbin, 1989) com princípios cognitivo-comportamentais tradicionais. Um casal ou família enfrenta com frequência uma série de demandas a que precisam se adaptar, e a qualidade de seus esforços de enfrentamento afeta sua satisfação e a estabilidade de seus relacionamentos. As demandas enfrentadas pelo casal ou pela família em geral vêm de três fontes principais:

1. *Características dos membros individuais.* Por exemplo, uma família pode enfrentar a depressão clínica de um dos membros.
2. *Dinâmica do relacionamento.* Por exemplo, um casal precisa resolver ou se adaptar a diferenças nas necessidades dos dois parceiros, como é o caso quando um deles está voltado para a realização profissional e o outro está concentrado na união e na intimidade.
3. *Características do ambiente interpessoal ou físico.* Por exemplo, familiares carentes ou um chefe exigente podem estressar um dos pais, enquanto o outro pode considerar a violência no bairro uma ameaça importante ao seu bem-estar.

O divórcio é sem dúvida um importante fator de estresse. Os terapeutas cognitivo-comportamentais avaliam o *número, a gravidade e o impacto cumulativo das várias demandas* que os membros de um casal ou família experienciam durante o curso de um divórcio, assim como seus *recursos e habilidades disponíveis para enfrentar* tais demandas. Consistente com um modelo de estresse e enfrentamento, o risco de disfunção do casal ou da família aumentam de acordo com o nível de demandas e déficits nos recursos. Visto que as *percepções* das demandas dos membros da família e a sua capacidade de enfrentá-las também desempenham um papel proeminente no modelo de estresse e enfrentamento, as habilidades dos terapeutas cognitivo-comportamentais na avaliação e modificação da cognição distorcida ou inapropriada são muito eficazes na melhoria das estratégias de enfrentamento das famílias.

A TCC é extremamente importante para os indivíduos que enfrentam o divórcio, sobretudo porque esquemas individuais mal-adaptativos ou disfuncionais que permaneceram adormecidos podem ser ativados em consequência das demandas do estresse do processo (Granvold, 2000). Exemplo perfeito é o caso de indivíduos que experienciam baixa autoestima ou não se sentem merecedores de amor ou temem a rejeição. Esses indivíduos podem vir a se engajar na crença forte de que "Eu não sou digno do amor de ninguém e, portanto, jamais conseguirei permanecer casado". Por isso, o indivíduo que experiencia a dor emocional extrema da rejeição talvez interprete o pedido de divórcio por parte de seu parceiro como apenas mais uma medida reafirmadora da sua ausência de valor. A intensidade do sentimento de rejeição e as consequências profundas de um divórcio são capazes de criar um estado de crise.

A noção de divórcio pode também facilitar uma crise porque viola alguns dos esquemas enraizados que os indivíduos mantêm sobre os relacionamentos conjugais. Por exemplo, uma das áreas típicas de conflito é a noção de que, "uma vez casado, deve-se permanecer casado a qualquer custo". Por isso, se os indivíduos se divorciam, caem em desgraça com os outros e assim se encaram como "fracassos", como pessoas marcadas. Essas crenças podem gerar todos os tipos de conteúdo de pensamento catastrófico, tais como "Nunca conseguirei manter outro relacionamento se me divorciar", "Não posso suportar a vida sem o amor de alguém", "As pessoas não vão me respeitar", "Eu nunca serei um bom pai (ou mãe)", e assim por diante.

O papel da TCC é especificamente destinado a lidar com as crenças enraizadas que os indivíduos mantêm baseadas em informações distorcidas e na incapacidade de se adaptarem a uma situação que consideram fora do seu controle. Ajudar os indivíduos a reestruturar seu pensamento é um propósito importante das abordagens da TCC.

Infelizmente, no exemplo dado a seguir, o casal foi incapaz de salvar sua união. O marido não conseguia superar a infidelidade da esposa, nem sua preferência sexual, e o casal finalmente decidiu por fim ao relacionamento conjugal. Consequentemente, ambos precisaram de ajuda para terminar o casamento e resgatar sua vida separados um do outro. No devido tempo, o resultado foi positivo para os dois, assim como para seus filhos.

Isso simplesmente me parecia o certo: o caso de Sid e Julie

Sid e Julie formavam um jovem casal com pouco mais de 30 anos, casados há dez, com dois filhos, uma menina de 7 anos e um menino de 5. Foram encaminhados a aconselhamento conjugal por um amigo, devido a um episódio de infidelidade ocorrido em seu relacionamento. Sid soube recentemente que Julie se envolveu em um caso extraconjugal com uma colega de trabalho. Ele soube disso quando Julie teve um ataque de nervos certa noite e declarou que era bissexual. Ela revelou que havia tido uma aventura com uma colega de trabalho. A reação emocional de ansiedade e depressão de Sid requereu que no dia seguinte ele procurasse o médico da família em busca de um auxílio para dormir. Embora Sid tivesse suspeitas de que sua esposa pudesse ser bissexual, ficou chocado com o fato de ela tê-lo traído. Ao revelar o caso, Julie também admitiu que havia tido um breve caso homossexual com outra pessoa antes do seu casamento. Essa notícia, declarou Sid, simplesmente "me deixou chocado... eu não tinha ideia, não tinha nenhum indício. Achei que estava tendo um pesadelo".

Durante a avaliação inicial, Sid confessou que no começo ficou em estado de choque. Depois, começou a manifestar muitos sintomas similares àqueles de transtorno de estresse pós-traumático (TEPT). Embora os casos extraconjugais formalmente não constituam critérios suficientes para um diagnóstico de TEPT, essa foi uma reação aguda ao estresse (Dattilio, 2004b). Sid declarou que se tornou obcecado com a ideia de sua esposa estar com outra mulher e o que isso significava para sua masculinidade. Ele experienciava regularmente pensamentos recorrentes, invasivos e estressantes. Por exemplo, com frequência dizia a si mesmo que sua esposa se tornou atraída por mulheres porque ele não a satisfazia como homem. "Eu não sou homem suficiente; se fosse, ela jamais buscaria mulheres para se satisfazer."

Durante minha entrevista inicial com Julie, ela me deixou claro que não era sua intenção se envolver em um caso extraconjugal, mas sentia como se estivesse vivendo uma mentira ao continuar casada com Sid. Havia uma grande tensão no casamento para Julie porque Sid era sempre muito crítico com ela. Julie declarava ter se sentido bem enquanto estava envolvida no caso. "Isso simplesmente me parecia o certo", exclamava Julie. No entanto, admitia que se sentiu culpada quando Sid começou a suspeitar de que algo estava acontecendo.

No decorrer do tratamento, o foco era ajudar os dois indivíduos a entender a dinâmica que contribuiu para as violações no relacionamento, assim como processar a preferência sexual de Julie. É interessante notar que Sid afinal admitiu que às vezes havia pensado em por fim ao casamento porque ele simplesmente não estava satisfeito com sua esposa. "Ela sempre parecia estar com a cabeça em outro lugar, até mesmo durante as relações sexuais." Entretanto, grande parte do estresse de Sid resultava de ele se sentir inadequado, devido ao fato de a esposa traí-lo e de se envolver com uma mulher. Além disso, quando Sid soube que houveram outros casos, ele se sentiu um "tolo", e ao mesmo tempo se sentiu mal por Julie, que lutava com a sua sexualidade.

Nesse caso, a reconciliação não foi bem-sucedida. Nem Sid nem Julie conseguiram superar suas diferenças. Após muito trabalho e reflexão, decidiram que seria simplesmente melhor se divorciarem e seguirem caminhos separados. Talvez, em certo sentido, a intervenção tenha sido bem-sucedida, pois permitiu que Sid e Julie esclarecessem sua situação e descobrissem o que podia e o que não podia ser mudado. Eles tentaram manter um relacionamento cordial por causa das crianças. Entretanto, no começo foi difícil, particularmente porque ambos enfrentavam dificuldades em explicar aos filhos a preferência sexual de Julie.

A fase de terapia do divórcio começou quando Sid e Julie conseguiram perdoar um ao outro. A ideia consistia em acentuar aqueles aspectos do relacionamento que eram compatíveis e agradáveis, e conseguir que os cônjuges ajudassem um ao outro a entender a orientação sexual de Julie. A terapia também se concentrou na ideia de que a dissolução do seu casamento seria um alívio para ambas as partes e lhes permitiria ir em frente. O descontentamento e a preferência sexual haviam contribuído para a aventura de Julie fora do relacionamento, o que por fim terminou com o casamento. É interessante notar que, quando começamos a discutir essa questão, Sid declarou que de muitas maneiras ele agora acreditava que poderia ter criado condições para a infidelidade da esposa. Ele admitiu que, devido ao seu descontentamento com ela, não lhe dera muita atenção quando deveria e nunca lidara com seu desinteresse por ele. Quando os dois conseguiram aceitar o fato de que não havia o suficiente em seu relacionamento para poder sustentá-lo, e que estavam administrando o casamento sobre algumas premissas falsas, a tensão diminuiu. Ambos concordaram que seria um alívio por um fim ao casamento. Sid e Julie também reconheceram que tinham algumas diferenças inconciliáveis em suas personalidades que não os tornavam muito compatíveis um com o outro. Por fim, ambos admitiram que provavelmente teriam se separado há muito tempo se não tivessem filhos.

A maior parte das intervenções cognitivo-comportamentais envolveu ajudar Sid e Julie a reestruturar crenças distorcidas sobre forçar o ajuste desse relacionamento a algo que simplesmente não poderia existir. Grande parte do nosso trabalho também os ajudou a reconsiderar a culpa e a vergonha que experienciavam com relação ao divórcio e à preferência sexual de Julie. Esse processo envolveu contar a verdade para suas respectivas famílias, especialmente para seus pais, que eram um pouco conservadores. Também incluímos as crianças em algumas sessões de terapia familiar a fim de as orientar para o novo relacionamento de seus pais. Em geral, as crianças lidaram muito bem com a situação, porque Sid e Julie foram civilizados um com o outro em seus procedimentos do divórcio e explicaram juntos as coisas às crianças, da maneira mais clara possível.

Quando Sid e Julie tiveram oportunidade de reestruturar seu modo de pensar e considerar alguns dos pensamentos distorcidos em que ambos se envolveram no correr dos anos, a tensão diminuiu, e eles realmente desenvolveram uma amizade bastante boa. Cada um foi buscar sozinho uma nova vida.

Mediação do Divórcio

Pão pão, queijo queijo: o caso de Art e Marietta

Às vezes, dependendo das circunstâncias, o divórcio é uma boa recomendação (Dattilio, 2006b). Eu me lembro de ter atendido um casal de quase 80 anos que estava casado a cerca de um ano. Art e Marietta haviam sido casados durante mais de 40 anos com indivíduos que eram também amigos. Os quatro frequentemente se reuniam para jogar cartas, sair socialmente e viajar juntos. Quando a esposa de Art morreu, Marietta e seu marido o consolaram durante aproximadamente um ano. Foi mais ou menos nessa época que o marido de Marietta morreu de um ataque cardíaco repentino. Os dois consolaram um ao outro sobre a perda de seus respectivos cônjuges e mantiveram uma amizade por mais ou menos um ano. Então, como nenhum dos dois queria sair com outra pessoa, decidiram que seria uma boa ideia se casarem. Acharam que isso seria o ideal porque já se conheciam há muitos anos e se sentiam à vontade um com o outro.

As dificuldades começaram depois que estavam casados há um ano. Trabalhei com eles durante um ano e meio, tentando lidar com as questões de comunicação e tolerância. Eles se ressentiam um com o outro por nenhum deles ser como o cônjuge anterior. Por exemplo, Marietta embravecia com Art porque ele não era tão tolerante quanto seu primeiro marido. Ele tinha um temperamento diferente e preocupações particulares que a deixavam "louca". Art, por sua vez, achava Marietta pouco sensível e nem um pouco parecida com sua primeira esposa, Helen, que era muito compreensiva.

Quando, após um ano e meio, eles simplesmente não conseguiram mudar seu modo de ser, chegaram à decisão mútua de que talvez não fosse bom eles continuarem casados. Além disso, ambos admitiram prontamente que, embora gostassem um do outro, não estavam apaixonados um pelo outro, e isso talvez fosse o que faltava em seus esforços de manter qualquer outro tipo de relacionamento. Nessa conjuntura específica, os dois decidiram que seria melhor dissolverem seu casamento e permanecerem apenas amigos, o que conseguiram fazer muito bem.

Às vezes o "pão pão, queijo queijo" é necessário em uma situação conjugal. Nem todos conseguem salvar um casamento, e às vezes o casamento não deve ser salvo, particularmente se estiver baseado em uma premissa vazia ou nas razões erradas.[1]

SENSIBILIDADE CULTURAL

Uma das exigências mais importantes do trabalho com casais e famílias é permanecer sensível às diferenças culturais. Nessa época de uma sociedade diferente, não é raro os terapeutas encontrarem relacionamentos entre pessoas de toda a mistura possível de nacionalidades e culturas. A consciência cultural é essencial na tentativa de trabalhar eficientemente com casais e famílias.

Tenho sido afortunado por ser convidado a dar conferências em mais de 50 países, e muitas dessas conferências envolveram minha participação em demonstrações ao vivo do tratamento de casais e famílias de culturas muito diferentes da minha. Algumas das questões levantadas tinham a ver com a influência ocidental sobre um parceiro que tem outras raízes culturais. Por exemplo, um casal marroquino, ambos mulçumanos praticantes em Casablanca, brigava por causa do desejo da jovem esposa de ir a festas com as amigas. Seu marido se recusava a permitir isso, embora se sentisse justificadamente com o direito de ele próprio participar de festas. A questão se tornou um conflito quando sua jovem esposa o desafiou. O marido, que era 15 anos mais velho que a esposa, ofendeu-se com as frequentes solicitações e as atribuiu à influência da amiga mais próxima da esposa, que passou uma década morando nos Estados Unidos. Ajudar esse casal a encontrar um campo comum não foi tarefa fácil. O marido, que tinha mais ou menos a minha idade, tentou se aliar a mim baseado na nossa idade e gênero e tentou me colocar contra a esposa, achando que eu deveria repreendê-la por sua rebeldia.

A ausência de familiaridade com uma determinada cultura e operar tendo por base os valores ocidentais podem facilmente colocar um terapeuta em sérias dificuldades. Isso acontece frequentemente com muitas pessoas que provêm de sociedades patriarcais, como as culturas asiáticas e do Oriente Médio. Às vezes, quando pessoas de culturas diferentes se casam, herdam algumas crenças que podem parecer tolas para um dos cônjuges, mas têm muito peso para o outro.

Como terapeuta de casal e família, para mim tem sido sempre importante permanecer consciente das nuances das várias culturas dos sujeitos que estou tratando. Essa questão se tornou especialmente clara quando trabalhei com uma família coreana cujos pais eram imigrantes recentes.

---

[1] Consultar Dattilio (2006b) para uma cobertura adicional sobre esse tópico.

> Certa vez atendi um casal cujo marido nasceu e foi criado nos Estados Unidos, mas se casou com uma mulher chinesa de uma área remota do Himalaia e que mantinha muitos dos rituais do velho mundo. Um de seus argumentos tinha a ver com o fato de que a esposa muitas vezes guardava as vassouras e os esfregões de cabeça para baixo no armário, o que o marido achava tolo e pouco higiênico, porque a parte suja do instrumento ficava apoiada na parede, quando ela pertencia ao chão. Quando falei com a esposa, ela me informou que foi criada por sua avó, que sempre inculcou nela o pensamento de que as pessoas que se comportavam mal durante a vida viviam sob a terra e varriam o chão do inferno. Por isso, nesse mundo precisamos colocar as vassouras e os esfregões de cabeça para baixo quando os guardamos. Era um ritual que ela praticava desde a infância, e que continuou durante sua vida adulta para honrar sua avó e também para honrar a crença do "velho mundo" sobre não ter contato com aqueles que se comportaram mal nesta terra. Era uma área especialmente difícil para esse casal, porque o marido ficava aborrecido e não conseguia entender o absurdo da atividade, embora ela estivesse muito enraizada na cultura do Himalaia. Ele não conseguia ser sensível à questão.

Chae-myun é o termo coreano para "manter as aparências", um conceito típico a muitos asiáticos. Causar uma boa impressão é muito importante para os coreanos em todos os seus relacionamentos fora da família imediata. Consequentemente, manter o *chae-myun* protege a dignidade, a honra e o respeito próprio do indivíduo e da família. Qualquer terapeuta deve prever que os clientes relutarão em revelar informações vitais caso provoquem uma perda do *chae-myun*. Por isso, os terapeutas devem ser cautelosos, não tomar nenhuma atitude nem fazer nenhum comentário que possa ser mal--interpretado, como crítica ou condescendência, ou isso provavelmente resultará no abandono do tratamento.

A cultura coreana, assim como muitas culturas asiáticas, em geral valoriza a coletividade e o *nós* (*we-ness*). A formação de relacionamentos próximos com outras pessoas tem um significado especial que é estendido para se tornar *nós-self* (*we-self*). A mentalidade que opera em um relacionamento próximo se caracteriza por um forte senso de vínculo, amizade incondicional, altruísmo e favoritismo exclusivo (Choi, 1998). O vínculo familiar é especialmente forte, e os membros da família são muito protetores, parecendo defensivos a outras pessoas fora da família. Outra característica da cultura asiática é o *cheong*, que consiste do cuidado pessoal e de ações e comportamentos atentos, empáticos, de ajuda e apoio (Choi, 1998). Quando os asiáticos sentem um relacionamento próximo com outras pessoas, demonstram um forte *cheong* em relação a elas. Os asiáticos também são ensinados a respeitar seus pais e os idosos.

Quando os terapeutas tentam conduzir terapia familiar, incluindo os filhos e seus pais, nesta cultura, têm de ser muito cautelosos na consideração da atmosfera familiar coreana. Por exemplo, os pais coreanos autoritários talvez encarem o terapeuta como alguém que tenta fazer seus filhos se rebelarem contra eles. Podem se sentir ofendidos, mas "manter as aparências" diante de um estranho, a menos que o terapeuta tenha estabelecido um forte *rapport* com eles (Chae e Kwon, 2006). É importante que o terapeuta familiar tenha uma sessão individual com os pais para discutir os problemas dos filhos privadamente. O terapeuta explica como a terapia familiar será conduzida e por que os filhos devem falar por si diante de seus pais. O terapeuta também deve treinar os filhos a não usarem palavras muito fortes para descrever suas opiniões e sentimentos. Ao trabalhar com famílias coreanas, por exemplo, é imperativo criar um relacionamento cooperativo e forte com os pais (Chae, 2008).

Com frequência é difícil saber o que dizer ou não e o que pode ofender indivíduos de determinadas culturas. Os terapeutas precisam ser sensíveis às filosofias de algumas culturas com relação ao casamento e à separação. Por exemplo, na minúscula ilha europeia de Malta, no sul do Mediterrâneo, a noção de divórcio não existe, devido à predominância do catolicismo na ilha. Contudo, em Montreal, no Canadá, e na Islândia, é muito comum os casais morarem juntos e formar famílias sem se casar formalmente.

Outras questões têm a ver com quais comportamentos ou ações trazem desonra à família, particularmente entre os filhos criados na sociedade ocidental. Um exemplo clássico é o caso que se segue, em que uma jovem adolescente da Índia Oriental queria afirmar sua independência, criando um conflito importante no decorrer da terapia familiar.[2]

> ### "Você me faz de idiota": o caso de Goldie
>
> Goldie era uma atraente garota indiana de 15 anos, que parecia mais fisicamente madura do que sua idade real. Goldie e sua família se mudaram para o nordeste dos Estados Unidos vindos de Madras, na Índia, quando ela tinha 4 anos. A família tinha dois filhos menores, de 11 e 8 anos. O pai de Goldie trabalhava como engenheiro químico para uma companhia de gás local; a mãe era dona de casa, tendo sido anteriormente professora de inglês em seu país de origem. A família me informou que os problemas começaram quando Goldie atingiu os 14 anos e começou a exigir mais liberdade e a se desviar de alguns rituais culturais da família. Por exemplo, ela insistia em que seus pais lhe permitissem usar maquilagem pesada, apesar do desejo deles de que ela exibisse seu rosto natural. Havia também a questão dos seus amigos, muitos dos quais seus pais não gostavam. "Meus pais não gostam dos meus amigos porque não são indianos", gritou Goldie, enquanto olhava diretamente para seu pai. Tanto o pai quanto a mãe ficaram sentados em silêncio durante a primeira sessão com a família.

---

[2] Trechos desse caso apareceram em Dattilio (2005c). Adaptado com permissão da Springer Science and Business Media.

Tipicamente, o pai é o membro mais forte da família indiana. Goldie, que era a única filha, tradicionalmente teria a menor quantidade de poder na família. No entanto, o pai de Goldie às vezes lhe concedia algum poder permitindo-lhe algumas liberdades. Por isso, ela começou a querer mais poder em sua liberdade para escolher amigos nos ambientes sociais, esperando que seu pai fosse tolerante com ela.

Como na cultura indiana as meninas são preparadas para o casamento desde tenra idade, as mães tendem a tratar suas filhas adolescentes como adultas. Essa mensagem mista contribuía ainda mais para o "curto-circuito" emocional de Goldie, que começou a se manifestar por seus comportamentos rebeldes. Ela repetidas vezes ficava fora de casa além do horário permitido, apesar da vontade dos pais. Goldie também achava que seu horário de recolher, estabelecido pelo pai, era ridículo. "Você me faz de idiota diante dos meus amigos, dizendo 'dez horas, não se esqueça'. Você tem alguma ideia de como eu me sinto?", gritava Goldie, "especialmente quando todos os meus amigos têm permissão para ficar fora de casa até onze e meia". Os pais de Goldie calmamente explicavam as regras da casa e achavam que não tinham necessidade de ser comparados com outras famílias.

Como terapeuta familiar, eu poderia ter inicialmente reagido fazendo o pai examinar seus pensamentos e crenças sobre o que significava suas regras serem desafiadas. Além disso, eu estava curioso sobre que efeito relaxar e abrir mão de suas regras poderia ter sobre o poder do pai na família. Entretanto, como era importante que eu permanecesse sensível à cultura dessa família, era essencial que não assumisse tão rapidamente uma posição em prol da filha, mas antes buscasse algum tipo de solução dentro dessa estrutura de autonomia e interconexão familiar. Assim, meu papel como terapeuta familiar culturalmente sensível foi ajudar os pais de Goldie a entender que o processo de amadurecimento neste país tornava natural para uma garota adolescente querer se mover longe da família e mais próximo da sua própria independência e autonomia. Um aspecto que os pais nessa situação pareciam negligenciar era como a dificuldade de essa jovem estabelecer um ambiente feliz entre as exigências culturais de seus pais e as exigências de sua sociedade de adolescente americana. Discutimos a ansiedade de Goldie sobre estar limitada em suas atividades sociais e a sua necessidade de obedecer a um horário de recolher mais cedo que o de seus amigos, o que provocava nela medo de rejeição e um baixo senso de autovalor. Ela temia a rejeição por seus pares, o que seus pais interpretavam como um fracasso de sua parte, raciocinando que, se tivessem criado sua filha com um senso de valores sólido, ela não estaria lutando com problemas de autoestima.

Curso do tratamento

Nesse caso, meu papel como terapeuta se deslocou para o uso de intervenções que ajudassem os pais a reestruturar seu modo de pensar. Sugeri que reconsiderassem a luta que sua filha podia estar enfrentando à luz das exigências sociais. Os pais tinham problemas para reestruturar seu modo de pensar, particularmente o pai, que disse que sua família perderia seus valores indianos tradicionais se ele mudasse seu modo de pensar. A impressão do pai era de que a filha estava começando a fazer isso, tendo cada vez menos amigos indianos. Parecia-me que Goldie queria se afastar da família e que isso constituía uma ameaça aos pais, assim como à integridade da sua cultura.

Após uma maior sondagem com os pais sobre a razão de eles terem decidido morar nos Estados Unidos, eles explicaram que, naquela época, as oportunidades de trabalho onde eles viviam na Índia não eram boas. As oportunidades eram muitas nos Estados Unidos, e um dos amigos do pai lhe telefonou convidando-o para trabalhar naquele país. A família decidiu que seria uma boa oportunidade e uma boa experiência para os filhos que teriam acesso à educação americana. O que emergiu foi que os pais jamais previram que teriam de se ajustar culturalmente, muito menos seus filhos. Eles não tinham ideia de que os filhos seriam pressionados por uma cultura diferente que entraria em conflito com a sua própria.

Era uma tarefa desafiadora ajudar essa família a entender como poderia se engajar em algumas distorções que a afetariam em seu ajustamento à nova situação cultural. Depois orientei a família para o modelo cognitivo-comportamental. Nosso próximo passo foi lidar com a difícil tarefa de se adaptar à nova cultura. Eu com frequência achava que se tocasse a corda do raciocínio com a família, ela me orientaria sobre como sua cultura se ajustaria no modelo. Por exemplo, durante uma das sessões subsequentes, pedi a cada membro da família que descrevesse um aspecto do seu modo de pensar que poderia ser considerado absurdo para a situação atual. Seguiu-se o seguinte diálogo:

Dattilio: Tendo em mente a visão geral do modelo da TCC, vocês podem ver como, às vezes, quando os membros de uma família se tornam emocionalmente sobrecarregados por problemas como os que estamos enfrentando, seus pensamentos e percepções se tornam sujeitos a distorções, o que é parte da condição humana. Então, deixem-me perguntar a cada um de vocês como pessoalmente poderiam se engajar em um pensamento distorcido com relação a toda essa questão? [*Nota:* É interessante notar que a mãe optou por falar primeiro. Interpretei a atitude como sua maneira de deixar seu marido e filhos fora de perigo – algo não raro na cultura indiana.]

Mãe: Bem, eu sei que às vezes tendo a me preocupar demais com Goldie e temo que ela nos abandone completamente!

Dattilio: Ok, muito bem. Então, se você examinar algumas das distorções que discutimos anteriormente, pode identificar a categoria em que esta recai?

Mãe: (*olhando para o pai, pedindo sua aprovação*) Bem, talvez em duas delas, como "pensamento dicotômico" ou "supergeneralização".

[O pai não disse nada, mas inferi do seu silêncio que ele concordava. Como a mãe havia escolhido falar por ambos, interpretei isso como uma maneira de o pai salvar as aparências. Eu também sabia que seria um grande erro confrontar o pai e colocá-lo contra a parede. Consequentemente, falei com o pai através da mãe, o que foi bem-sucedido.]

Dattilio: Muito bem, eu concordo. E, mais uma vez, você sabe que, quando as emoções correm soltas, em especial quando estamos falando sobre a família, tendemos a nos engajar em distorções. [Então me dirigi a Goldie e pedi sua opinião sobre essas distorções.] Goldie, você consegue ver onde poderia estar engajada no mesmo tipo de comportamento?

Goldie: Acho que sim. Mas não acho que eu seja tão má quanto eles são.

Dattilio: Bem, talvez não aos seus olhos, mas certamente aos olhos de seus pais você pode ser. Vamos examinar alguns de seus próprios pensamentos e comportamentos e ver se conseguimos vinculá-los a algumas distorções. Por exemplo, você afirmou que seus pais a tratam como se você fosse uma criança – isso poderia ser um exagero?

Goldie: Talvez – bem, sim – é que eu fico o tempo todo tão furiosa com eles.
Dattilio: Bem, vamos examinar alguns dos pensamentos que passam por sua mente. Por exemplo, que tipos de coisas você diz a si mesma sobre seus pais?
Goldie: Não sei. Eu sinto dificuldade em dizer isso aqui e, além disso, não tenho certeza. Preciso pensar a respeito.
Dattilio: Ok, vamos experimentar o seguinte. Que tal registrar seus pensamentos da seguinte forma? [Nesse momento, aproveito a oportunidade para apresentar à família o Registro do Pensamento Disfuncional (ver Apêndice B).] A terapia cognitiva utiliza muitas tarefas de casa. A teoria básica sustenta que o indivíduo precisa praticar desafiar autoafirmações negativas, ou o que chamamos de pensamentos automáticos, como muitos de vocês vêm tendo até agora. Uma maneira de fazer isso é escrever a afirmação correta cada vez que experienciar uma autoafirmação negativa ou, neste caso, uma distorção cognitiva. Então, eu gostaria que vocês usassem esse formulário quando as situações surgirem. Cada vez que ocorrer uma situação em que você tenha um pensamento automático negativo, escreva-o. Começando pela coluna da esquerda, registre a situação ou o evento que provocou o pensamento, na próxima coluna escreva exatamente qual foi o pensamento. Em seguida, tente identificar o tipo de distorção em que está se engajando e a reação emocional que a acompanha. Depois tente desafiar esse pensamento ou crença pesando as evidências que existem a favor dele. A seguir escreva uma resposta alternativa, usando qualquer nova informação que você possa ter obtido. Isso faz sentido pra você?
Goldie: Sim, mas podemos fazê-lo uma vez para eu ter certeza de que entendi direito?
Dattilio: Certamente. Vamos experimentar um exemplo.
Pai: Alguma coisa aconteceu na semana passada com Goldie quando ela entrou um pouquinho depois do seu horário, e eu disse algo sobre ela estar cinco minutos atrasada. Ela começou a, bem, o que eu chamo de desafiar a minha autoridade, tentando minimizar o que ela fez, dizendo que foram só cinco minutos e que isso não era nada demais.
Dattilio: Então, vamos escrever tudo no papel. (*Eles escreveram no Registro do Pensamento Disfuncional como um grupo.*) Está excelente. Vocês todos veem como tentamos reestruturar parte do nosso pensamento e como isso pode ajudar a neutralizar uma situação aparentemente explosiva?
Mãe: Mas e se Goldie estava realmente nos desafiando? Quero dizer, como sabemos que isso é correto?
Dattilio: Boa pergunta! Nós reunimos informações para apoiar nossas crenças alternativas, e uma das coisas que você pode fazer é, como seu marido indicou na folha, conversar com Goldie sobre quais foram suas intenções ao chegar tarde em casa. Isso pode ser aplicado a todos vocês em um momento ou outro, quando reconhecerem que estão se engajando em pensamento distorcido. Queremos começar a examinar seu modo de pensar e realmente questionar a validade do que vocês dizem a vocês mesmos. Faz uma diferença monumental na maneira como vocês interagem e no seu intercâmbio emocional.

A partir desse ponto, o terapeuta começa a monitorar os membros da família no questionamento de suas afirmações, da maneira aqui demonstrada. Durante esse processo, são tratados os sentimentos e as emoções, assim como as habilidades de comunicação e as estratégias de resolução de problemas. São também empregadas tarefas de casa regulares para ajudar os membros da família a aprender a desafiar mais espontaneamente seus pensamentos distorcidos. Por fim, o terapeuta explicita as técnicas específicas para garantir seu uso correto. Além disso, o uso de técnicas comportamentais, como a reavaliação dos papéis e responsabilidades dos membros da família, se tornou parte integrante do regime de tratamento nesse caso particular. O conceito geral subjacente é que, com a mudança e a modificação dos pensamentos e comportamentos disfuncionais, haverá menos conflito familiar.

O fundamental para o trabalho com pessoas de outras culturas é permanecer atento às principais crenças culturais, assim como ao contexto peculiar à família, e adaptar a abordagem de acordo com isso. No caso dessa família, por exemplo, seria preciso expandir os papéis dos irmãos mais moços, que logo entrariam na adolescência. Aumentar as responsabilidades dos irmãos menores seria encarado como culturalmente apropriado para a família e diminuiria a pressão sobre Goldie, permitindo-lhe tanto espaço para individuar quanto a família lhe permitisse.

Nesse caso particular, a abordagem cognitivo-comportamental permitiu aos membros da família reestruturar seu modo de pensar de modo a reduzir a tensão. Quando o pai conseguiu se tranquilizar com o fato de que a necessidade de Goldie de estabelecer sua independência e se ajustar aos seus pares não era necessariamente uma indicação de que ela estivesse abandonando seus valores culturais, a família relaxou e a tensão cedeu. Goldie, por sua vez, também conseguiu se concentrar mais no seu relacionamento com a família e em como estabelecer um equilíbrio entre os vínculos familiares e o tempo com seus pares.

As questões de poder e controle também foram tratadas, particularmente porque se relacionavam ao papel dos pais na família e à manutenção do respeito dos filhos. Examinar os esquemas familiares sobre regras e padrões auxiliou a reestruturá-los ligeiramente para que permitissem alguma flexibilidade. Na última sessão, a família relatou que a situação estava bem melhor.

Em suma, trabalhar com famílias de qualquer cultura que varie significativamente da cultura do terapeuta requer não apenas consciência cultural, mas uma abordagem colaborativa que permita que as crenças culturais da família em questão informem os objetivos e o processo do tratamento. A abordagem cognitivo-comportamental se mostra ideal nesse processo colaborativo porque o material é gerado pelos próprios pensamentos automáticos do cliente, e não por alguma ideologia predeterminada. Além disso, as reações racionais são também criadas pelo cliente, de forma que resultam consistentes e verossímeis para a família. As reações racionais também incluem crenças espirituais ou religiosas consistentes com a mudança comportamental desejada, que, para as famílias indianas asiáticas, pode incluir aspectos de redução da raiva e do ressentimento, aceitando o próprio "darma" ou dever, na vida, ou sendo capaz de superar os desafios ao manter uma crença religiosa em um poder mais elevado. A incorporação de crenças espirituais e normas culturais é vital para a aplicação intercultural das técnicas da TCC e torna essa abordagem extremamente versátil e universalmente viável.

DEPRESSÃO, TRANSTORNO DE PERSONALIDADE E OUTRAS DOENÇAS MENTAIS

Durante o tratamento de famílias, não é raro encontrar um ou mais membros que sofrem de um transtorno mental. Um dos transtornos mais comuns e extensivamente coberto pela literatura profissional é a depressão. Tem havido um reconhecimento adicional da depressão nos problemas de relacionamento. Já na década de 1970, demonstrou-se que as mulheres que experienciavam depressão relatavam problemas no casamento, havendo uma conexão direta entre a depressão e os relacionamentos íntimos (Weissman e Paykel, 1974; Brown e Harris, 1978). Há várias revisões na literatura que corroboram a correlação entre a depressão e o funcionamento conjugal, a maioria das quais é ressaltada em um texto editado por Beach (2001). Weissman (1987, p. 445) também determinou que um "casamento infeliz" era um dos fatores de risco para depressão maior. Whisman (2001) partiu para uma metanálise que abrangeu 26 estudos, envolvendo mais de 3.700 mulheres e 2.700 homens. A insatisfação conjugal foi indicada como responsável por aproximadamente 18% da variância nos sintomas depressivos das esposas e 14% da variância nos sintomas depressivos dos maridos. Os resultados sugeriram uma forte associação entre sintomas depressivos e insatisfação conjugal.

Outros estudos examinaram o impacto da depressão maior em companheiros de pacientes deprimidos. Os resultados indicaram que homens e mulheres que viviam com parceiros deprimidos experienciavam a depressão de maneira diferente e variavam em suas percepções da qualidade do relacionamento conjugal e em seus padrões de pensamento. As esposas de maridos deprimidos tendiam a se retirar da vida social e experienciar mais culpa, medo, ansiedade e solidão do que os maridos de esposas deprimidas (Fadden, Bebbington e Kuipers, 1987). Estudos adicionais indicam que há mais estilos de pensamento depressivo entre as mulheres que vivem com homens deprimidos (Dudek et al., 2001). O estudo realizado por Dudek e colaboradores (2001) indicou que a depressão do marido e as dificuldades associadas em relação à sua situação criam um problema de prioridade máxima para a esposa (dona de casa e parceira de intimidade). Quando o homem se encontra em uma situação similar, ele enfrenta o problema imergindo em atividades fora de casa (por exemplo, carreira, amigos, esportes), obtendo satisfação desses eventos externos. Além disso, a abordagem do marido à resolução do problema pode ser diferente e mais construtiva, de tal forma que o ato desvie a atenção das preocupações conjugais (Katz e Bertelson, 1993). Uma mulher, no entanto, é mais propensa a se concentrar na experiência dos eventos negativos, concentrando sua atenção mais em suas emoções e habilidades de enfrentamento internas, tornando-se assim mais negativamente afetada pelos acontecimentos (Nolen-Hoeksema, 1987).

A maioria dos regimes de tratamento indica que a terapia proporciona aos membros de um casal ou família um entendimento da natureza da depressão e do seu papel no relacionamento, e pode ajudá-los a estabelecer negociações para lidar mais efetivamente com os problemas colocados pela depressão (Coyne e Benazon, 2001). Segundo Coyne e Benazon (2001), proporcionar ao indivíduo deprimido o "papel limitado de doente", como ocorre rotineiramente na terapia interpessoal para a depressão, apresenta particular benefício na TCC. Envolve ajudar os casais ou os membros da família a baixar as expectativas e renegociar as responsabilidades no relacionamento, mantendo-se também terapia individual para o paciente deprimido. Recomenda-se a TCC tradicional para a depressão, juntamente com a rotina da reestruturação cognitiva e o reajuste das expectativas e das atribuições ao outro cônjuge e membros da família em terapia.

Os membros da família devem trabalhar os seus relacionamentos como uma maneira de ajudar na recuperação do indivíduo deprimido. Deve haver um foco na intensidade do seu conflito, na debilitação do indivíduo deprimido e na frustração do cônjuge ou de outros membros da família. Às vezes, isso pode ser tratado mais adequadamente por meio de encontros separados com os membros da família, ou pela união dos parceiros na terapia individual para depressão. Os membros da família podem se beneficiar da aprendizagem de habilidades de enfrentamento especiais requeridas para se viver de maneira efetiva e humana com um indivíduo deprimido. Os membros da família também devem assumir a responsabilidade por seus próprios papéis nas dificuldades no relacionamento, além daquelas criadas pela depressão.

CASOS EXTRACONJUGAIS

Infelizmente, os terapeutas com frequência são confrontados com situações conjugais ou familiares em que um ou ambos os parceiros se envolveram em um caso extraconjugal. De muitas maneiras, isso constitui uma crise, dependendo de quando e sob que circunstâncias esse casal ou família inicia o tratamento. Vários dos casos citados anteriormente neste livro envolvem situações de infidelidade.

Os terapeutas que encontram famílias em que a infidelidade se tornou o principal problema muitas vezes precisam lidar com a situação se imediato. Estudos nacionais revelam que quase um quarto dos maridos e mais de 1 em 10 esposas tiveram casos extraconjugais durante o casamento (Laumann, Gagnon, Michael e Michaels, 1994; Smith, 1994). Considera-se que os casos extraconjugais estão entre os problemas mais frequentes levados à terapia de casal, e são vistos como o segundo problema mais prejudicial aos relacionamentos. Somente o abuso físico tem um efeito mais negativo do que os casos extraconjugais. Obviamente, quando existem os dois problemas, o abuso físico é o mais profundo dos dois.

Embora as estimativas variem, os casos extraconjugais conduzem ao dobro de divórcios em comparação com qualquer outro problema (Whisman et al., 1997). Vários pesquisadores investigaram os efeitos das intervenções e os tipos de intervenções no processo de recuperação depois de um caso extraconjugal (Glass, 2000, 2002, 2203; Gordon e Baucom, 1998, 1999; Olson, Russell, Higgins-Kessler e Miller, 2002). Glass tem escrito especificamente sobre os efeitos traumáticos da infidelidade conjugal em ambos os parceiros e sobre o fato de que o estresse ocasionado pode se manifestar sob uma variedade de sintomas. Isso é particularmente relevante quando os sintomas envolvem evitar expressão de afeto ou de intimidade, o que há muito tem se vinculado à diminuição da satisfação no relacionamento (Gottman e Levenson, 1986).

Por meio de entrevistas em profundidade com indivíduos que experienciaram infidelidade conjugal, Olson e colaboradores (2002) descobriram que há um processo de três estágios após a revelação de um caso extraconjugal, começando pela "montanha russa" emocional e prosseguindo com o adiamento antes do reconhecimento. É no período inicial da montanha russa que se observam pela primeira vez muitos dos sintomas do estresse pós-traumático. As reações imediatas à revelação da infidelidade de um parceiro, ou de uma indiscrição, foram com frequência considerados portadores de uma carga emocional intensa, e é durante essa fase que vários dos resultados negativos se tornam mais aparentes. No período que se segue à revelação, o parceiro pode confrontar o cônjuge ofensor e expressar raiva, bem como tentar administrar sentimentos conflitantes. A reação à traição inclui fortes emoções e comportamentos, muitos dos quais devem ser tratados logo de início. Na literatura há vários textos excelentes que tratam da infidelidade nos relacionamentos, como *After the affair*, de Janice Abram--Spring (1996), juntamente com sua sequência, *How can i forgive you*, da mesma autora (2004). Outro livro excelente é *Getting past the affair; A program to help you cope, heal and move on – together or apart*, de autoria de Snyder, Baucom e Gordom (2009).

Segue-se em geral um estágio de adiamento, em que há menos reação emocional e menos tentativas para extrair significado da infidelidade.

Caracteriza-se por um período de calma e aceitação, que é com frequência o ponto em que algumas intervenções cognitivo-comportamentais podem ser utilizadas.

É importante, como parte do tratamento, reconhecer e permanecer sensível ao efeito que um caso extraconjugal tem sobre o cônjuge ofendido. Ao mesmo tempo, é importante enfatizar a ideia de que o caso consiste em um sintoma de um problema muito maior, subjacente ao relacionamento e que necessita ser tratado. Esse entendimento auxilia no processo de seguir em frente e não lidar com o sintoma. Com frequência trata-se do equilíbrio que os terapeutas devem alcançar entre os cônjuges, particularmente porque aquele que foi ofendido pode achar que o terapeuta está minimizando os efeitos da infidelidade. Por isso, os contratos comportamentais se mostram úteis para estruturar como mágoas ou danos recorrentes podem ser tratados de forma a não impedir o progresso e o tratamento.

Às vezes os efeitos de um caso extraconjugal sobre um cônjuge podem ser devastadores – contribuindo para sintomas graves, como demonstrado no caso de Sid e Julie. Na verdade, escrevi sobre a possibilidade de um caso extraconjugal chegar a criar sintomas de TEPT (Dattilio, 2004b).

Deve-se também notar que, em consonância com o entendimento de que um caso extraconjugal costuma revelar o sintoma de um problema muito mais profundo, várias das técnicas cognitivo-comportamentais clássicas são bastante utilizadas. A terapia familiar pode também ser utilizada para ajudar outros membros da família que não os cônjuges, principalmente os filhos, a se tratarem após uma infidelidade. Embora os detalhes do caso extraconjugal possam não ser compartilhados com outros membros da família, certamente o efeito colateral adverso da infidelidade precisa de tratamento, juntamente com os sentimentos e pensamentos dos filhos sobre as questões envolvidas, como lealdade, limites, questões de insegurança e insegurança em relação ao futuro.

ABUSO DE DROGAS OU ÁLCOOL

Os terapeutas familiares sem dúvida encontram casos nos quais o abuso de drogas ou álcool constitui um fator contribuinte para uma disfunção na dinâmica familiar. Embora o tratamento de abuso de drogas ou álcool seja em geral realizado em uma base individual, para o paciente identificado, algumas técnicas e intervenções utilizadas na terapia de casal e família podem ser usadas enquanto o indivíduo identificado como o paciente se encontra em tratamento individual. O foco desta seção são as intervenções cognitivo-comportamentais específicas úteis quando se lida com casais que apresentam problemas de abuso de drogas ou álcool.

A pesquisa tem corroborado a hipótese de que a inclusão de um cônjuge e membros da família no tratamento de indivíduos que abusam de álcool ou drogas conduz a um resultado ligeiramente melhor (Steinglass, Bennet, Wolin e Reiss, 1987; Noel e McCrady, 1993). Tipicamente, o cônjuge e os membros da família não são o foco da terapia; no entanto, quando procuram terapia de casal ou família, a questão do abuso de drogas ou álcool tem implicações particulares. Aspectos específicos do tratamento enfatizam a alteração do comportamento daqueles que abusam de drogas ou álcool, assim como os comportamentos que desencadeiam ou reforçam o abuso. Deve-se enfatizar que o comportamento dos cônjuges e dos membros da família não causa o abuso, mas pode, sem intenção, gratificá-lo ou possibilitá-lo. Os comportamentos que envolvem proteção ao abusador de drogas ou álcool quanto às consequências negativas precisam ser destacados, e os cônjuges e os membros da família devem entender os papéis que desempenham no processo de capacitação. É aí que o trabalho específico anteriormente delineado no texto que discute os esquemas, sobretudo os esquemas individuais e também os de relacionamento, é de extrema importância.

Concentrar-se nos aspectos do relacionamento do casal ou da família que podem necessitar de uma intensificação de modo a evitar recaídas e necessidade do uso de drogas ou álcool (Paolino e McCracy, 1977). Aumentar os valores positivos e as recompensas no relacionamento pode substituir os comportamentos de abuso. As intervenções de tratamento adicionais, como treinamento de assertividade e de resolução de problemas, discutidas neste livro, são extremamente importantes ao se lidar com abuso de drogas ou álcool.

Há também vários questionários e inventários que abordam o abuso de álcool ou drogas, como o Drinking Patterns Questionnaire – DPQ [Questionário dos Padrões de Bebida], Zitter e McCrady (1993). Esse é um inventário que os dois cônjuges preenchem para identificar itens que acreditam estarem associados ao consumo de álcool, atribuindo uma classificação de importância a cada conjunto de itens. Dez áreas principais estão envolvidas, incluindo o ambiente, o trabalho, fatores financeiros, estados fisiológicos, situações interpessoais, problemas conjugais, relacionamentos com os pais, problemas com os filhos, fatores emocionais e fatores importantes e recentes de estresse (Zitter e McCrady, 1993). Esse inventário se concentra nas principais consequências positivas e negativas do consumo de álcool para localizar os agentes reforçadores que contribuiriam para o consumo de álcool e para as recaídas.

Há também o Spouse Behavior Querionnaire – SMQ [Questionário de Comportamento do Cônjuge], Orford e colaboradores (1975). Esse questionário relaciona vários comportamentos de que os indivíduos se valem para controlar ou enfrentar o consumo de álcool pelo parceiro. Há formulários separados entregues aos cônjuges que se relacionam aos tipos e frequência de cada comportamento do cônjuge que não pratica abuso, nos últimos 12 meses. Esses itens, mais uma vez, se concentram nos comportamentos específicos dos cônjuges que não praticam abuso de álcool que poderiam desencadear ou reforçar o abuso de álcool pelo outro ou contribuir para a recaída.

Outras técnicas muito eficazes são os procedimentos de controle do estímulo, rearranjos de contingência, reestruturação cognitiva e comportamentos cognitivos, como delineado em O'Farrell e Fals-Stewart (2006) e em Beck, Wright, Newman e Leise (1993).

Aspectos que também necessitam de abordagem são obviamente as mudanças na dinâmica do relacionamento devidas ao abuso de drogas ou álcool. Quando em um casal há um cônjuge que abusa de drogas ou álcool, o casal experiencia um aumento do estresse e níveis diminuídos de prazer, tanto um com o outro quanto com a vida em geral. O parceiro que não abusa de drogas ou álcool pode se sentir abandonado ou não apreciado à medida que o abuso de substâncias aumenta, porque mais tempo é dedicado a isso do que ao relacionamento. A probabilidade de violência aumenta proporcionalmente com a escolha da substância, legal ou ilegal, e com o tempo de uso, assim como com a estrutura de personalidade comórbida do indivíduo. A ausência de tempo, energia e cuidado com o relacionamento resulta em distanciamento emocional, alienação e ressentimentos difíceis de diminuir sem ajuda externa.

A situação se torna ainda mais difícil quando os dois parceiros abusam de drogas ou álcool e acham que precisam manter o uso para mostrar sinais de afeição ou falar sobre os problemas no relacionamento. Este, mais uma vez, constitui um aspecto que requer intervenção individual para os dois cônjuges durante o tratamento. Muitos dos protocolos usados com os indivíduos podem também ser usados com casais. Veja o excelente capítulo escrito por Morgillo-Freeman e Storie (2007) e também o texto de Beck e colaboradores (1993).

ABUSO DOMÉSTICO

O abuso e a violência domésticos crescem em vários países, particularmente nos Estados Unidos. Dados de um levantamento nacional recente da violência contra mulheres indicam que, durante a vida, 22,1% delas experienciam violência física, 7,7% são estupradas por seus parceiros íntimos e 4,8% sofrem assédio (Tjaden e Thoennes, 2000). A violência entre os cônjuges pode seguir qualquer caminho, embora a maioria dos casos relatados envolva a violência masculina contra as suas parceiras mulheres.

A intervenção terapêutica é de vital importância em questões como esta, porque, sem intervenção, o ciclo da violência continua por um período de tempo estendido.

O efeito da violência sobre a vítima é profundo e pode conduzir a problemas de saúde psicológicos e físicos. Com frequência, as vítimas de abuso doméstico desenvolvem "regras cognitivas" derivadas de várias fontes, incluindo mensagens da sociedade em geral, de "prestadores de ajuda" formais e informais, e dos espancadores (Hamberger e Holtzworth-Monroe, 2007). Por isso, com frequência os casais que procuram tratamento nem sempre relatam o abuso como um problema. Epstein e Werlinich (2003), por exemplo, acreditam que apenas 5% das pessoas que telefonam para uma clínica universitária a fim de solicitar terapia de casal citam o abuso ao responder um questionário aberto sobre os problemas que apresentam. Por isso, para aumentar a probabilidade da revelação, as técnicas de avaliação devem utilizar procedimentos de avaliação estruturados e métodos múltiplos. Os cônjuges devem ser direcionados a preencher avaliações de autorrelato separada e privadamente, sem colaboração. Além disso, devem ser submetidos a instrumentos de avaliação comprovada, como a Conflict Tactics Scale – Revised – CTSR [Escala de Táticas de Conflito – Revisada], Straus e colaboradores (1996). Uma lista detalhada de medidas é encontrada em La Taillade, Epstein e Werlinich (2006, p. 398).

Consequentemente, é importante lidar com cognições que pertençam a atribuições de responsabilidade pela violência ou pela manutenção do relacionamento, juntamente com suposições sobre a incapacidade do cônjuge individual de sobreviver fora do relacionamento violento. Questões de dependência e lealdade, com frequência acompanhadas de distorções cognitivas, necessitam de tratamento. Hamberger e Holtzworth-Monroe (2007) discutem várias áreas que precisam ser abordadas entre as vítimas de violência doméstica. Tais aspectos afetam tanto a vítima quanto o perpetrador, assim como a dinâmica essencial do relacionamento. É vital tratar as cognições de parceiros violentos que podem aumentar o risco de continuidade desses comportamentos, os quais têm um efeito profundo também sobre os filhos.

Recomenda-se que o primeiro passo ao se lidar com questões de abuso doméstico seja sempre garantir a segurança. Certificar-se de que ambos os cônjuges estão seguros significa quebra de contrato ou também separação, assim como contar com outra parte presente às sessões ou vê-los em outro local que não o ambiente íntimo do consultório. Dependendo da dinâmica do abuso, a separação é o primeiro passo a ser dado. O planejamento da segurança também envolve o uso de abrigos.

O segundo passo é desenvolver um plano de intervenção com o qual todas as partes concordem, o que também envolve a avaliação de risco e a determinação do potencial para violência no futuro. Com frequência, o indivíduo que é o perpetrador real do abuso físico passa por uma avaliação de risco, mas é também importante que a vítima entenda o seu papel particular no processo de capacitação e suas contribuições para o aumento do processo de abuso. Depois de se determinar que as intervenções estão sendo realizadas para garantir a segurança do casal e de se estabelecer um plano de ação cooperativo, são acordadas as técnicas cognitivo-comportamentais típicas para lidar com a disfunção do relacionamento e com os desencadeadores de surtos abusivos. Também é importante a recomendação de terapia individual para cada um dos cônjuges. Em termos da interação comportamental alternativa, prefere-se a reestruturação cognitiva do processo comportamental da escalação. Além disso, podem ser usadas técnicas de inoculação de estresse, assim como métodos para desvitimização do cônjuge agredido.

Quando a terapia progride ao ponto em que os dois cônjuges podem ser vistos no mesmo recinto, o terapeuta age com cautela, permitindo que o cônjuge agredido saia antes do agressor, para que ele (ou ela) se retire do lugar em segurança.

Finalmente, é essencial que todos os terapeutas se certifiquem de que estão sendo tomadas todas as precauções de segurança para seu próprio bem-estar. Os terapeutas precisam ter o cuidado de respeitar seus instintos e não se permitirem ficar em uma posição de perigo.

Os terapeutas que temem sua própria segurança, no que poderia potencialmente se tornar uma conversa acalorada durante a sessão de terapia, precisam tratar essa preocupação como real. Se necessário, reduz-se a ameaça insistindo para que a fase inicial da terapia seja conduzida em locais separados, com o uso de telefones com viva-voz.

Além disso, cada cônjuge precisa assumir total responsabilidade por seu próprio papel no ciclo de violência. O ofensor é fundamentalmente responsável por seus próprios comportamentos violentos. A vítima é responsável por tomar medidas para garantir a sua própria segurança, quer através da prevenção e de estratégias de evitação, quer fugindo de qualquer abuso potencial.

Ligação empática

Parte da obra recente de Andrew Christensen e colaboradores chama atenção para os aspectos da *ligação empática*, do *desligamento unificado* e da *construção de tolerância* em seu trabalho com casais (Christensen, Sevier, Simpson e Gattis, 2004). Nessa abordagem, os autores sugerem que o terapeuta extraia sentimentos associados aos problemas do casal. Nesse caso, estes envolveriam a dinâmica da troca de abuso. A ideia é trazer à tona quaisquer sentimentos não expressados que possam ser abrigados e mais tarde ser construídos e contribuir para ataques abusivos. O objetivo é extrair dos parceiros reações mais construtivas e empáticas um com o outro antes que a exibição da dinâmica entre em colapso. Esses autores sugerem que os parceiros discutam os problemas verbalizando os "sentimentos rudes" e os "pensamentos rígidos" que experienciam e depois tentem buscar pensamentos e sentimentos mais suaves, mais vulneráveis, que coexistam com aqueles mais hostis. Esse exercício os ajuda a equilibrar pensamentos e emoções.

Desligamento unificado

No *desligamento unificado*, a ênfase está em criar um distanciamento objetivo e intelectual do problema, em oposição ao foco emocional da *ligação empática*. Na ligação empática, o terapeuta altera uma batalha contínua entre os cônjuges, ajudando-os a perceber e cuidar das feridas um do outro. Isso, em essência, capacita o casal a se mover para uma posição melhor a fim de que se possa observar sua batalha contínua e desenvolver uma perspectiva diferente. No desligamento unificado, o terapeuta com frequência faz o casal desenvolver uma análise descritiva da sequência do pensamento que conduz a uma interação problemática particular – neste caso, o abuso. Desse modo, são identificadas ações específicas que permitam reduzir a intensidade do abuso e caminhar na direção da cura do relacionamento.

Os autores prosseguem afirmando que a aceitação emocional promovida por meio do desligamento unificado e a ligação empática são coisas conceitualmente distintas, pois a primeira estratégia se concentra na análise objetiva de um problema, enquanto a segunda foca uma exploração emocional do problema (Christensen et al., 2004, p. 302). Ao utilizar essas duas estratégias em conjunto, os autores ilustram também que, na indagação sobre um incidente, o terapeuta pode ajudar os cônjuges não apenas a articular os comportamentos importantes que se desenvolvem na sequência da sua interação, e a maneira como esses comportamentos são similares ou diferentes do seu padrão usual (desligamento unificado), mas também explorar as reações emocionais que cada um experimentou em diferentes pontos na sequência (ligação empática). É o uso conjunto dessas duas estratégias que dá lugar a um estado maior de *mindfulness no relacionamento* ou a uma consciência contemplativa dos papéis negativos no relacionamento e de padrões de interação com menor participação emocional em papéis ou padrões (Christensen et al., 2004, p. 302).

Construção da tolerância

Um aspecto importante do trabalho de Christensen tem a ver com a *construção da tolerância*, ou com o que outros na TCC chamam de "inoculação" (Meichenbaum, 1977). Esse conceito se concentra na suposição de que os problemas reaparecerão e que, por isso, a necessidade de se concentrar no manejo, em oposição à eliminação realista, é importante na preparação dos cônjuges para enfrentar problemas potenciais no futuro. Os autores também recomendam que os cônjuges ponham em prática comportamentos negativos nas sessões, a fim de que o terapeuta os instrua sobre a maneira de lidar com os comportamentos negativos claramente definidos que constituem parte do seu problema perceptual. O procedimento é representar um episódio quando um ou outro dos parceiros está sentindo as emoções requeridas para que possam discutir métodos de controle e manejo, e buscar modos alternativos de reagir e de dessensibilizar antes dos comportamentos provocativos usuais que contribuem para diálogos explosivos. O objetivo aqui é o terapeuta seguir o desempenho do comportamento problemático com instruções para o manejo apropriado do problema. Além disso, o terapeuta faz com que os cônjuges desenvolvam uma análise dos benefícios positivos que resultam das diferenças que os parceiros normalmente experimentam como negativas. Nesse aspecto, a estratégia serve como uma espécie de função de equilíbrio, em que a visão de um cônjuge pode equilibrar a visão oposta do outro. A mensagem básica aos casais no uso da construção da tolerância é que devem se preparar para o fato de que o seu problema pode reaparecer, mas que deve ser tratado efetivamente.

Essas intervenções também servem como um tipo de mecanismo de prevenção de recaída no decorrer do tratamento. São essenciais, particularmente em situações de abuso e violência domésticos.

Epstein e colaboradores (2005) designaram um programa conhecido como Couples Abuse Prevention Program – CAPP [Programa de Prevenção do Abuso de Casais], um modelo cognitivo-comportamental que se concentra no risco de violência por parte do parceiro íntimo. Inclui componentes que se concentram na psicoeducação sobre o comportamento abusivo e suas consequências negativas no aumento do uso efetivo do manejo da raiva durante conflitos, em uma melhora da comunicação e das habilidades de comunicação do casal, o que o ajuda a se recuperar de traumas passados e da quebra da confiança, aumentando assim o apoio mútuo e as atividades compartilhadas.

Segue-se uma sinopse do protocolo de duas semanas do CAPP e o que está envolvido no conteúdo da sessão. Embora a pesquisa empírica esteja apenas em seu estágio inicial, os estudos realizados até agora têm produzido resultados positivos (La Laillade et al., 2006).

- *Sessões iniciais.* Durante as duas sessões iniciais, é apresentada aos cônjuges uma visão geral do programa de tratamento cognitivo-comportamental e a estrutura das sessões (por exemplo, revisão da lição de casa atribuída na sessão anterior). É tomada uma história do relacionamento, incluindo foco nos pontos positivos e nos problemas que serão o centro do tratamento. Além disso, os cônjuges preenchem um contrato de não violência (incluindo o compromisso de reduzir a agressão verbal).
  São ensinadas especificamente aos cônjuges estratégias cognitivas e comportamentais para o manejo da raiva, incluindo procedimentos de autoalívio, "interrupções" e reestruturação cognitiva de pensamentos que disparam raiva, mas não se limitando a estes (Epstein e Baucom, 2002; Heyman e Neidig, 1997). Proporciona-se aos cônjuges educa-

ção adicional sobre as consequências das formas construtivas *versus* formas destrutivas de comunicação. São ensinadas estratégias para a contenção eficaz do conflito (por exemplo, fazendo um comentário conciliador em vez de replicar a mensagem negativa do seu parceiro). Os parceiros são também instruídos a praticar entre as sessões, como tarefas de casa, estratégias de manejo da raiva.

- *Sessões 3 e 4*. Durante essas sessões são ensinadas e treinadas habilidades expressivas e receptivas (Baucom e Epstein, 1990; Epstein e Baucom, 2002; Dattilio e Padesky, 1990). Os cônjuges começam a praticar as habilidades recém-adquiridas com tópicos relativamente benignos. À medida que progridem, a importância dos tópicos aumenta para que eles pratiquem as habilidades com tópicos que envolvem conflito de moderado a grave). Durante essas sessões, a lição de casa se concentra na prática adicional de habilidades de comunicação e no uso continuado de técnicas de manejo da raiva.
- *Sessões 5 a 7*. A partir da quinta sessão, são ensinadas aos cônjuges habilidades de resolução de problemas (Baucom e Epstein, 1990; Epstein e Baucom, 2002) para resolver conflitos sem abuso. Os parceiros são treinados a combinar habilidades de comunicação e de resolução de conflitos, e a aplicá-las às áreas de preocupação sobre o seu relacionamento.

  Há um foco específico na identificação e na modificação das cognições negativas dos cônjuges que interferem na resolução de problemas. Cada sessão conclui com planos para a próxima tarefa de casa e um compromisso renovado de usar as habilidades de manejo da raiva sempre que necessário.
- *Sessões 8 a 10*. Nas sessões finais do protocolo, os cônjuges mantêm a aplicação de habilidades de comunicação e resolução de problemas. Suplementa-se isso com a recuperação do relacionamento e com estratégias de intensificação. Os clínicos enfatizam a recuperação de eventos traumáticos, incluindo a violência doméstica passada e a necessidade de exercer a paciência quando os cônjuges trabalham juntos em prol do bem comum do relacionamento. Os clínicos encorajam o parceiro anteriormente abusivo a ser empático, oferecer apoio quando aquele que recebeu abuso anterior continua a exibir sintomas do trauma (por exemplo, reações de susto e ansiedade, retraimento defensivo) e ajudar o parceiro adequadamente em seus esforços para enfrentar os sintomas de maneira mais eficaz.

Encaminhamos também os leitores a algumas outras excelentes obras sobre inoculação do estresse e controle da raiva de autoria de Novaco (1975) e Meichenbaum (1977). O terapeuta pode também consultar o trabalho de Dutton (2007) sobre a personalidade abusiva.

CONTRAINDICAÇÕES E LIMITAÇÕES DA ABORDAGEM COGNITIVO-COMPORTAMENTAL

Como qualquer forma de tratamento, o modelo cognitivo-comportamental tem contraindicações e limitações. A terapia cognitivo-comportamental de casal tem sido submetida a mais estudos de resultado controlado do que qualquer outra abordagem terapêutica (Baucom, 1987). Esses estudos apresentam estratégias particularmente eficazes na redução do estresse do relacionamento, especialmente como adições a um programa que inclui treinamento das comunicações, treinamento na resolução de problemas e contratos comportamentais.

Entretanto, há algumas advertências a serem consideradas no uso do modelo cognitivo-comportamental. Uma delas é a importância do treinamento e da habilidade na aplicação dos princípios cognitivo-comportamentais. As intervenções cognitivo-comportamentais necessitam de estudo, treinamento e prática e com frequência requerem que o terapeuta tenha um conhecimento profundo da teoria e da abordagem, considerando que os membros de uma família influenciam e são influenciados simultaneamente pelos pensamentos, emoções e comportamentos um do outro, o que é importante para a eficácia das técnicas de TCC (Dattilio, 2001a; Leslie, 1998).

Quando a TCC é usada no sentido mais estrito, tende a ser linear e ter menos impacto nos casais e nas famílias devido à necessidade de tratar da circularidade do casal ou da família como um sistema, em vez de como indivíduos. Algumas das TCC que afastam sua ênfase da exploração do passado do indivíduo também podem ser um obstáculo, particularmente em relação a questões da família de origem.

Outra limitação potencial é o uso inadequado do poder percebido do terapeuta por meio da imposição de ideias do que constitui pensamento racional ou equilibrado. Às vezes os clientes se sentem pressionados a adotar os valores e os objetivos do terapeuta. Obviamente, alguns cônjuges e membros da família apresentam dificuldade com estilos confrontadores, especialmente se não foi estabelecida uma forte aliança terapêutica. O terapeuta deve ajudar os clientes a explorar suas próprias suposições, e não lhes "dar aulas" sobre o que devem ou não devem fazer.

Uma das áreas que provocaram mais crítica no passado diz respeito à maneira como as emoções e o afeto são usados no tratamento. Com frequência, a abordagem cognitivo-comportamental atrai profissionais pelo fato de estes se sentirem pouco à vontade para trabalhar com os sentimentos. Por isso, a TCC deve ser aprimorada, colocando mais ênfase nos aspectos afetivos e emocionais, sobretudo quando é requerida em um caso particular. Tal questão foi tratada em maior profundidade no Capítulo 2.

A sensibilidade cultural pode ser negligenciada na abordagem cognitivo-comportamental. Uma das desvantagens de se aplicar a TCC a grupos culturais diferentes diz respeito à hesitação de alguns clientes em questionar seus valores culturais básicos. Por exemplo, algumas culturas mediterrâneas e do Oriente Médio possuem regras rígidas com relação à religião, ao casamento, à família e às práticas de educação dos filhos (Dattilio, 1995) que podem entrar em conflito com as sugestões cognitivo-comportamentais de combate (atacar pensamentos baseados em modos de pensar distorcidos). Por exemplo, em um caso particular em que trabalhei no Egito, minha sugestão à esposa de que ela questionasse os motivos do seu marido a atingiu como uma bola de chumbo. Mais tarde fui informado de que esse comportamento é proibido no Egito e em muitas das culturas do Oriente Médio e da Ásia. Apesar de o fato ter acontecido anos atrás e de as coisas talvez terem mudado um pouco de lá para cá, esta é ainda uma questão presente em várias culturas.

Os clínicos podem também encontrar dificuldade com o objetivo cognitivo da abordagem cognitivo-comportamental ao trabalhar com casais intelectualmente limitados. Às vezes, as estratégias cognitivas precisam ser modificadas ou abandonadas em prol do uso de intervenções comportamentais, devido a limitações intelectuais ou falta de *insight* dos clientes.

A capacidade para manter a flexibilidade dentro do domínio cognitivo-comportamental talvez seja um dos maiores recursos de qualquer terapeuta. Dependendo das características dos casais ou das famílias tratados, talvez considerem insultante uma abordagem didática. É claro, seria então necessário mudar o tom para atingir as várias necessidades.

Em geral, quanto mais flexível o terapeuta cognitivo-comportamental puder ser no trabalho com casais e famílias, melhor será. Uma das belezas dessa abordagem é que ela se presta à integração com outras modalidades, particularmente no trabalho com casais e famílias.

CASAIS E FAMÍLIAS EM CRISE

Ocasionalmente, os terapeutas se confrontam com famílias que buscam tratamento durante uma crise. Se a sessão da crise for a primeira consulta, então obviamente o protocolo desviará significativamente do curso típico. Como as situações de crise em geral não proporcionam a oportunidade de se conduzir uma história detalhada ou formar uma conceituação de caso do funcionamento geral de um casal ou de uma família, uma abordagem modificada deve ser usada para lidar com a crise, visando os pensamentos e comportamentos atuais que contribuem para as preocupações imediatas da disfunção e evoluem para uma crise.

Como, nessas situações, o foco está em neutralizar a própria crise imediata, dependendo da situação se recomenda uma versão modificada de um procedimento passo a passo. Isso significa aplicar logo de saída uma série de estratégias cognitivas ou comportamentais, como o uso de técnicas de desescalação, instituição de contratos ou ensino de algumas habilidades emergenciais de resolução de problemas, para que a explosividade da situação seja reduzida. Seria como dissipar a fumaça para determinar a extensão das chamas, pavimentando o caminho para a identificação de esquemas individuais ou conjuntos, ponto em que o processo de reestruturação pode se desenvolver.

Procedimento passo a passo modificado

As estratégias usadas em um momento de crise são similares àquelas tipicamente sugeridas para unidades de internação (Miller, Keitner, Epstein, Bishop e Ryan, 1993), aqui adaptadas.

1. Definir a crise em questão. Tentar estabelecer algum nível de acordo entre os membros da família sobre a natureza do problema e sobre a família em geral. Inclui avaliar o impacto da crise nos membros da família e sua maneira de processá-la.
2. Manter uma postura definida e diretiva ao penetrar na unidade familiar e tentar introduzir qualquer mudança ou modificação dos sintomas exibidos ou do processo dos membros da família para lidar com a situação.
3. Tentar reunir e entender alguma dinâmica geral do casal ou dos membros da família e de seus padrões para lidar com a crise. Requer aprofundamento de questões que provêm da família de origem ou até mesmo de relacionamentos passados, o que pode conduzir ao passo subsequente.
4. Identificar esquemas derivados das famílias de origem dos cônjuges ou dos pais, relativos à crise atual ou a situações similares, e como estes se chocam com a situação geral atual.
5. Introduzir o conceito de pensamentos e esquemas automáticos por meio da psicoeducação e de vários métodos de identificação de distorções cognitivas. Introduzir o Registro do Pensamento Disfuncional e explicar como ele pode ser usado para modificar o afeto e o comportamento.
6. Introduzir o uso de acordos de contrato comportamental, de métodos de apoio do casal ou da família e de alternativas para sessões adicionais (isto é, procurar um médico em busca de medicação, etc.).
7. Introduzir os contratos comportamentais em uma tentativa de neutralizar a crise atual. Se a crise continuar, essa intervenção deve ser conduzida durante múltiplas visitas.
8. Mover-se rumo à reestruturação de esquemas permanentes e da geração de mudança comportamental.

9. Lidar com as habilidades de conversação e melhorar as estratégias de resolução de problemas.
10. Reforçar a implementação das estratégias mencionadas como um meio de prevenção de futuras situações de crise.
11. Determinar se é preciso aconselhamento ou terapia contínua, e realizar os encaminhamentos apropriados.

É essencial neutralizar a explosividade de uma crise conjugal ou familiar antes de se concentrar em esquemas permanentes e na mudança comportamental. Se o casal ou os membros da família aprenderem a lidar efetivamente com a crise, é menos provável que a terapia seja sabotada por quaisquer outras crises, e eles poderão se concentrar na mudança permanente. Recomenda-se Dattilio (2007) para um estudo de caso abrangente de uma família em crise e detalhes mais explícitos sobre técnicas e intervenções.

A crise pode servir como um estímulo para a mudança. Ou seja, os casais ou as famílias às vezes só lidarão com algumas dinâmicas ou conflitos depois que a crise conduzir a situação ao clímax. Como resultado, os terapeutas precisam se concentrar no que isso informa sobre uma situação conjugal ou familiar particular. O tom do tratamento difere ligeiramente nesses casos.

CASAIS DO MESMO SEXO E SEUS FILHOS

Trabalhar com casais do mesmo sexo e seus filhos é um tópico que tem aparecido cada vez mais na literatura profissional. Casais do mesmo sexo buscam tratamento por muitas das mesmas razões que os casais heterossexuais (Dattilio e Padesky, 1990). Como resultado, muitas das mesmas intervenções se aplicam, em geral com algumas alterações, dependendo das circunstâncias. O terapeuta precisa estar consciente de que há questões e pressões especiais que os casais e as famílias enfrentam em uniões do mesmo sexo. É importante que o terapeuta se familiarize com alguns dos mitos que com frequência cercam casais do mesmo sexo (American Psychological Association, 1985).

Provavelmente, uma das questões de maior destaque com respeito a relacionamentos do mesmo sexo é a pressão externa a que os indivíduos são expostos. O estresse adicional do isolamento na relação em épocas de estresse é problemático, particularmente isolamento da família, dos amigos ou dos colegas. Outros fatores de estresse incluem a adoção de filhos e os relacionamentos com a família ampliada. É importante ajudar os casais a entender que muitos dos conflitos que experienciam se assemelham aos de casais heterossexuais. Ajudá-los a se sentirem mais normalizados com relação ao seu relacionamento constitui um aspecto importante do tratamento.

Nem todos os terapeutas têm perícia para tratar casais do mesmo sexo. Por isso, se necessário, devem encaminhar os clientes para outro recurso.

CONSULTAS ATÍPICAS COM CASAIS E FAMÍLIAS

A maioria dos terapeutas tem se concentrado nos modos de terapia mais tradicionais com os casais e famílias que buscam tratamento. No entanto, no decorrer da carreira profissional de um terapeuta, surgem consultas atípicas que caem fora do campo normal do tratamento. Uma destas lida com situações de crise, discutidas na sessão anterior. Entretanto, há outros tipos de consultas que recaem sob a rubrica de intervenções. Algumas dessas situações são discutidas nas próximas sessões.

Consultas de segunda opinião

Ocasionalmente, os profissionais de saúde mental são contratados por outros terapeutas para proporcionarem uma segunda opinião ou uma consulta de caso. Às vezes, a solicitação pode até mesmo proceder de um casal ou de um membro de uma família que desejam outra opinião sobre o curso do seu tratamento. Nesses casos, o terapeuta contratado em geral se limita a realizar algumas consultas para conduzir uma avaliação e dar uma opinião sobre o curso e a direção do tratamento. São recomendados os passos para a avaliação, e é apresentada uma opinião sobre progresso ou não, juntamente com algumas recomendações para mudanças nas intervenções. Os terapeutas que proporcionam uma segunda opinião podem ainda aderir aos princípios básicos da TCC sem seguir toda a extensão do tratamento. Dentro da estrutura geral de uma avaliação, o terapeuta pode avaliar por meio de diretrizes apresentadas no Capítulo 4 e em parte do Capítulo 5, sempre sendo respeitoso para com o clínico que fez o encaminhamento, não ultrapassando limites nem prosseguindo com o tratamento a menos que outros arranjos sejam feitos com todas as partes.

Recomenda-se que o terapeuta que apresenta uma segunda opinião converse por telefone ou pessoalmente com o terapeuta que fez o encaminhamento e, depois, apresente um relatório por escrito sobre a avaliação e sobre as recomendações.

Consulta solicitada pelo sistema judiciário

Os casais e, às vezes, as famílias (em situações que envolvem custódia) são encaminhados pelo sistema judiciário a um terapeuta a fim de obter opinião profissional sobre a direção a ser seguida com relação à situação conjugal ou familiar. Por exemplo, muitos Estados e províncias têm exigências de aconselhamento obrigatórias para os cônjuges ou membros de uma família em determinadas situações, especialmente quando um cônjuge entra com um processo de divórcio ou de custódia e o outro contesta a ação. Nesses casos, o terapeuta, mais uma vez, realiza uma avaliação rápida (tipicamente de 3 a 5 sessões) para dizer se um determinado relacionamento pode ser ou não salvo e o que se recomenda. Os terapeutas também precisam aconselhar os clientes nessas consultas sobre seus limites de confidencialidade e sua necessidade de proporcionar um relatório escrito diretamente ao sistema judiciário.

Consulta breve com paciente internado

As unidades psiquiátricas dos hospitais, os centros de reabilitação de drogas e álcool, e outros locais institucionalizados com frequência usam os terapeutas familiares para lidar com questões conjugais e familiares de pacientes admitidos no local para tratamento. Trata-se de consultas de tratamento contínuas durante a permanência do paciente na instituição ou simplesmente visitas breves para resolver questões remanescentes do tratamento. Para uma discussão detalhada, veja os excelentes capítulos sobre terapia familiar com paciente internado em Wright, Thase, Beck e Ludgate (1993).

Mais uma vez, como nas consultas solicitadas judicialmente, os clientes devem ser informados dos limites da confidencialidade e da necessidade de colaboração e consulta com outros provedores de cuidado de saúde envolvidos.

Consultas com a família de origem

Ocasionalmente os terapeutas também recebem solicitações para consultas com a família de origem. Como já declarado, essas consultas têm sido mais populares em outras modalidades de terapia familiar, como aquelas introduzidas pelo falecido James Framo (1992). As visitas da família de origem ocorrem sob duas circunstâncias no decorrer da terapia de casal ou familiar usual. Em alguns casos, o terapeuta e o cônjuge/pai/mãe opta por se reunir com sua família de origem para abordar questões específicas. Em outros casos, toda a intervenção envolve um indivíduo que quer se encontrar com a família de origem específica para tratar de qualquer um de vários temas, desde um incidente particular até disfunção familiar. Por exemplo, um certo caso envolvia um homem que buscou terapia individual se queixando de depressão porque teve uma briga com seus pais e irmãos cerca de 20 anos antes; ele agora queria procurá-los e se reconciliar com eles. O terapeuta entrou em contato direto com os pais e irmãos do homem e os convidou para uma sessão. Às vezes, essas sessões são difíceis de organizar e requerem conferências por telefone. Outras vezes, dependendo das circunstâncias, são marcadas sessões do tipo "maratona", em um fim de semana, especialmente se os membros da família têm de viajar de locais diferentes. (Por isso, períodos de férias são com frequência ocasiões propícias para realizar sessões com a família de origem.)

Em casos como o do cliente que acaba de ser mencionado, grande parte do mesmo formato foi usado, como no caso da consulta de crise, pois uma área de foco específica é rapidamente localizada devido à quantidade limitada de tempo disponível. O foco é com frequência restrito a um único problema, que pode envolver qualquer coisa desde incesto a distanciamento e até a morte de um membro da família, e assim por diante. Esse foco é em geral mais uma interação de resolução de problema e reconciliação, que pode mais tarde vir a se transformar em consultas contínuas com um ou com todos os membros da família, de acordo com o combinado.

Em outras circunstâncias, o pai (ou a mãe) deseja uma consulta especial para dois – com apenas um de seus filhos – em vez de se reunir com toda a família de origem. Embora, na maioria dos casos, os avanços sejam maiores reunindo-se toda a família de origem em várias sessões, as consultas limitadas também são benéficas. A decisão a respeito deve ficar a cargo do julgamento do terapeuta.

Pode haver ocasiões em que apenas um cônjuge aparece para a terapia de casal, solicitando que o outro não seja incluído. Embora raro, isso com frequência tem a ver com questões de poder e controle, a menos, é claro, que o outro cônjuge tenha se recusado a se submeter ao tratamento (ver seção "Manejo dos obstáculos e da resistência à mudança" no Capítulo 6). Mais uma vez, os terapeutas precisam usar seu julgamento ético. Às vezes, consegue-se um ganho terapêutico, embora limitado. Isso pode ser também um prelúdio para atrair o parceiro ou outros membros da família para o tratamento em uma data posterior.

Os terapeutas podem também ser confrontados por membros da família distanciados. Com frequência, os membros da família que mais lutam com o distanciamento buscam ajuda para enfrentar o distanciamento ou encontrar maneiras de se reconectar com o(s) membro(s) da família distanciado(s).

Em casos como este, o terapeuta opta por entrar em contato com o(s) membro(s) distanciado(s) e convidá-lo(s) a comparecer a uma sessão. Quer o terapeuta seja ou não bem-sucedido em reunir todos os membros da família, muitas técnicas da TCC discutidas anteriormente neste livro poderão também ser aplicadas à situação, particularmente na questão do esquema e de como ele se relaciona ao distanciamento e às crenças rígidas que contribuem para a separação contínua dos membros da família. Quando o terapeuta for bem-sucedido na reunião dos membros da família para o tratamento, uma abordagem concentrada no esquema pode ser muito eficiente para lidar com crenças distorcidas e feridas emocionais que existem entre os membros da família. Esse processo se desvia do tipo tradicional de terapia familiar, pois envolve mais uma atmosfera de tempo limitado e em que um terapeuta só tem uma oportunidade breve de fazer progressos antes que alguns membros da família se retirem.

COTERAPIA COM CASAIS E FAMÍLIAS

Ocasionalmente, os terapeutas optam por contar com um coterapeuta no tratamento. Quando trato casais, com frequência trabalho junto com minha esposa, Maryann, psicoterapeuta altamente talentosa. Essa abordagem é mais típica na terapia de casal do que na terapia familiar; entretanto, também pode ser usada nesta. Os casais com frequência acham mais construtivo que uma equipe terapêutica de marido e mulher trabalhe com eles durante o tratamento para equilibrar as questões relacionadas a gênero ou simplesmente proporcionar-lhes uma perspectiva expandida.

Embora as considerações financeiras e logísticas com frequência impeçam o terapeuta de contar com um coterapeuta, se isso puder ser feito, é com frequência muito eficaz. A coterapia também pode ser conduzida com um coterapeuta do mesmo sexo, particularmente se a situação assim o ditar, como com casais do mesmo sexo. A pesquisa indica que as equipes de coterapia formadas por um homem e uma mulher formam a melhor combinação terapêutica (Sonne e Lincoln, 1965).

Em alguns casos, a coterapia pode tornar uma situação terapêutica mais complexa e criar outras dificuldades se o tratamento não for orquestrado adequadamente. No entanto, quando os membros de uma equipe de coterapia bastante experiente trabalham juntos e usam a mesma modalidade de tratamento, compartilham experiência e *insight* que melhoram o clima terapêutico. Para uma discussão ampliada sobre esse tópico, ver as obras do falecido James L. Framo (1992).

Os terapeutas cognitivo-comportamentais devem manter em mente que a coterapia deve ser sempre coordenada no melhor interesse do cliente. De costume, a agenda para cada sessão deve ser planejada com antecedência, e os potenciais desafios e ciladas devem ser discutidos. Os mesmos tipos de procedimentos delineados neste texto usados pelos terapeutas solo são também usados na coterapia.

TRATAMENTO MULTINÍVEL

Alguns casos requerem que os terapeutas trabalhem em níveis múltiplos, o que significa que precisam fazer algum trabalho individual, assim como familiar, em mais de uma área.

Segue-se o exemplo de uma família que tinha uma filha adolescente que sofria de depressão, apresentava comportamento suicida e tinha tricotilomania (mania de arrancar os cabelos). Esse exemplo ilustra como uma combinação de técnicas foi usada para tratar de questões cognitivas, emocionais e comportamentais, assim como para lidar com o estresse da família com relação a problemas da adolescente.

"Você me obriga a arrancar os cabelos": o caso de Lillian[3]

Lillian era uma garota de 15 anos que foi encaminhada por uma unidade psiquiátrica de um hospital local após uma admissão voluntária devido a ideias suicidas de frequência preocupante. Na admissão ao hospital, ela estava deprimida e ansiosa, mas amigável e cooperativa com os médicos e com a equipe de tratamento hospitalar. Houve também relatos de que ela havia começado a arrancar cabelos da cabeça e das sobrancelhas. Foi medicada com 20 mg de fluovaxitina e 50 mg de trazodona na hora de dormir para melhorar o sono. Depois de algumas semanas, ela relatou terem cessado suas ideias suicidas e estava engajada em terapia individual, de grupo e ocupacional. Lillian permaneceu no hospital durante apenas uma semana mais e depois foi entregue aos pais. Foi acompanhada por um psiquiatra e por um terapeuta para atendimento em uma base ambulatorial. Infelizmente, Lillian e seus pais não acharam que a terapia tenha sido muito eficaz, particularmente quanto aos problemas de tensão entre ela e os pais e à compulsão de arrancar os cabelos. Por isso, o médico da família os encaminhou para uma consulta.

Na minha primeira sessão, os pais me disseram que Lillian arrancava seus cabelos e sobrancelhas e também cortava superficialmente seus antebraços com uma gilete. Lillian aparentemente havia rompido com o namorado e estava muito estressada com a perda do que ela descrevia como seu "verdadeiro amor".

Lillian me disse que havia feito uma tentativa de suicídio anterior, aos 14 anos, devido a "problemas familiares". Recebeu o diagnóstico de transtorno depressivo maior, que subsequentemente veio a se tornar um transtorno distímico. Também foi diagnosticada com transtorno obsessivo-compulsivo. A mãe de Lillian declarou que ela estava particularmente infeliz com o tratamento anterior de sua filha, porque não achava que ela tivesse suficientemente inserida no processo terapêutico. Fui informado de que Lillian foi submetida a um *check-up* completo, incluindo perfil sanguíneo, tomografia computadorizada (TC) e exames diagnósticos adicionais, todos com resultados negativos.

Na primeira sessão familiar, Lillian me informou que havia começado a arrancar seus cabelos em uma tentativa de expressar sua raiva e também para aliviar a culpa. Embora fosse incomum os adolescentes falarem tão abertamente na presença dos pais, Lillian estava tão furiosa que, a essa altura, nem ligava mais. Lillian achava que tudo o que acontecia, na relação com seus pais e com o namorado, era culpa dela. (Ela também experienciava ansiedade no relacionamento com o namorado.)

Informações sobre o seu passado indicaram que Lillian era filha única e sempre fora muito independente. Começou a arrancar os cabelos da cabeça aos 14 anos, devido a sentimentos de frustração e raiva. Tentou parar de arrancar os cabelos, mas sua ansiedade e depressão aumentavam cada vez que ela tentava evitar esse comportamento. Sentia-se atormentada por seus pensamentos obsessivos e por isso se via impelida a reverter a situação, arrancando o que ela considerava como sendo "cabelos indesejados". Também experienciava pensamentos como "Sou um fracasso", "Sou uma idiota". Além disso, havia um aspecto perfeccionista no seu modo de pensar. Lillian só arrancava os fios escuros do seu cabelo. "Quando mencionei que era irônico que sua mãe tivesse

---

[3] Trechos desse caso apareceram pela primeira vez em Dattilio (2005d). Adaptado com permissão da Elsevier Ltda.

cabelos muito escuros (ao contrário dos dela, que tinham uma tonalidade loira meio avermelhada), ela ficou quieta e não fez comentários.

A sessão de terapia familiar envolveu a mãe, o pai e a filha. Começamos a explorar parte da dinâmica familiar de Lillian. Ela me explicou que havia experienciado uma quantidade considerável de culpa e que a sua mania de arrancar os cabelos era na verdade mais uma expressão de raiva e ressentimento em relação à mãe, que ela achava estar sempre invadindo a sua vida. Também estava com um pouco de raiva do pai, que considerava passivo demais e subserviente às exigências da mãe. Lillian achava que seu pai devia ficar mais ao lado dela, contra sua mãe. Lillian encarava a inação dele como abandono.

A fase inicial do tratamento se concentrou na tensão existente dentro da família e foi além do autoabuso de Lillian. Os sintomas de Lillian foram tratados separadamente em sessões individuais, com o uso de uma abordagem cognitivo-comportamental envolvendo exposição e técnicas de prevenção de respostas.

A mãe era autoritária e invasiva, mas parecia que havia evoluído para essa postura porque o marido assumiu um papel excessivamente passivo desde o início do seu relacionamento. Ela sempre pressionou muito a filha para ter sucesso na vida, motivo pelo qual – achava Lillian – ela desenvolveu um sistema de crenças perfeccionista. De certa maneira, Lillian queria satisfazer as solicitações da mãe; ao mesmo tempo, ressentia-se da invasão da mãe e não acreditava que devesse viver segundo as expectativas maternas. Essa sensação de paralisia a conduziu a literalmente arrancar os cabelos.

Infelizmente, o pai de Lillian mantinha a homeostase na família, simplesmente concordando e tentando viver em paz com sua esposa e filha. Ao mesmo tempo, tentava evitar qualquer confronto com qualquer uma delas. Teria sido fácil permitir que essa situação evoluísse para uma terapia entre filha e mãe, porque o pai mantinha uma postura absolutamente passiva. Eu repetidamente o encorajava a participar da conversa e, pouco a pouco, invoquei a sua passividade, lentamente o integrando mais no processo terapêutico. Isso encontrou um pouco de resistência por parte da mãe que, às vezes, lutava para manter o poder e o controle sobre seu marido, até que ela foi repetidamente informada de que um dos problemas da família era haver um desequilíbrio de poder entre os dois. É interessante observar que, durante essa fase do tratamento, Lillian relatou que aumentou sua compulsão por arrancar os cabelos, quase como uma maneira de simbolicamente evitar intervir na disputa dos pais.

Surpreendentemente, apesar da resistência inicial, os pais de Lillian se mostraram abertos às minhas sugestões. Sugeri que eles ingressassem em uma terapia de casal para lidar com alguns de seus conflitos sobre poder e controle em seu próprio relacionamento. Eles também se concentraram em seus métodos para lidar com a raiva, com o ressentimento e com suas respectivas necessidades não satisfeitas.

Grande parte do meu trabalho individual com Lillian envolveu o uso de exposição ao vivo e prevenção de respostas, que é a técnica de escolha na TCC com casos de tricotilomania. Lillian foi repetidas vezes exposta aos cabelos em sua *cabeça*, que ela tentava arrancar, e era solicitada a se esforçar para não fazer isso, sendo obrigada a sentir sua ansiedade. Foi então instruída a esperar até que o seu nível de ansiedade diminuísse sozinho. Qualquer tipo de motivação para comportamentos de automutilação, como se cortar ou se arranhar, eram tratados da mesma maneira, baseados em uma hierarquia graduada. Quando Lillian ficava agitada e deprimida, eram utilizadas técnicas de reestruturação para ajudá-la a processar seus pensamentos e emoções e desafiá-los. Por exemplo, ela foi instruída a usar o Registro do Pensamento Disfuncional em uma tentativa de avaliar as evidências que corroboravam as declarações que ela fazia a si mesma e para campará-las com distorções cognitivas discutidas na sessão "Testagem e Reinterpretação dos Pensamentos Automáticos", do Capítulo 5.

O pai de Lillian também foi solicitado a ajudá-la como um *coach*. Pedi que sua mãe não ficasse diretamente envolvida, mas que apoiasse o trabalho de seu marido com Lillian. Isso serviu para equilibrar o poder e o controle na família e permitiu que a filha se vinculasse ao pai. Lillian também lidou com a noção simbólica de que o fato de ela arrancar apenas os cabelos escuros de sua cabeça era uma maneira de arrancar a mãe de sua vida. Parecia que ela havia aprendido com o pai a temer enfrentar a mãe. Por isso, rebelava-se de maneira autodestrutiva.

Meu objetivo era ensinar Lillian a substituir seu comportamento autodestrutivo por uma maneira de se afirmar mais aberta. Consequentemente, parte do nosso trabalho consistiu em torná-la mais assertiva com a mãe. Tive várias sessões individuais com Lillian, usando a técnica do treinamento da assertividade mencionada na seção "Técnicas Comportamentais", apresentada no Capítulo 6. Utilizamos uma dramatização sistemática, que eu primeiro exemplifiquei para ela, fingindo que eu era Lillian e que ela era a mãe. Depois invertemos os papéis, e eu representei a mãe, enquanto ela se expressava para mim. O tratamento também destacou a noção de que Lillian precisava aceitar o fato de não ser perfeita e de que jamais satisfaria as expectativas da mãe. Tal objetivo foi atingido por meio de sessões tanto individuais quanto conjuntas. As sessões conjuntas também serviram como um canal para o pai de Lillian finalmente se tornar mais assertivo, permitindo assim que a mãe redirecionasse seus próprios comportamentos e se tornasse menos autoritária. De início, obviamente houve uma enorme resistência à realização de mudanças, visto que as minhas intervenções destruíam a homeostase da família. A mãe de Lillian também achou que ela com frequência se tornava "o bandido" no relacionamento e que eu insinuava que tudo era culpa dela. Sugeri que, pelo fato de ela ser a pessoa mais expansiva, parecia ser a maior responsável por tudo, mas expliquei que isso resultava da dinâmica familiar e da decisão de seu marido de assumir um papel mais subserviente no processo da paternidade. Quando comecei a redirecionar os membros da família ao desenvolvimento de uma nova maneira de interagir e ao alcance de um equilíbrio de poder e controle diferentes, todos começaram a aceitar minha liderança e a realizar algumas mudanças significativas.

Esse é um caso interessante de uma família que tinha dificuldades em vários níveis. Por exemplo, havia evidentemente distorções cognitivas que alimentaram um intercâmbio comportamental negativo. Entretanto, o apego entre filha e mãe era outra questão importante a ser tratada, assim como a maneira como os membros da família expressavam as emoções e lidavam com a crise. Parte importante da terapia foi direcionada a ajudar Lillian a estabelecer um vínculo com sua mãe, bem como com seu pai, tentando restaurar o equilíbrio em seus relacionamentos.

8

Aprimoramentos da terapia cognitivo-comportamental

Vários tratamentos que com frequência funcionam bem em combinação com a TCC foram desenvolvidos. Embora alguns autores os promovam por direito legítimo como intervenções independentes, em minha opinião são mais adequados como aprimoramentos para a abordagem da TCC (Hofmann, 2008; Hofmann e Asmundson, 2008; Dattilio, 2009).

TÉCNICAS BASEADAS NA ACEITAÇÃO

Algumas técnicas terapêuticas emergentes promovem uma postura consciente de abertura e aceitação de eventos psicológicos, mesmo que sejam "formalmente negativos", irracionais ou mesmo psicóticos (Hayes, 2004). O termo *aceitação* tem sido empregado para descrever vários processos psicológicos e comportamentos interacionais.

Segundo Hayes, o principal objetivo da terapia de aceitação e compromisso (ACT) é tratar a esquiva emocional, a resposta literal excessiva aos conteúdos cognitivos e a incapacidade de fazer e manter compromissos com mudanças comportamentais (Hayes, 2004).

No trabalho com casais e famílias, a aceitação não é apenas encarada como um fenômeno psicológico interno individual, mas também como um processo transacional entre cônjuges, membros da família ou contatos interpessoais. A aceitação envolve algo que um indivíduo faz em resposta à sua própria experiência privada, que é aceita ou não por outras pessoas. Concerne a uma sensação, emoção, experiência de excitação, desejo ou vontade, ou outro estímulo interno (Fruzetti e Iverson, 2004).

Uma das formas de aceitação envolve a tolerância ao estresse em um relacionamento. Pode haver um enfoque na transformação do estímulo inicial para o estresse em um estímulo diferente, com reações diferentes. Nesse aspecto, o estímulo passa de desconforto a contentamento. Aceitar o estresse significa viver de maneira consistente com os próprios valores individuais ou com a maior probabilidade de atingir seus objetivos. Um aspecto mínimo de aceitação também envolve a consciência de que um problema existe e de que é muito relevante para a situação conjugal. Fruzetti e Iverson (2004) consideram que a aceitação possui vários componentes:

1. o fenômeno em questão está na consciência do indivíduo;
2. o indivíduo, independente da valência da experiência (agradável ou desagradável, inicialmente desejada ou não), não está concentrado exclusivamente na organização dos seus recursos para mudar a experiência ou o estímulo (ou estímulos) que suscita a experiência;
3. o indivíduo tem um entendimento (independente da sua acurácia ou veracidade) do relacionamento entre a experiência privada presente e algum estímulo (ou estímulos) que a precedeu.

Fruzetti e Iverson (2004) declaram que há dois níveis de aceitação: a aceitação pura, que envolve tolerância simples, ou aceitação genuína ou radical, em que a experiência é transformada de negativa em neutra ou até mesmo positiva.

Esses princípios têm sido recomendados como úteis no tratamento de casais em conflito. Christensen e colaboradores (2004) sugerem que o trabalho de aceitação com casais envolve a tentativa de criar condições em que os parceiros naturalmente aumentam a aceitação emocional um do outro. Os autores indicam que podem ser usadas várias estratégias, que incluem a ligação empática.

MINDFULNESS

A técnica de *mindfulness* tem sido bastante estudada por pesquisadores e profissionais ocidentais, mas é originalmente derivada do budismo e de outros sistemas espirituais orientais. É um componente da maioria – se não de todas – terapias bem-sucedidas porque enfatiza a contemplação e o cultivo da atenção consciente. Tem sido essencialmente definida como a direção da atenção contínua de uma pessoa para a experiência presente de maneira caracterizada pela curiosidade, abertura e aceitação (Bishop et al., 2004).

A prática de *mindfulness* tem sido recentemente aplicada ao trabalho com relacionamentos íntimos. Uma maneira de entender o desenvolvimento do estresse relacional é como um resultado de repertórios emocionais disfuncionais no contexto de desafios e de emoções vulneráveis. Consiste na atenção aberta e receptiva ao momento presente em que se pode promover uma orientação de maior aceitação e menor esquiva para combater as emoções. Dessa maneira, é possibilitada uma maneira de reagir mais responsiva e relacionalmente saudável (Wachs e Cordova, 2007). Um estudo recente conduzido por Wachs e Cordova (2007) explora o relacionamento teórico entre os repertórios da emoção de *mindfulness* e o ajustamento conjugal. Em um estudo que utilizou uma amostra de casais casados, os investigadores examinaram a associação entre *mindfulness* autorrelatada e satisfação no relacionamento, assim como as habilidades emocionais, que envolvem o reconhecimento e a identificação de emoções, empatia e a reação ponderada no contexto da raiva. Eles também buscaram tanto *mindfulness* quanto satisfação no relacionamento.

Os resultados sugeriram que as habilidades emocionais e a prática de *mindfulness* estavam ambas relacionadas ao ajustamento conjugal e que os repertórios emocionais hábeis, especificamente aqueles associados com a identificação e comunicação das emoções, assim como a regulação da expressão da raiva, mediavam totalmente a associação entre *mindfulness* e qualidade conjugal. O resultado do estudo corrobora a justificativa para um aumento na tolerância emocional, o que sugere que prestar uma atenção sustentada à experiência contínua coloca o indivíduo em grande proximidade com seus próprios pensamentos e sentimentos, permitindo-lhe se sentir mais confortável com sua própria experiência emocional. O conceito de *mindfulness* enfatiza a qualidade da atenção consciente do indivíduo e a maneira como isso pode criar condições que possibilitem uma resposta emocional mais adaptativa. Esse tipo de consciência de metanível dos conteúdos da consciência era anteriormente referido como "consciência metacognitiva" (Teasdale et al., 2002).

A técnica de *mindfulness* é particularmente apropriada ao trabalho com casais e seus níveis de empatia. Além disso, o trabalho preliminar que explora os níveis de empatia em associação com *mindfulness* conduz à especulação de que a sintonia e a preocupação com os sentimentos do outro são um conjunto de habilidades que pode estar associado com a atenção para o momento presente. O constructo da empatia capta a capacidade de um indivíduo para permanecer sensível ao estado emocional de outra pessoa e refletir essa emoção de volta ao outro indivíduo, indicando que ela sente vicariamente a mesma emoção (Johnson, Cheek e Smither, 1983).

Vários outros autores apontam que a prática de *mindfulness* possui um valor considerável para melhorar a qualidade dos relacionamentos românticos. Kabat-Zinn (1993) e Welwood (1996) sugeriram que ela promove a sintonia, a conexão e a proximidade nos relacionamentos. Outro estudo examinou o papel de *mindfulness* na satisfação no relacionamento romântico e na reação ao estresse no relacionamento. Nos resultados, mais uma vez foi mostrado que a prática se relaciona à satisfação no relacionamento, desempenhando um papel importante no bem-estar do relacionamento romântico (Barnes, Brown, Krusemark, Campbell e Rogge, 2007).

Ajuda também a aumentar a atenção e a consciência, ambas importantes nos relacionamentos pessoais. Também tem havido uma ênfase na importância da escuta ativa atenta para a comunicação bem-sucedida entre membros de um casal (Bavelas, Coates e Johnson, 2000, 2002). A noção de *mindfulness* na promoção do relacionamento romântico saudável também tem sido corroborada por estudos recentes que examinam a eficácia de intervenções destinadas a melhorar as habilidades de *mindfulness* em um estudo-controle randomizado de lista de espera de um programa de relacionamento baseado em *mindfulness* com casais não estressados. Carson, Carson, Gil e Baucom (2004) descobriram que a intervenção influenciou favoravelmente a satisfação no relacionamento, a proximidade e a aceitação do parceiro, a diminuição do estresse e outros resultados positivos no relacionamento dos casais. A intervenção também afetou positivamente o bem-estar individual.

Outro estudo, conduzido por Shapiro, Schwartz e Bonner (1998), indicou que, durante um estudo longitudinal com duração de 8 semanas, a redução do estresse baseada em *mindfulness* foi associada a um aumento na empatia autorrelatada, uma característica com particular probabilidade de influenciar a manutenção dos relacionamentos, prever comportamentos adaptativos positivos e, finalmente, conduzir à satisfação no relacionamento (Davis e Oathout, 1987, 1992; Hansson, Jones e Carpenter, 1984).

A técnica de *mindfulness* também pode desempenhar um papel importante no ajustamento relacional porque os cônjuges atentos apresentam tendência a se engajar em relacionamentos com baixa negatividade emocional e comportamental. A boa associação entre *mindfulness* e afetividade positiva, e a relação inversa com a afetividade negativa, sugere que os indivíduos atentos em uma parceria romântica podem ter menor probabilidade de experienciar a dominância desproporcional de afetividade negativa indicativa de discórdia e desilusão no relacionamento (Carrere e Gottman, 1999).

9

Exemplos de Caso

A ARMADILHA DA APOSENTADORIA

Warden e Viola (ou Vie, como ela preferia ser chamada) tinham quase 70 anos e estavam casados há 44 anos. Eles tinham dois filhos: um filho e uma filha próximos dos 40 anos, ambos casados. Também tinham vários netos. Tanto Warden quanto Vie eram descendentes de alemães e foram criados na Pensilvânia, como parte de uma cultura de trabalhadores do nordeste do Estado, descendentes dos primeiros colonos alemães que chegaram aos Estados Unidos na primeira metade do século XIX.

Vie e Warden relataram que haviam mantido um casamento muito bom ao longo dos anos e nunca haviam passado por nenhuma dificuldade importante, além dos fatores de estresse comuns a uma família. Eles se lembram de terem discutido poucas vezes, até ambos se aposentarem.

Os casais com frequência funcionam muito bem quando estão envolvidos em suas carreiras e na criação de uma família. No entanto, quando ficam mais velhos, os filhos estão adultos, e os dois cônjuges atingem a idade da aposentadoria, muitos começam a passar mais tempo juntos do que anteriormente, sendo impulsionados a um relacionamento mais intenso, e às vezes experienciam problemas de ajustamento. Essa não foi a primeira vez em que ouvi parceiros me dizerem que estavam exasperados um com o outro e que gostariam de que o outro voltasse a trabalhar ou passasse mais tempo fora de casa. Lembro-me de uma mulher em tratamento que se referiu a essa situação como "a armadilha da aposentadoria". Foi certamente isso que aconteceu com Warden e Vie, que se apresentaram como um casal muito amigável, adequado, que desfrutava seus anos dourados. Infelizmente, durante a primeira sessão, Warden e Vie me informaram que estavam prontos para matar um ao outro e que não sabiam se poderiam continuar casados.

Warden havia sido avaliador de custos de uma grande empresa de contabilidade, e Vie havia trabalhado como fabricante e desenhista de roupas por encomenda. Ambos adoravam o seu trabalho, assim como sua vida familiar, e sempre pareceram se entender muito bem.

Warden se aposentou primeiro, quando estava próximo de completar 60 anos. Foi quando começaram alguns problemas no casamento, ou assim eles afirmavam. Vie achava Warden mais agitado do que o normal quando começou a ficar em casa todos os dias. De início, ela achou que isso tinha a ver com o fato de ele estar tomando altas doses de corticosteroides por causa da asma, o que ela imaginava estar contribuindo para ele às vezes "perder as estribeiras" com questões de pouca importância. Vie citou um incidente em que ela comprou no mercado o molho de salada errado, e Warden ficou reclamando sem parar. Vie declarou que Warden já era um pouquinho assim antes, embora seu comportamento fosse muito brando. No entanto, depois da aposentadoria, relatou que Warden se tornou pior, e seus "ataques" passaram a ser mais frequentes.

Vie trabalhou alguns anos mais que Warden. Quando ela finalmente se aposentou, tudo virou um caos. Vie e Warden se referiam um ao outro como "aves migradoras", porque passavam os verões no nordeste e os invernos na Carolina do Sul. Apesar da mudança de cenário e de clima, continuavam a discutir, ambos concordando que as brigas pioraram nos últimos anos.

Warden foi o primeiro a confessar francamente: "Eu sei que tenho um problema, mas não é tudo culpa minha! Grande parte é culpa dela também". Vie tinha a impressão de que Warden também estava enfrentando uma depressão. Os cônjuges prosseguiram, informando que sentiam falta dos anos em que trabalhavam, quando se entendiam muito bem e estavam absorvidos com seus empregos e com os filhos. Admitiam terem passado por momentos difíceis, mas estes em geral só ocorriam quando Warden bebia um pouquinho além da conta. Ele bebeu durante os primeiros 7 a 10 anos do casamento, mas depois parou porque achou que estava ficando dependente demais do álcool. Ambos me garantiram que nunca houve nenhum abuso físico ou verbal – apenas discussões.

Warden em geral se preocupava demais com coisas que Vie achava triviais. Por exemplo, ele era maníaco por limpeza e meticuloso, queria que tudo estivesse sempre perfeito. "Costumávamos nos equilibrar muito bem no passado. Agora parecemos não conseguir mais isso." Ambos admitiam que nunca haviam buscado uma terapia de casal porque achavam que isso seria se entregar ao fracasso e porque imaginavam que conseguiriam lidar com seus problemas sozinhos. "Somos alemães da Pensilvânia", disse Warden, "Lavamos nossa roupa suja em casa". Vie considerava que Warden era sempre muito controlador, mas ela simplesmente incorporou isso. Às vezes escrevia cartas, que nunca entregava a Warden, ou conversava com suas amigas para expressar seus sentimentos. Achava que nunca conseguiria fazer isso com o marido porque iria apenas agitá-lo. Ambos admitiram que seus respectivos empregos serviam como um refúgio, evitando muitas de suas discussões.

Vie achava que Warden havia se tornado ainda mais controlador depois de aposentado e que tentava lhe dizer o que fazer com suas coisas e também com suas amigas. Vie declarou: "Não tenho para onde fugir e às vezes me sinto como se estivesse presa em uma armadilha". Warden se manifestou, dizendo que se sentia da mesma maneira. "Ela espera que eu faça tudo o que ela quer fazer o tempo todo, e eu não estou nem um pouco interessado em algumas das coisas que ela quer fazer." Ele declarou que se sentia entediado e deprimido, como se estivesse saindo de dentro de si. Warden também se queixou de que, quando estão na Carolina do Sul, "Vie gosta de sair com os 'velhos', que eu acho uns chatos. Ela se contenta com isso, mas eu preciso fazer alguma outra coisa".

Depois de ouvir esse casal durante cerca de 40 minutos, percebi que as coisas de que Vie e Warden estavam se queixando pareciam superficiais. Ponderei se seus problemas representavam uma luta de poder subjacente que se estendia há anos. Decidi explorar um pouco mais os problemas do casal e me contive de levantar a questão do poder e do controle. Perguntei: "Como é que dois indivíduos bem ajustados no início de suas vidas não conseguem resolver as diferenças que parecem ser tão superficiais?". Vie declarou: "Não sei. É isso que está nos incomodando. Sempre fui tão tolerante com Warden e acho que agora cheguei em um ponto em que cansei, não tolero mais, e ele não sabe o que fazer. Por isso, ele explode, eu não consigo suportar o seu comportamento e então saio de casa". Vie achava que Warden não tinha atividades suficientes para se manter ocupado e, em consequência disso, ficava sentado inquieto; então, preocupava-se com coisas triviais, e isso o deixava infeliz.

Warden replicou: "Eu gosto de ficar sentado sozinho comigo mesmo. Tenho planos sobre o que quero fazer na casa, nos quais gosto de pensar, e gosto do clima quente da Carolina do Sul, mas prefiro o nordeste. O problema é que há muita coisa para se fazer na Carolina do Sul, mas não o tipo de coisas de que eu gosto de fazer, e então brigamos". Nesse momento, Vie replicou: "É mais do que isso. Warden é sarcástico e faz muitos comentários cáusticos, que eu não consigo suportar. Nunca consigo discordar dele porque ele fica fora de si. É como pisar em ovos, e eu não consigo ser eu mesma". Nesse ponto, Vie começou a chorar, dizendo que ela se sentia como se estivesse perdendo uma parte de si e às vezes sentia a necessidade de se afastar de Warden para ser de novo uma "pessoa inteira". Observei Warden no momento em que sua esposa começou a chorar. Ele pareceu afundar na cadeira como uma criancinha que havia acabado de ser repreendida.

Perguntei a Warden quais eram seus pensamentos automáticos sobre a declaração da esposa. Nesse instante ele levantou um pouco a voz e disse: "Bem, ela fala o que lhe vem à cabeça sem pensar e simplesmente sai! Estávamos visitando nossos netos há pouco tempo, e eles aparentemente eram apegados ao cão do vizinho que havia acabado de morrer. Então, a primeira coisa que Vie disse às crianças foi 'Oh! Sinto muito pelo que aconteceu com o cachorro do vizinho', e é claro que as crianças ficaram perturbadas e começaram a chorar. Pensei comigo mesmo 'Por que diabos você tinha de dizer isso?'". Warden tinha a impressão de que o momento era ruim e que Vie não precisava ter tocado no assunto porque eles já sabiam que o cão havia morrido – não fazia nenhum sentido. Foi nesse momento que Vie interrompeu: "Eu simplesmente disse o que eu estava sentindo, Warden. O que há de tão ruim nisso?". Ela apontou para Warden e disse: "Você tem de pesar tudo o que diz, mas eu não sou assim. Você está o tempo todo me dizendo que eu falei a coisa errada. Não posso ser eu mesma quando estou com Warden. Não digo o que eu sinto. Ele quer controlar tudo o que eu digo porque é o modo como ele acha que deve ser".

Foi nesse ponto que interrompi ambos em sua trajetória: "Vocês simplesmente não conseguem tolerar um ao outro e suas diferenças, não é?". Eles fizeram que sim com a cabeça, praticamente sem falar nada. Eu disse: "Acho que conseguiram tolerar um ao outro todos esses anos porque tinham coisas que os distraíam. Agora os holofotes estão sobre vocês dois, e sua capacidade para tolerar as diferenças um do outro simplesmente não existe. Mais uma vez, o que me perturba é por que vocês têm tanta dificuldade em criar estratégias para lidar com essas diferenças? Vocês parecem ser indivíduos tão capazes, mas não conseguem superar essas dificuldades".

Ambos olharam para mim com um olhar vazio, quase como se dissessem que sabiam a resposta, mas não queriam admiti-la diante de mim, ou para si mesmos. Olhei para os dois e falei: "Acho que vocês precisam começar a me dizer o que se passa em suas mentes. Seus rostos estão me dizendo muito, mas vocês não estão enfrentando as coisas de frente". Warden girou os olhos e disse: "Acho essa discussão inútil. Não queremos ceder um ao outro, e não sei por quê. É louco! Este é o apogeu da nossa vida, e aqui estamos nós, brigando como cão e gato. É uma coisa realmente estúpida!".

Foi nesse momento que decidi mudar um pouco o rumo da conversa porque estávamos obviamente em um impasse, e eu queria que eles pensassem sobre isso e permitissem que isso ressoasse em suas cabeças. Fiz-lhes uma pergunta que com frequência faço depois de ouvir uma série de queixas sobre o que está errado em um relacionamento: "Vocês podem me dizer o que funciona no seu relacionamento?".

Vie respondeu primeiro: "Sabe, às vezes quando estamos fazendo algo de que nós dois gostamos, realmente nos entendemos bem, e se não é nada intenso, uma coisa agradável, na verdade nos divertimos. Parece ser quando as coisas ficam um pouquinho mais complicadas que as faíscas disparam". Pedi que me dessem um exemplo do que fazem juntos e gostam. Eles conseguiram me dizer que gostavam de visitar alguns amigos e jogar cartas – principalmente *bridge*. Também gostavam de visitar seus netos e de ir ao cinema juntos.

Os dois não conseguiram permanecer muito tempo nos tópicos positivos porque Vie voltou às suas queixas. "Warden simplesmente doura todas as pílulas. Ele diz às pessoas o que elas querem ouvir, e eu digo as coisas como elas são. Mas aí Warden me lança olhares que dizem 'cale a boca', e então eu fico ressentida." Olhei para Warden buscando alguma confirmação, e, nesse momento, ele declarou que ficava aborrecido com algumas coisas que a esposa diz porque acha que Vie deveria ser mais reservada no que fala às pessoas.

Perguntei a Warden que mal havia em Vie dizer o que ela sente. Warden admitiu que ela nunca dizia nada que magoasse ninguém intencionalmente ou que pudesse criar algum problema. Comecei a introduzir a ideia de que talvez eles tendessem a extrair inferências arbitrárias sobre o comportamento um do outro, o que contribuía significativamente para o conflito que viviam. Vie também prosseguiu, declarando: "Muitas vezes, quando estamos indo para algum lugar, Warden me adverte de antemão para não dizer certas coisas ou levantar certas questões, o que realmente me faz entrar em órbita. Ele diz 'Não toque nesse assunto, ou não diga nada sobre aquilo'. Eu me sinto mais relaxada quando estou sozinha e não consigo imaginar que isso possa se modificar".

À medida que progredimos durante a primeira sessão, tentei expandir minha percepção de exatamente o que estava acontecendo com esse casal, porque me parecia que muitas das queixas não eram tão sérias quanto outras. Entretanto, também parecia haver um nível de pensamento mais profundo, talvez proveniente de suas respectivas famílias de origem. Decidi me aprofundar um pouco nisso e lhes pedir para me contar algo sobre suas origens.

Vie foi filha única. Seus pais tiveram um casamento muito tumultuado e brigavam bastante. Ela disse: "Minha mãe era como Warden, e meu pai era muito parecido comigo. Eu apoiava meu pai e passei a me ressentir da minha mãe durante a maior parte da minha criação". Vie prosseguiu, dizendo: "É interessante que eu tenha acabado me casando com minha mãe – o que você acha disso?". Eu lhe lembrei de que isso na verdade não era raro e que com frequência buscamos atributos em nossos cônjuges, positivos e negativos, que provêm de nossas famílias de origem. Pedi a Vie para pensar se o comportamento de Warden podia às vezes desencadear nela reações que eram reminiscentes de sua interação com sua mãe. Vie achou que isso era muito provável. "Talvez eu ainda esteja brigando com minha mãe quando discuto com Warden." Sugeri que Vie pensasse a respeito e lhe disse que voltaríamos a tratar do assunto mais adiante no decorrer da terapia.

Vie prosseguiu me informando que Warden com frequência a compara com o pai dela. Ela lembrou que seu pai saía para beber com os amigos, o que a aborrecia um pouco, mas ele nunca foi abusivo ou desrespeitoso. Isso lhe lembrou que esta era outra área em que ela tinha problemas em relação ao hábito de beber de Warden. Vie me informou que o fato de se identificar com seu pai contribuiu para que ela desenvolvesse a crença de que "você diz o que se passa na sua cabeça e libera o seu peito, e é isso que contribui para se ser uma pessoa autêntica". Vie continuou a detalhar: "Minha mãe era com frequência como Warden – ela não dizia o que sentia e poupava palavras, mas guardava para si seus verdadeiros sentimentos". Vie achava ter sido por causa dessa contenção que sua mãe mais tarde começou a agir de maneira maldosa, muito parecida com a maneira de agir de Warden. Quando eu lhe perguntei o que a atraiu em Warden, ela declarou que quando o conheceu o achou um indivíduo muito fiel, trabalhador e bondoso. Também achou que ele seria um bom chefe de família e ele sempre sabia lhe dizer as coisas certas. "Acho que eu me sentia à vontade com ele, por que ele me lembrava um pouquinho meus pais. Meus pais gostavam de Warden, e isso pareceu ser uma luz verde para mim."

Os pais de Warden eram o exato oposto dos de Vie. Eles se davam muito bem. Warden era o terceiro de quatro filhos. Ele se lembra de que seus pais eram rígidos, mas sempre mantinham as coisas equilibradas. "Meus pais também nunca me disseram nada que não quisessem que eu ouvisse. Os sentimentos ficavam guardados." O esquema da família de Warden era "Não balance o barco nem faça as outras pessoas se sentirem mal, mesmo que por dentro você esteja em brasa. Esse era o lema segundo o qual vivíamos". Warden conseguiu estabelecer claramente o fato de que esse era o motivo de ele guardar as coisas e nem sempre dizer o que sentia. Ele também foi capaz de vincular isso ao fato de mais tarde explodir quando suas emoções se tornavam devastadoras.

Grande parte das informações derivou não apenas da minha entrevista com Warden e Vie, mas também de respostas a determinadas perguntas da Escala da Família de Origem (Hovestadt et al., 1985). É interessante notar que ambos relataram pouca intimidade em suas famílias de origem. Havia também uma baixa sensibilidade para a empatia ou para qualquer emoção, uma área que seria posteriormente abordada no tratamento.

Durante a primeira sessão, consegui ajudar Warden e Vie a entender um pouco sobre a maneira como as crenças de suas famílias de origem haviam sido transmitidas e contribuíram para seus próprios sistemas de crença. Entretanto, também lhes disse que às vezes os esquemas da família de origem funcionavam na época da nossa criação, mas não necessariamente mais tarde, em nossos próprios casamentos. Começamos a explorar o potencial de modificar algumas dessas crenças e mudar o comportamento de modo a poderem ter um impacto positivo no relacionamento.

Decidi pedir a Warden e Vie para realizarem uma tarefa de casa após a entrevista inicial e escreverem seus objetivos para a terapia. Também lhes pedi para fazerem uma lista dos aspectos que julgavam necessário mudar em seu relacionamento e depois construir uma lista separada do que cada um achava que seu cônjuge precisava mudar. Pedi-lhes que não fizessem a tarefa em colaboração e lhes disse que na nossa segunda consulta juntos discutiríamos tais questões em detalhes. Também informei a eles que, nesse ínterim, eu iria me reunir com cada um em separado para coletar algumas informações adicionais sobre suas conceituações dos problemas no relacionamento. Também solicitei a cada um que completasse o Levantamento da Atitude Conjugal – Revisada (Pretzer et al., 1991), assim como o Inventário das Crenças no Relacionamento (Eidelson e Epstein, 1982). Eu esperava obter algumas informações adicionais com relação a seus padrões de crença sobre a capacidade percebida de mudança, em relação a cada parceiro e ao seu cônjuge, bem como em relação a algumas das crenças rígidas subjacentes que podem ter abrigado, mantendo-as paralisadas em seu estado contínuo de conflito.

Sessões individuais

Tive a oportunidade de me encontrar com Vie para uma consulta individual, ocasião em que ela me apresentou suas respostas para os dois inventários que pedi que completasse. Também revimos seus objetivos para a terapia. Vie me informou que ela realmente gostaria de se entender melhor com Warden e perceber melhor o que eles tinham em comum. Ela acreditava que precisava tentar ser mais tolerante com relação ao que ele falava, mas achava que só poderia fazer isso se ele não fosse tão sarcástico. Discutimos por que ela parecia tão agitada o tempo todo, e nesse momento ela me disse que sofria de fibromialgia, o que lhe causava muita dor diariamente. Vie prosseguiu informando que, na verdade, ela e Warden não estavam tendo relações sexuais porque a penetração vaginal era dolorosa demais para ela. Consequentemente, sua libido estava baixa, e suas relações sexuais estavam muito ruins nos últimos dois anos. Ela achava que isso também podia estar contribuindo para a agitação de Warden. Ela percebia que isso evidentemente piorava ainda mais os problemas no seu relacionamento.

Eu disse a Vie que achava que uma das primeiras linhas de intervenção era pelo menos reduzir a tensão existente no relacionamento. Perguntei-lhe o que ela achava que poderia fazer para reduzir a tensão. "Acho que talvez não me importar muito com algumas dessas coisas e não reagir a elas – não sei." Eu lhe pedi para me dar alguns exemplos, e então ela me informou que às vezes permite que os comentários de Warden a exasperem. Sugeri que talvez ela devesse apenas assumir uma abordagem diferente e começar a monitorar os pensamentos automáticos que tinha sobre o que os comentários dele significavam para ela. Introduzi o Registro do Pensamento Disfuncional, e fizemos um exemplo juntos. Orientei Vie no modelo da TCC e lhe expliquei como seus pensamentos automáticos tendiam a afetar suas emoções e comportamentos. Então examinamos um exemplo. Vie descreveu uma situação em que ela e Warden estavam pintando a sala de estar e ela ficou aborrecida porque Warden era meticuloso demais em relação ao uso da fita adesiva nos rodapés. Ela se lembra de ter ficado agitada com a obsessividade do marido e com a quantidade de tempo que isso consumia. Quando lhe pedi para fechar os olhos, imaginar a situação e lembrar os pensamentos que tinha, ela declarou: "Tudo sempre tem de ser controlado demais. Por que ele não pode às vezes deixar as coisas simplesmente acontecerem – como as pessoas normais?". Trabalhei com Vie enquanto colocamos as observações no papel. A Figura 9.1 é o resultado dos nossos esforços.

Passei algum tempo ajudando Vie a pensar sobre o que ela dizia a si mesma e sobre o que isso evocava. Foi essa porta que abri que nos permitiu discutir as imagens da sua própria mãe, que costumava agitá-la com o mesmo tipo de meticulosidade, e como Vie percebia isso como um meio de sua mãe controlá-la. Foi nesse ponto que conversamos sobre o fato de Vie talvez estar sobrepondo parte da raiva que tinha sobre a necessidade de controle de sua mãe aos comportamentos de Warden e interpretando-os como sendo controladores quando, na verdade, eram simplesmente a sua maneira de fazer um bom trabalho e de se sentir bem com esse trabalho. Então, sugeri a Vie que considerasse seguir esse mesmo cenário por meio do Registro do Pensamento Disfuncional, em que tratava das questões dos pensamentos automáticos – separando o fato de que Warden não era sua mãe e que não era justo atribuir as mesmas emoções aos comportamentos dele. Aproveitamos essa oportunidade para conversar um pouco sobre sua mãe e pai e sobre como ela tendia a superpor as emoções que sentia com relação às ações de seus pais sobre alguns dos mesmos comportamentos que seu marido exibia.

Parte da sessão individual também tratou da questão de ajudar Vie a começar a separar as emoções e conscientemente se lembrar de que Warden não é sua mãe nem pai, mas uma pessoa diferente, e que os mesmos comportamentos não podem estar associados às emoções negativas que ela experienciava com relação aos seus pais. Também passamos algum tempo falando sobre como ela podia resolver alguns dos problemas com sua família de origem, particularmente a hostilidade para com seus pais e alguns dos ressentimentos que ela ainda mantinha em relação a eles, apesar de já terem falecido.

Outra questão que veio à tona no decorrer da terapia individual era a sensação de Vie de que, agora que estavam aposentados, ela e Warden precisavam passar todo o seu tempo juntos. Conversamos sobre como se tratava de uma expectativa irrealista, e que talvez pelo fato de ela estar insistindo nisso desde o início o tiro houvesse saído pela culatra e causado tensão no relacionamento. Vie prosseguiu me informando: "Eu sempre acreditei que, quando nos aposentássemos, passaríamos todos os dias e noites juntos, e acho que isso pode ter sido irrealista". Conversamos sobre a ideia de que, ironicamente, essa tentativa fazia com que ela agora desejasse passar menos tempo com Warden. Propus que talvez algum espaço entre eles pudesse ajudá-los a se entender um pouco melhor e apreciar seu tempo um com o outro.

Finalmente, foi tratada a questão da fibromialgia de Vie e como suas próprias sensações de estar sem o controle da sua doença física contribuíam para sua frustração e agitação.

Orientações: Quando você perceber que seu humor está piorando, pergunte-se "O que está se passando na minha mente nesse exato momento?" e assim que possível escreva o pensamento ou imagem mental na coluna dos pensamentos automáticos.					
Data Hora	Situação	Pensamentos automáticos	Emoções	Distorção	Reação alternativa	Resultado
	Descreva: 1. evento real que está conduzindo a uma emoção desagradável; ou 2. corrente de pensamentos, devaneios ou lembranças que estão conduzindo a uma emoção desagradável; ou 3. sensações físicas estressantes.	1. Escreva os pensamentos automáticos (PA) que precederam as emoções. 2. Avalie a sua convicção imediata nos pensamentos automáticos de 0 a 100%.	Descreva: 1. especifique (triste, ansioso, zangado, etc.); 2. avalie o grau de intensidade de 0 a 100%.	1. Pensamento tudo ou nada. 2. Supergeneralização. 3. Filtro mental. 4. Desqualificação do positivo. 5. Conclusões precipitadas. 6. Magnificação ou minimização. 7. Raciocínio emocional. 8. Afirmações do tipo "deveria". 9. Rotulação. 10. Personalização. 11. Leitura mental. 12. Catastrofização.	1. Escreva uma resposta alternativa aos pensamentos automáticos. 2. Avalie a convicção na resposta alternativa de 0 a 100%.	1. Reavalie a convicção nos pensamentos automáticos de 0 a 100%. 2. Reavalie a intensidade de emoções de 0 a 100%.
	Warden e eu estávamos pintando a sala de estar, e eu fiquei aborrecida porque Warden era meticuloso demais com relação à fita adesiva.	*Por que ele tem de ser tão meticuloso?*	*Irado, agitado*	*Magnificação Desqualificação do positivo*	*Talvez seja apenas a maneira de Warden tornar nossa casa mais bonita. Talvez isso faça com que ele se sinta bem e no controle. Isso não é uma coisa ruim. Eu preciso relaxar em relação a isso. Por que fico tão perturbada com algo tão trivial?*	*Ansiedade e agitação reduzidas*

Perguntas para ajudar a construir uma RESPOSTA ALTERNATIVA: (1) Qual a evidência de que o pensamento automático é verdadeiro? Não é verdadeiro? (2) Há hipóteses alternativas a essa? (3) Qual é a pior coisa que poderia acontecer? Eu poderia conviver com isso? Qual é a melhor coisa que poderia acontecer? Qual é o resultado mais realista? (4) O que eu deveria fazer a respeito? (5) Qual é o efeito da minha crença no pensamento automático? Qual poderia ser o efeito de eu mudar minha maneira de pensar? (6) Se _____ (nome da pessoa) _____ estivesse nessa situação e tivesse esse pensamento, o que eu lhe diria?

FIGURA 9.1
Registro do Pensamento Disfuncional de Vie.

Durante o resto da sessão, também tentei avaliar a receptividade de Vie para ir adiante no relacionamento e usar algumas das intervenções que propus. Ela me convenceu de que era uma participante voluntária e estava aberta à minha condução do tratamento. Também me assegurou de que realmente amava Warden e queria que a relação deles funcionasse – só que ela também se sentia um pouco desencorajada porque as coisas ficaram tão tensas ultimamente no relacionamento que ela ponderava se não estaria chegando a conclusões precipitadas. Conversamos sobre o papel das distorções cognitivas e como elas são fortes. Também sugeri que ela começasse a usar o Registro do Pensamento Disfuncional e trabalhasse algumas de suas distorções à medida que surgissem, em uma base individual.

Sessão individual com Warden

No encontro em separado com Warden, segui mais ou menos o mesmo curso de questionamento que usei com Vie em sua sessão individual e o orientei com relação ao modelo cognitivo-comportamental. Também examinei o Registro do Pensamento Disfuncional e fiz Warden começar a lidar com parte das suas próprias questões. Warden admitiu que havia ficado "irritadiço" desde que parou de trabalhar e me disse que com frequência pensava se não havia cometido um erro ao se aposentar totalmente. "Às vezes eu gostaria de estar trabalhando em tempo parcial, pois sou uma pessoa ativa e preciso me manter ocupado. Sei que às vezes deixo minha esposa louca com as coisas que faço na casa, e que talvez isso aconteça porque eu deveria estar em outro lugar, trabalhando meio período." Durante nossa conversa, Warden com frequência fez comentários autodepreciativos, tais como "Bem, sabe, doutor, não sou sempre a faca mais afiada da gaveta", que era a sua maneira de indicar que ele sabia que se sentia muito culpado no relacionamento conjugal. Essas declarações autocondescendentes podem também ter sido a maneira de Warden solicitar empatia da minha parte, para me dizer que ele "não era um sujeito tão mau". Discutimos a ideia de que conseguir um trabalho de tempo parcial não seria algo terrível, ou que ele pelo menos encontraria um passatempo para o qual seria possível recanalizar algumas de suas energias.

Também tratei da questão do que eu percebia como sendo seu perfeccionismo. Warden admitiu que este era o "contador" que existia nele e havia sido sempre parte da sua essência. Sugeri que essa não era uma má qualidade, mas que às vezes, com relação ao seu relacionamento com a esposa, talvez nem sempre fosse a melhor alternativa. Fiz com que ele começasse a pensar um pouco em mudar a sua perspectiva sobre as coisas e lidasse com a questão de por que era tão importante que tudo estivesse sempre perfeito. Comecei a fazê-lo desafiar algumas de suas crenças distorcidas por meio do uso do Registro do Pensamento Disfuncional e também sugeri que ele tentasse relaxar e ver que tipos de reações emergiriam.

Parte do que Warden registrou em seu levantamento, particularmente o Questionário da Atitude Conjugal, era o fato de ele achar que precisava permanecer muito estruturado em sua vida ou as coisas no relacionamento deles se tornariam demasiado desestruturadas devido à atitude de sua esposa. Warden admitiu que essa era uma característica controladora no relacionamento e deu alguma atenção à minha sugestão de talvez considerar um comportamento alternativo, como relaxar.

Segunda sessão conjunta

Reuni-me com Warden e Vie para uma segunda visita, durante a qual amarramos parte do conteúdo que discutimos nas visitas individuais e estabelecemos alguns objetivos para inicialmente reduzir a tensão no relacionamento e fazer alguns acordos. Ambos concordaram incondicionalmente de que a primeira coisa a fazer era reduzir a tensão no relacionamento para que pudéssemos nos concentrar em alguns dos aspectos positivos do seu intercâmbio. Também concordamos que eles considerariam passar alguns momentos separados, tendo suas próprias atividades, para que pudessem minimizar a intensidade no tempo que passavam juntos. Isso envolvia Warden explorar a possibilidade de um emprego em tempo parcial, ainda que não remunerado, apenas para estar ocupado e focalizado. Seria uma saída para Vie passar mais tempo com algumas de suas amigas que Warden não considerava necessariamente agradáveis. Também sugeri que cada um deles compartilhasse com o outro seus Registros do Pensamento Disfuncional e como poderiam lidar com parte da reestruturação de seus respectivos pensamentos e com várias distorções. Foi interessante que ambos deram risada do que o outro estava processando e pareceram ser muito apoiadores dos esforços um do outro com relação à mudança.

Também discutimos a questão da fibromialgia de Vie e como a doença lhe causava tanta dor. Surpreendentemente, Warden foi muito sensível a essa questão e parecia muito preocupado. Ocorreu de ser uma área em que ele conseguiu expressar suas emoções e oferecer apoio. Discutimos o que ele deveria fazer quando se tornasse agitado, particularmente quanto às questões que envolvessem as relações sexuais, assim como a necessidade de Vie dizer o que se passava na sua mente. Parte do intercâmbio mútuo foi para ambos fazerem algumas exceções às suas expectativas no relacionamento e se envolverem no "dar e receber". Por exemplo, sugeri a Warden que ele desenvolvesse alguma tolerância ao fato de sua esposa ser propensa a expressar seus pensamentos, independentemente de eles serem ou não apropriados. Essa discussão também ajudou Warden a entender que ele não tinha de assumir a responsabilidade pelas coisas que Vie dizia e que devia deixar que ela assumisse a responsabilidade se houvesse repercussões negativas. Ao mesmo tempo, pedi a Vie para considerar consultar Warden, a seu critério, para obter sua opinião antes de dizer certas coisas, em vez de necessariamente ser reprovada ou repreendida por ele. Foi interessante ver como eles realmente serviram de consultores um do outro de uma maneira harmoniosa, em vez de se irritar com o que era dito.

Achei que essa foi uma sessão bastante bem-sucedida. Sugeri que eles considerassem parte da lição de casa que discutimos e lhes disse que nos encontraríamos dali a aproximadamente 10 dias. Para minha grande surpresa e um certo desapontamento, recebi uma mensagem telefônica de Warden dizendo que ele e Vie estavam cancelando a próxima consulta comigo e me telefonariam no futuro se quisessem retornar. Achei isso muito intrigante e retornei sua ligação, solicitando que ambos falassem comigo ao telefone. Perguntei-lhes então por que eles decidiram não retornar, e Warden respondeu dizendo que as coisas estavam indo muito bem e que eles acreditavam que não precisavam retornar para outras sessões. Eu lhes disse que achava ótimo que as coisas estivessem indo bem, mas ainda me sentia pouco confortável em deixar a situação pendente; por isso, perguntei a ambos se eles viriam para mais uma consulta a fim de que eu pudesse pelo menos conversar sobre essa mudança com mais detalhes. Ambos concordaram em manter a consulta previamente marcada.

Quando encontrei Warden e Vie juntos, disseram que o relacionamento milagrosamente melhorara e que eles não brigavam mais. Eu lhes adverti de que isso poderia ser o que às vezes chamamos de "período de lua-de-mel", e que as coisas teriam automaticamente melhorado apenas porque a ansiedade sobre a sua situação havia baixado, mas que ainda precisariam trabalhar os seus conflitos. Foi interessante que, nessa sessão, vieram à tona alguns aspectos importantes do relacionamento.

Comecei a sessão pedindo-lhes que me dissessem o que fizeram nesse ínterim que contribuiu para as coisas melhorarem no relacionamento. Tanto Warden quanto Vie me informaram que se esforçaram bastante para monitorar seus pensamentos automáticos e pensar antes de agir. Também haviam tomado algumas medidas para se comunicar um com o outro, o que nunca haviam feito antes. No entanto, percebi que eles ainda estavam bastante cautelosos e esquivos um com o outro, e nesse ponto decidi me atrever a levantar a questão que estava esprteitando no fundo da minha mente desde que comecei a trabalhar com eles.

"Vocês acham que talvez os dois estejam evitando ter intimidade um com o outro e que esse é o real motivo de todas estas discussões e atritos?" Warden e Vie ficaram muito quietos e, de início, olharam para mim como se estivessem inseguros do que eu estava perguntando. Então fui contundente e disse: "Tendo por base a criação de ambos, simplesmente me ocorre que vocês dois têm evitado se tornar mais íntimos, e a maneira como fazem isso é

simplesmente criando razões para evitar a intimidade ao se concentrarem em questões superficiais e em detalhes e se envolverem em discussões".
Vie declarou: "Acho que você está certo. Eu tenho pensado recentemente que o que está faltando no nosso relacionamento é mais algo do tipo da proximidade intensa que eu vejo entre outros casais. Isso é algo que nunca tivemos, mas eu sempre desejei". Warden, por outro lado, não considerava que o ponto fosse importante para ele e achava que havia intimidade suficiente no casamento deles.

Nessa altura, começamos a discutir o que intimidade significava para cada um deles e como eles desenvolveram essas noções em suas respectivas famílias. Tornou-se bastante claro que Vie tinha uma maior necessidade do tipo de intimidade tradicional, que ela simplesmente não achava que Warden fosse capaz de proporcionar. Em essência, era isso que ela fazia quando saía com suas amigas na Carolina do Sul, extraindo uma intimidade de outras pessoas em seus relacionamentos. Com o tempo, conseguimos determinar que era algo estranho a Warden, e que ele interpretava mal muitas das aberturas de Vie para a intimidade como sendo "exigências". Consequentemente, ele reagia a ela sendo explicitamente controlador e punidor, o que a deixou paralisada no seu caminho e obviamente conduziu ao dilema atual.

Meu objetivo com o casal nesse ponto foi, em grande parte, desenvolver sua consciência sobre tal questão e colocar ambos em condições iguais de preencher as necessidades um do outro. De muitas maneiras, Warden e Vie retrataram o que está referido na teoria dos sistemas como a "dinâmica do perseguidor-distanciador" (Fogarty, 1976). Essa dinâmica sugere que, quanto mais um pressiona por comunicação e união, mais o outro se distancia – sai para dar uma caminhada, fica até tarde no escritório, e assim por diante. Eu tinha a impressão de que Warden, infelizmente, não era realmente muito capaz de lidar com essas questões devido às suas limitações emocionais, o que era algo que Vie tinha de aceitar e aprender a tolerar. Consequentemente, a construção de tolerância que Christensen e colaboradores (2004) recomendavam foi usada com ela sobre essa questão, e também para ajudá-la a explorar seu próprio vazio interior. A minha esperança era de que essa recomendação abrisse espaço para Warden se aproximar mais em seus próprios termos.

Warden também prosseguiu me informando que "Eu sei o que ela quer porque ela com frequência indicava isso quando assistíamos filmes sobre o tipo de proximidade que ela gostaria de mim. Entretanto, esse simplesmente não é o meu jeito de ser, e eu já lhe disse muitas vezes que não consigo ser assim". Discutimos modos de Warden se engajar em uma proximidade que lhe fosse confortável. Grande parte do foco estava em ajudar Vie a aceitar o melhor esforço de Warden e encorajá-lo a permanecer consciente da sua necessidade de se esforçar mais.

O que também se tornou importante para Vie foi o simples fato de que Warden estava disposto a pelo menos enfrentar e conversar sobre a questão das suas necessidades de intimidade. Prosseguimos discutindo algumas das distorções cognitivas que se concentravam em suas percepções inadequadas dos comportamentos um do outro, assim como do conteúdo que foi abordado anteriormente no tratamento.

Também tive de aceitar o fato de que eu estava limitado em termos de até onde poderia ir no tratamento com esse casal, e que o melhor que eu podia esperar em termos de um objetivo era que os parceiros mantivessem algum senso de estabilização e reduzissem o atrito entre eles. Com frequência, a principal reestruturação cognitiva nos clientes mais velhos nem sempre é realista e, dependendo do que as pessoas passaram em suas vidas e como estabeleceram seu modo de ser, o terapeuta pode se arriscar a perdê-los na busca de tentar mudar hábitos de pensar e agir há longo tempo arraigados. Eu também precisava entender que não tinha controle sobre a frequência com que esse casal decidiria voltar à terapia. A ideia de permanecer em tratamento em uma base contínua era antitética a esse casal, embora eu sempre tenha sentido que Vie parecia mais propensa do que Warden a manter consultas regulares. Eu os vi duas ou três vezes depois desse dia, e eles pareceram aceitar muitas das estratégias cognitivo-comportamentais que sugeri, tais como monitorar seus pensamentos automáticos distorcidos e ajustar seus níveis de expectativas um do outro, bem como simplesmente aprender a relaxar no relacionamento e discutir mais sobre questões de intimidade e sobre o que um necessitava do outro.

Esse é um bom exemplo de caso de como o terapeuta precisa às vezes estar disposto a modificar sua abordagem para acomodar os vários casos que entram pela sua porta. Embora a minha intenção fosse trabalhar muito mais com esse casal, isso simplesmente não aconteceria, dada a resistência dos parceiros. Por isso, fiz o máximo para modificar a abordagem para tratar pelo menos de suas necessidades imediatas. Também achei que, se insistisse, eles provavelmente teriam sumido e nunca mais voltariam à terapia.

FAMÍLIA DE GLUTÕES[1]

Durante os 30 anos em que fiz terapia de casal e família, os casos me foram encaminhados de muitas maneiras diferentes. Em geral, eles chegam por encaminhamento direto, mas às vezes são encaminhados indiretamente, como aconteceu com os Steigerwalts.

Certo dia, no final da tarde, recebi um telefonema de dois adolescentes que pegaram meu nome casualmente na lista telefônica. Eles estavam cada

---

[1] Trechos desse caso foram publicados em Dattilio (1997). Adaptado com permissão de Rowman e Littlefield.

um em uma extensão do telefone em sua casa e perguntaram se eu fazia terapia familiar. Quando eu disse que fazia, eles perguntaram quanto eu cobrava e, depois, marcaram uma consulta. Como me pareceram muito jovens, perguntei quais eram suas idades. Eles me disseram que tinham 14 e 16 anos, respectivamente, e eu disse que eles teriam de obter o consentimento dos pais para que eu os tratasse. Eles agradeceram e desligaram.

Por alguns dias não ouvi mais falar nesses dois adolescentes. Cerca de uma semana depois, recebi um telefonema do pai deles, que disse querer marcar uma consulta para a família. O Sr. Steigerwalt rapidamente me informou que seus dois filhos haviam entrado em contato comigo na semana anterior. Foi marcada a consulta, e atendi essa família uma semana depois. Os Steigerwalts eram uma família de classe média simpática e bem-vestida. À primeira vista, não despertavam nenhuma suspeita de que houvesse qualquer coisa errada e, de muitas maneiras, pareciam ser uma família bastante encantadora.

Durante a sessão inicial, perguntei-lhes por que haviam procurado terapia e como eu poderia ajudá-los. Os dois adolescentes – Rollie, o filho de 16 anos, e Janice, a filha de 14 anos – se manifestaram imediatamente, expressando seu descontentamento. Rollie e Janice pareciam bastante equilibrados. Estavam ambos limpos e vestidos adequadamente, e causavam uma ótima aparência. Contudo, o que saiu de suas bocas me chocou. "Estamos cansados de nossos pais nos dizerem o que fazer e gostaríamos de nos mudar logo para outro lugar – nos divorciar deles." Isso me pegou de surpresa: em 30 anos de terapia, eu nunca havia ouvido tal declaração da boca de um filho. Os pais ouviram em silêncio a declaração, o que me deu a clara impressão de que não era a primeira vez que isso era dito na casa dos Steigerwalt.

Bob, um desenhista de 48 anos, trabalhava para uma grande firma nacional de automação, emprego que fez a família circular um bocado pelos Estados Unidos no decorrer de seus 19 anos de casamento. Carole, a esposa, tinha 43 anos e trabalhava em tempo integral como administradora de uma casa de repouso. Carole mais tarde me diria que se ressentia muito das mudanças que fizeram durante esses anos, particularmente porque Bob não havia sido promovido nem recebido um aumento significativo de salário. Os Steigerwalts relataram estar vivendo um casamento tenso e distante até 3 anos atrás, quando procuraram terapia de casal. Todas essas informações estavam sendo dadas rápido demais, e eu percebi que tinha de desacelerar um pouco as coisas.

Perguntei aos membros da família o que significava para eles, vivendo na mesma casa durante o último ano, ver seus filhos tomarem uma atitude tão drástica quanto entrar em contato com um terapeuta familiar e depois pedir o divórcio de seus pais. "Os dois agem como um par de 'detetives'", disse Rollie, fazendo um movimento quase arrogante na direção de seus pais. "Eles são absurdos, brigam o tempo todo, nos arrastam para o meio de suas brigas idiotas, e eu não consigo mais suportar isso." "Não é justo", exclamou Janice, que começou a desmoronar ao falar sobre a dissensão em casa.

Olhei para os pais, e, nesse momento Carole me chocou, dizendo, "Eles estão certos. Nós somos desprezíveis! Há mais de um ano tem havido uma tensão constante em casa". Percebi, pelo canto do olho, que Bob estava girando os olhos e balançando a cabeça enquanto olhava para o chão. "Bob, o que está se passando na sua cabeça?", perguntei. "Não está tão ruim", disse ele. "Eles estão superdimensionando tudo. Eu passo por isso o tempo todo com eles." Carole lançou-lhe um olhar fulminante. "Bob, você está sempre minimizando as coisas. Nunca esteve tão ruim, os sentimentos de ninguém importam mais. Quando você vai acordar?" "É isso mesmo, papai, você é como o maior detetive de toda essa família", disse Rollie. Eu não conseguia acreditar que esses jovens estavam falando dessa maneira com seus pais e, mais ainda, que os pais tolerassem isso. Perguntei a Rollie: "Você sempre fala assim com seus pais?". "Às vezes", disse Rollie com um sorriso afetado, "mas porque em geral estamos perturbados. Todo mundo fica assim na nossa família quando estamos perturbados, mas na verdade não é o que parece. É... é simplesmente porque estamos cansados demais de tudo isso".

Eu tentava recuperar meu fôlego para entender exatamente o que acontecia com eles. Até agora, a minha impressão inicial era de que havia ali muita animosidade e ruptura de limites; às vezes me parecia que eu estava lidando com quatro adultos em vez de com uma família composta de pai, mãe e dois filhos.

Uma das melhores técnicas que aprendi nos meus primeiros anos de treinamento de terapia familiar foi que, às vezes, é melhor simplesmente permanecer em silêncio e deixar as coisas acontecerem – absorver o máximo que pudesse e deixar as coisas amadurecerem. Fiz exatamente isso, até que a mãe emergiu como a porta-voz. "Nós realmente temos esses problemas há anos. Nada disso é novo." Pedi à família para me falar um pouco sobre como era a vida em casa antes da mãe e do pai iniciarem terapia de casal. Direcionei minha pergunta a Bob e Carole. "Havia muitas brigas em casa, ou era principalmente entre vocês dois?". Como resposta, Carole apresentou o seguinte cenário:

"Na verdade, as coisas não eram tão ruins o tempo todo. Como Bob viajava muito a trabalho, eu naturalmente passava mais tempo com as crianças. Quando Bob voltava para casa, estava cansado e, em geral, não queria interagir muito com a família, e assim ele se retraía e se isolava. Quando eu tentava fazê-lo participar da unidade familiar, ele se tornava desagradável e começava a ser verbalmente abusivo comigo." Carole continuou: "A partir daí as coisas foram por água abaixo. Eu me vi ficando cada vez mais furiosa e isolada dele. Não conseguíamos mais nos entender. As coisas ficaram tão ruins que resolvemos buscar terapia de casal, e ficamos cerca de 8 meses em tratamento".

Perguntei se a terapia foi bem-sucedida. "Mais ou menos", disse ela, olhando para Bob. Esperei que Bob respondesse, mas tudo o que ele disse enquanto olhava para sua esposa foi: "Vá em frente, pode falar". "Bem", disse Carole, "as coisas melhoraram, mas o problema que ainda permanece são os ocasionais ataques verbais de Bob a mim – e agora às crianças. Mas eu não entendo por que eles estão tão infelizes. Quero dizer, temos nossas tensões, mas não é tão ruim assim. Isso é uma loucura – pedirem para se divorciar de nós".

Percebi que Bob balançava a cabeça e parecia abafar o riso. Ele disse: "Isso é bizarro. As coisas melhoraram entre Carole e eu, e agora as crianças parecem estar infelizes. Isso não faz muito sentido, faz?".

"Bem, de certa forma faz", disse eu. "Talvez porque as coisas mudaram na dinâmica familiar, houve um impacto em todos, e essa nova expressão da emoção e do comportamento é o resultado disso."

Comecei a me dar conta de que a insatisfação das crianças com seus pais pareceu vir à tona mais ou menos na época em que Bob e Carole começaram a trabalhar a relação dos dois e se tornaram mais unidos. Rollie e Janice explicaram que, embora fossem bons jovens, seus pais os tratavam de maneira injusta. Por exemplo, seus pais viviam mudando de opinião, dando-lhes permissão para sair com os amigos nos fins de semana, depois revogando a permissão e tornando-a condicional: "Bem, você só pode ir se fizer isso ou aquilo primeiro". Os dois jovens se queixaram de que esse e outros exemplos de inconsistência eram terrivelmente injustos e que eles se sentiam "manipulados" por seus pais. Também não queriam mais ouvir o que cada um deles tinha a dizer.

Um dos princípios básicos da terapia familiar é que, quando há uma mudança importante no relacionamento dos pais, todo o sistema familiar, ou equilíbrio homeostático, muda. Suspeito de que isso estava na raiz da rebeldia dos filhos. Entretanto, o que achei interessante foram os pensamentos espontâneos que esses filhos tiveram, particularmente sobre o que pareciam considerar que fossem seus direitos. Houve uma questão importante com relação aos limites que faziam parte da constituição da família, e comecei a ponderar que esquemas foram transmitidos inicialmente nessa unidade familiar que passou a mensagem a essas crianças de que era normal elas desafiarem seus pais quanto a regras, regulamentos e liberdades básicas, e, mais que tudo, se expressarem contra eles de maneira tão desrespeitosa. Eu estava intrigado e atônito de ver como esses pais ficavam sentados ali e não se importavam com isso.

Foi nesse ponto que Bob se intrometeu e declarou que, antes da terapia conjugal, eles haviam sido muito complacentes com a disciplina e o estabelecimento de limites. Carole concordou e disse: "Se somos culpados de algo, é desse comportamento, e acho que agora estamos tentando arrumar a bagunça, e as crianças estão crescendo e nos desafiando". Rollie e Janice se manifestaram, dizendo-me que seus pais nunca haviam concordado em nada no passado, e agora, de repente, eles se tornaram extremamente rígidos, embora não mantivessem nenhum conjunto de regras na família e simplesmente fossem cuidando das coisas à medida que elas aparecessem. Carole reconhecia que ela e Bob frequentemente agiam sem pensar nas situações, à medida que iam surgindo. Julguei que essa inconsistência provavelmente causara um impacto importante na atual rebelião dos filhos.

Carole prosseguiu me informando que, quando ela e Bob passaram por dificuldades no casamento, eram mais divididos com relação ao seu papel de pais. Ela ficava do lado das crianças, e Bob ficava do seu próprio lado. A maioria dos clientes finalmente expressa sua dinâmica familiar, com frequência ali mesmo no meu consultório, e eu logo tive uma chance de ver os Steigerwalts em seu estilo de batalha.

Quando Carole falou sobre o que costumava acontecer, ela e os dois filhos começaram a denunciar Bob por ser verbalmente abusivo. Bob retrucou. "Vamos falar sobre ser verbalmente abusivo. E quanto às coisas que as crianças me dizem? Eles me chamam de 'pé no saco' e coisas desse tipo."

"Quem chamou você disso?" perguntei. "Eu chamei", disse Janice, "Porque ele me chamou de tomatinho gordo".

Janice começou a chorar, enquanto Bob e Rollie começaram a abafar o riso em uníssono, e Carole ergueu as mãos e disse, "Está vendo, é isso que acontece o tempo todo. Bob está sempre implicando com o peso de Janice, e isso só piora as coisas. É realmente repugnante".

Essa maldade contínua entre os membros da família realmente me chocou. "Vocês permitem esse tipo de linguagem?", perguntei, olhando para Carole e Bob. Constrangida, Carole disse, "Bem, acho que Bob estabeleceu o precedente com suas blasfêmias em casa no correr dos anos. É realmente terrível, mas todos fazemos isso".

Rollie declarou: "É, falamos assim com eles porque eles falam assim conosco".

Foi nesse momento que ponderei: se esses jovens estavam seguindo os passos de seus pais formando uma aliança, de maneira muito parecida com aquela de Bob e Carole após a terapia de casal, esta havia obtido algum sucesso. Bob e Carole estavam um pouco mais coesos e pareciam funcionar juntos, e talvez isso tenha provocado um efeito profundo na união de Janice e Rollie. Sugeri que a ideia dos jovens de como a família devia operar poderia ter surgido da atmosfera caótica a que eles haviam sido expostos até recentemente, e agora estavam ambos confusos com a mudança no comportamento de seus pais. Eles estavam infelizes sobre a perda da autonomia e do poder que um dia desfrutaram.

Rollie prosseguiu, dizendo que costumava encarar seus pais mais como amigos do que como pais e que nunca havia tido esse tipo de relacionamento com eles. Janice, no entanto, ainda encarava sua mãe como uma espécie de amiga, mas via seu pai como um "cretino" e um "idiota". Agora, "Mamãe está começando a ficar igual a ele, e me sinto como se a estivesse perdendo".

Certamente, consegui formar uma ideia dessa família após 45 minutos e comecei a entender um pouco sobre como as coisas haviam entrado em colapso. Decidi perguntar como todos se sentiam com relação a estarem em terapia familiar. Os filhos me disseram no início que nunca haviam feito terapia familiar – que só Bob e Carole haviam feito terapia de casal. "Estamos aqui porque queremos saber como podemos sair dessa situação", disse Rollie. "Bem, vocês não podem", disse eu, "a menos que fujam, e isso não é aceitável".

Decidi correr o risco de assumir uma postura autoritária, simplesmente para ver como todos reagiriam a isso. Para minha surpresa, ninguém me recriminou. "Por que vocês precisam sair se talvez possamos ajeitar as coisas aqui?" "Não sei", disse Rollie. "Isso me parece impossível, estamos ficando mais velhos, e eu simplesmente não quero mais ficar em casa." "Bem, eu entendo isso", disse eu, "mas por que não dar uma pequena chance a esse processo? Se eu puder ajudar as coisas a melhorarem um pouco para todos no relacionamento, vocês decidiriam ficar?". Rollie ficou quieto, mas balançou sua cabeça afirmativamente. Olhei para Janice, e ela disse, embora estivesse arrasada, "Eu não quero ir para lugar nenhum, quero que sejamos uma família de novo, mas não assim".

Nessa altura, olhei para Bob e Carole e disse: "Bem, vejam. Vocês passaram algum tempo em terapia de casal, sabem que a terapia pode ser útil. Como se sentem sobre se reunirem como uma família juntos para outra sessão?". Bob deu de ombros e falou: "Claro, acho que do jeito que está não pode continuar". Carole disse: "Sou totalmente a favor disso. Sou muito favorável às terapias e tenho lido muito a respeito". Sugeri que nos reuníssemos algumas vezes para ver se conseguiríamos fazer algumas mudanças. Também assegurei aos jovens, "Certamente, vocês podem pedir o divórcio se as coisas não funcionarem". Eles abafaram o riso, como se entendessem como havia sido ridícula sua solicitação inicial.

Nesse momento, Bob perguntou, "Então, quem precisa de ajuda aqui?". Respondi: "Bem essa é uma boa pergunta, Bob, porque na verdade toda a família precisa de ajuda. Não há uma pessoa individual a quem visemos como o paciente. Olhamos a família como um sistema, e o sistema está meio destruído nesse momento, embora eu esteja certo de que ele tem muitos bons atributos. Neste exato momento, todos parecem estar infelizes com a maneira como as coisas estão funcionando, e precisamos lidar com a situação de um ponto de vista familiar. Então, nos reuniremos todos em cada sessão, se todos vocês concordarem com isso". "Acho que por mim, tudo bem", disse Bob, "contanto que consigamos conciliar nossos horários".

Percebi com o canto do olho que os jovens pareceram sorrir um pouco, o que me indicou que talvez eles estivessem realmente mais motivados a fazerem as coisas funcionar do que manifestaram no começo da sessão.

Também decidi dar à família uma tarefa de casa nessa sessão inicial, por várias razões. Primeiro, queria reunir algumas informações adicionais sobre a dinâmica familiar e, segundo, precisava ver se eles fariam sua tarefa de casa, o que também seria um sinal para mim de que estavam realmente motivados a ir em frente. Conversei um pouco com eles sobre a importância da família de origem e sobre como é essencial que observemos nossos sistemas de crença e alguns dos costumes que transmitimos intergeracionalmente. Disse também que estava muito interessado em saber sobre os tipos de famílias a que a mãe e o pai foram expostos durante suas próprias criações.

Com isso, pedi aos pais para completar a Escala da Família de Origem (Hovestadt et al., 1985). O propósito de completar essa escala era avaliar alguns dos atributos que cada um deles levou de suas respectivas famílias para sua nova família. Parte do foco desse inventário se concentra na autonomia e na intimidade como dois conceitos fundamentais na vida, e em como estes formam a percepção de intimidade e de relacionamentos familiares. Eu estava particularmente interessado no aspecto da autonomia e dos limites – como esses dois conceitos eram percebidos em suas próprias famílias de origem e como se traduzia na confusão que testemunhei naquela sessão inicial.

Também pedi a todos os membros da família para completarem o Family Beliefs Inventory – FBI [Inventário das Crenças Familiares], Roehling e Robin (1986). Esse inventário consiste de dois formulários paralelos, para pais e adolescentes, e se destina a avaliar as crenças históricas com respeito ao relacionamento. O FBI para os Pais (FBI-P) avalia seis crenças distorcidas, que incluem destruição, perfeccionismo, injustiça, autonomia e aprovação.

Infelizmente, isso aconteceu algumas semanas antes de eu conseguir ver a família de novo devido às viagens de trabalho do pai. Nesse meio tempo, pedi para todos me mandarem pelo correio seu inventário preenchido, que tive a chance de examinar. As respostas que a mãe e o pai deram na Escala da Origem Familiar sobre as questões de autonomia e intimidade foram muito reveladoras. Tanto Bob quanto Carole haviam experimentado baixos níveis de intimidade com suas famílias de origem e retrataram os membros de suas famílias como reservados. Havia também limites muito rígidos nas duas famílias de origem, sugerindo que havia pouca interação. Ambos relataram dificuldades com o conflito e poucos sinais de afeição. Eles especificamente retrataram uma dinâmica familiar em que o pai dava as ordens e todos ouviam e faziam o que ele dizia. Carole, no entanto, relatou que seu pai era relativamente ausente em casa e sua mãe era a matriarca inconsistente. As regras e os regulamentos eram com frequência frouxos, embora os limites fossem rígidos, de modo que ninguém na verdade sabia o que era ou não permitido. Era fácil ver como tudo isso tivera um efeito de escoamento na família imediata.

No Inventário das Crenças Familiares, todos os membros da família responderam de maneira indicativa de que o perfeccionismo, a aprovação e a obediência tinham uma avaliação muito baixa. Havia uma clara indicação de estrutura familiar frouxa, com pouca coesão, embora seja interessante notar que ainda existia um desejo de maior coesão. Parecia que os membros da família simplesmente não sabiam o que constituía uma dinâmica familiar salubre e coesa.

Foi também aplicada à família a Family Awareness Scale – FAS [Escala de Consciência Familiar], Green, Kolevzon e Bosler (1985). Essa escala é um instrumento de 14 itens para avaliar a competência familiar em áreas de estrutura, mitologia (como a família se vê), negociação direcionada ao objetivo, autonomia de seus membros e natureza da expressão familiar. Todos os membros encaravam a família como deficiente na resolução de problemas e muito pouco clara quanto a falar uns com os outros sobre seus respectivos pensamentos e sentimentos. Havia também uma indicação de que os membros da família não admitiriam prontamente se sentir culpados ou assumir a responsabilidade por seus próprios comportamentos passados ou presentes e que havia um desligamento geral, com o qual todos estavam desconfortáveis.

Bob e Carole mantinham esquemas similares sobre o seu papel de pais e sua vida familiar, que subsequentemente afetou a maneira como atuavam em conjunto como pais. Basicamente, falhavam em proporcionar o equilíbrio apropriado entre a permissividade e a disciplina. No início do tratamento, fiz Bob e Carole completarem a Escala da Família de Origem (Hovestadt, Anderson, Piercy, Cochran e Fine, 1985), o que me proporcionou informações adicionais sobre sua criação. A Figura 9.2 é um exemplo de um de seus esquemas conjuntos.

Também consegui um formulário de consentimento assinado para liberar informações dos pais e obtive sua permissão para entrar em contato com sua ex-terapeuta de casal. Quando recebi a permissão, tive a oportunidade de falar com a terapeuta de casal, que me informou ter experienciado alguma dificuldade com Bob e Carole como casal devido aos seus problemas com intimidade. Ela tinha a impressão de que ambos eram muito isolados e autoprotetores. Ela também enfatizou que Bob apresentava problemas importantes com o controle emocional e com frequência escondia suas emoções por temer a própria vulnerabilidade.

Sessão 2

Embora eu originalmente tenha organizado uma agenda para a segunda sessão com essa família, ela infelizmente foi prejudicada por um incidente que ocorreu nesse ínterim. Achei que fosse prudente tratar dessa questão de imediato, tendo em vista que parecia estar no cerne da problemática da família.

Dattilio: Bem, estou satisfeito em ver que todos vocês concordaram em retornar. Antes de começarmos, gostaria de saber o que ocorreu nas últimas duas semanas. Todos pareceram um pouco tensos quando chegaram essa tarde.

Carole: Nós tivemos uma semana terrível. Acho que a tensão na família está alta o tempo todo. Isso é tão deplorável.

Dattilio: É mesmo? O que aconteceu?

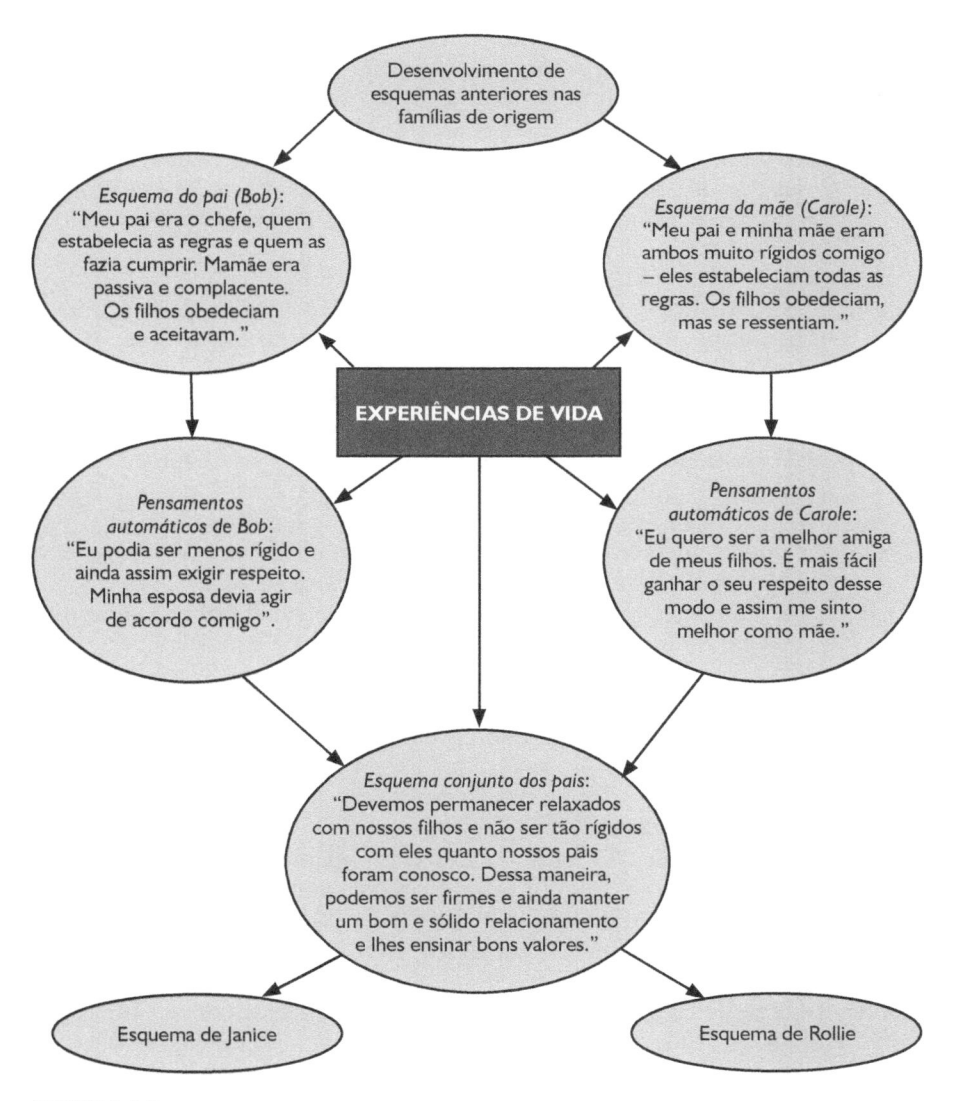

```
                    ┌─────────────────────────┐
                    │ Desenvolvimento de      │
                    │ esquemas anteriores nas │
                    │ famílias de origem      │
                    └─────────────────────────┘
                         ↙           ↘
    ┌──────────────────────────┐   ┌──────────────────────────┐
    │ Esquema do pai (Bob):    │   │ Esquema da mãe (Carole): │
    │ "Meu pai era o chefe,    │   │ "Meu pai e minha mãe     │
    │ quem estabelecia as      │   │ eram ambos muito rígidos │
    │ regras e quem as fazia   │   │ comigo – eles            │
    │ cumprir. Mamãe era       │   │ estabeleciam todas as    │
    │ passiva e complacente.   │   │ regras. Os filhos        │
    │ Os filhos obedeciam      │   │ obedeciam, mas se        │
    │ e aceitavam."            │   │ ressentiam."             │
    └──────────────────────────┘   └──────────────────────────┘
              ↓           ┌──────────────────────┐       ↓
              │           │ EXPERIÊNCIAS DE VIDA │       │
              │           └──────────────────────┘       │
              ↓                                          ↓
    ┌──────────────────────────┐   ┌──────────────────────────┐
    │ Pensamentos              │   │ Pensamentos              │
    │ automáticos de Bob:      │   │ automáticos de Carole:   │
    │ "Eu podia ser menos      │   │ "Eu quero ser a melhor   │
    │ rígido e ainda assim     │   │ amiga de meus filhos. É  │
    │ exigir respeito.         │   │ mais fácil ganhar o seu  │
    │ Minha esposa devia agir  │   │ respeito desse modo e    │
    │ de acordo comigo".       │   │ assim me sinto melhor    │
    │                          │   │ como mãe."               │
    └──────────────────────────┘   └──────────────────────────┘
                         ↘           ↙
                    ┌──────────────────────────┐
                    │ Esquema conjunto dos pais: │
                    │ "Devemos permanecer        │
                    │ relaxados com nossos       │
                    │ filhos e não ser tão       │
                    │ rígidos com eles quanto    │
                    │ nossos pais foram conosco. │
                    │ Dessa maneira, podemos     │
                    │ ser firmes e ainda manter  │
                    │ um bom e sólido            │
                    │ relacionamento e lhes      │
                    │ ensinar bons valores."     │
                    └──────────────────────────┘
                         ↙           ↘
            ┌────────────────────┐  ┌────────────────────┐
            │ Esquema de Janice  │  │ Esquema de Rollie  │
            └────────────────────┘  └────────────────────┘
```

FIGURA 9.2
Esquemas da família de origem de Bob e Carole.

Carole: Bem, começou com Bob sendo verbalmente abusivo com todos nós na última sexta-feira e...
Bob: (*interrompendo-a abruptamente*) Agora espere um minuto, droga! Vocês todos podem parar de me responsabilizar por tudo o que acontece. Eu sou o responsável pela droga da semana – é tudo *minha* culpa!
Janice: Bem, você começou, Papai, com a porcaria da *pizza*.
Dattilio: Esperem aí! O que a "porcaria da *pizza*" tem a ver com tudo isso? Ajudem-me, estou perdido aqui. (*Os jovens começam a dar risadinhas abafadas.*)
Bob: Na sexta-feira à noite eu levei *pizza* para casa, como em geral faço nos fins de semana. Telefonei para Carole do escritório e concordamos que nenhum de nós estava com vontade de cozinhar, e então peguei uma *pizza*.
Dattilio: Ok, isso me parece algo normal.
Bob: É. Bem, entrei pela porta, coloquei a *pizza* na mesa da cozinha e fui até o corredor para pendurar meu casaco no *closet*. Bem, os três desceram como abutres, cada um pegando dois pedaços de *pizza* e chispando sabe-se lá para onde. Deixaram duas fatias fininhas para mim com praticamente nenhum queijo sobre elas. Então, isso realmente me tirou do sério. Perdi as estribeiras e os chamei de "uma família de glutões". Disse que eram uns ingratos. E acho que usei algumas outras palavras... Não sei. Não me lembro.
Carole: Bem, eu me lembro! Você chamou Rollie de imbecil, e Janice e eu de porcas. (*Rollie e Bob começaram a rir baixinho.*)
Dattilio: Ok. Eu captei a situação. Então, vamos entrar direto no assunto e retomar de onde paramos na última vez. Bob, vamos voltar à noite de sexta-feira quando você levou a *pizza* para casa. Você se lembra de como estava se sentindo?
Bob: Hum, eu não sei. Acho que estava cansado e faminto, como todo mundo.
Dattilio: Nada mais?
Bob: O que você quer dizer?
Dattilio: Bem, "cansado, faminto" – são termos vagos. Eu gostaria de saber mais sobre o seu humor e, mais importante, os pensamentos que envolviam o seu humor.
Bob: Não sei. Realmente não consigo dizer.

Eu realmente não queria pressionar demais Bob, ainda no início do tratamento, sobre suas emoções porque desconfiava que ele não estava conectado com elas. Decidi tratar das coisas em um nível cognitivo e conduzir para o componente afetivo mais adiante, particularmente devido à sua precaução.

Dattilio: Então, você levou *pizza* para casa e a colocou sobre a mesa da cozinha para compartilhar com todos. Primeiro, deixe-me perguntar-lhe, o que você previu que aconteceria? Quais eram suas expectativas?
Bob: Ah... eu não sei, não pensei a respeito. Acho que todos se sentariam, e nós comeríamos a *pizza* normalmente. Você sabe, como se imagina fazer. Como os seres humanos fazem! (*olhares para Rollie e Janice*)
Dattilio: Então, quando todos simplesmente mergulharam nela, isso lhe causou um grande impacto.
Carole: Bem, espere um minuto! Bob colocou a *pizza* na mesa e gritou "Pizza aqui", e então foi pendurar seu casaco. Ele deve ter feito alguma outra coisa, porque não voltou imediatamente para a cozinha. As crianças estavam vendo um programa na TV, correram e pegaram seus pedaços de *pizza* – como fazem normalmente – e foram comê-la na frente da televisão.
Dattilio: Então, Bob, isso violou sua expectativa do que você achou que aconteceria?
Bob: É, acho que sim.
Dattilio: Tudo bem, e isso sem dúvida de alguma forma agravou as coisas pra você?
Bob: Sim. Então, quando cheguei e vi as duas fatias minúsculas de *pizza* praticamente sem queijo sobre elas, enlouqueci.
Dattilio: Muito bem, pare nesse exato minuto! Que pensamentos vieram à sua mente nesse momento?
Bob: (*Para e pensa durante um minuto.*) Ah, eu não sei. Não me lembro.
Dattilio: Vamos experimentar o seguinte – feche seus olhos por um minuto e tente se lembrar visualmente de você naquela situação.
Rollie: Não, não lhe diga pra fazer isso. Ele vai cair no sono. (*Todos riem.*)
Dattilio: Bob, feche seus olhos e tente imaginar essa cena. Avise-me quando tiver uma imagem na sua cabeça.
Bob: Ok. Estou lá (*forçando o riso com os olhos fechados*).
Dattilio: Bom. Agora pense no que você estava vestindo, onde você estava e a atmosfera que o cercava – os cheiros, etc.
Bob: Sim. Ok.
Dattilio: Você consegue se lembrar do que pensou quando viu aqueles dois pedaços ínfimos e patéticos de *pizza* que restavam na caixa – ali olhando pra você?
Bob: Sim. Eu pensei "Que glutões – isto é bem típico deles".
Dattilio: O que é típico?
Bob: Você sabe, esse egoísmo, essa desconsideração comigo. Eu trago a droga da *pizza* pra casa, e ninguém se senta pra comer comigo. Eles não têm sequer a consideração suficiente para me deixar um pedaço decente de *pizza*. Eles simplesmente não se importam.

Dattilio: Então, qual é o esquema ligado a isso?
Bob: Não sei bem o que você quer dizer com isso.
Dattilio: Bem, seu pensamento automático foi "Eles não tem consideração por mim". O que significa isso?
Bob: Bem, isso significa que eles não se importam. Estão apenas me usando. Eu sou apenas um *ticket* refeição.
Carole: Ah, para com isso, Bob!
Dattilio: Não, espere, Carole. Deixe-o terminar!
Bob: Isso é tudo o que eu sou. Eles não dão a mínima pra mim.
Dattilio: Então o seu esquema, ou crença básica, é que ninguém na família realmente se importa com você, e o seu valor para eles está simbolizado pelas fatias mínimas de *pizza* que deixaram pra você, depois de você passar por todo o trabalho de pegar a *pizza*, pagar por ela, etc. – certo?
Bob: Sim, em resumo é isso.
Dattilio: Muito bem. Esta é a questão importante. Que evidência, além do incidente da *pizza*, você tem que realmente substancie a declaração abrangente "Eles não dão a mínima pra mim. Sou apenas um *ticket* refeição"?
Bob: Hum, bem, montes de evidências. Isto é, esse apenas foi um dia na vida de Robert Steigerwalt. Minha família vem me tratando assim há anos. Sou pressionado quase da mesma maneira no trabalho. Às vezes eu me sinto como um pedaço de bosta.
Dattilio: Fale-me sobre o comportamento da família no passado. Que outros eventos ocorreram como este?
Bob: Não sei, têm acontecido coisas assim.
Dattilio: Muitas? O bastante para substanciar uma declaração tão forte?
Bob: Hum, bem, não, não muitas, mas têm acontecido.
Dattilio: Então, você não tem um monte de evidências, apenas algumas ocorrências.
Bob: Sim, talvez uma ou outra.
Dattilio: Então, haveria a possibilidade de estar ocorrendo algumas distorções cognitivas no trabalho também?
Bob: Bem, sim, talvez, mas ainda assim eu não acho que tenha sido despropositado eu ficar zangado por causa disso. Foi uma coisa muito egoísta da parte deles.
Dattilio: Não, eu não estou discutindo essa questão com você. Tenho certeza de que você estava prevendo o queijo na sua *pizza* também. Então, terminar com duas fatias de "massa coberta com molho" é uma grande decepção, tenho certeza – especialmente quando se está com fome (*os jovens começam a dar risadinhas*). Mas dizer que isso significa que eles não dão a mínima pra você – eu não vejo como esta seria uma suposição precisa.

Bob: Bem, acho que não, mas é frustrante.
Dattilio: É claro, mas a emoção ligada ao que você diz a você mesmo sobre o seu mérito e valor faz uma diferença importante em como você reage emocional e comportamentalmente. Você pode ver isso claramente se o representarmos no Registro do Pensamento Disfuncional. Vamos mapeá-lo.

Comecei a escrever em uma lousa para que toda a família pudesse enxergar o exemplo:

Situação	Pensamentos automáticos	Emoção(ões)	Distorção cognitiva
Todos se servem dos melhores pedaços de *pizza*, deixando os pedaços menores para Bob.	Eles simplesmente não dão a mínima pra mim. Sou apenas um *ticket* refeição.	Agitado/zangado, desvalorizado	1. Inferência arbitrária 2. Maximização 3. Pensamento dicotômico

Dattilio: Tudo bem. Então, quando temos um ataque de nervos como esse, é fácil ver as distorções que ocorrem e como as declarações que você está fazendo para si mesmo estão equivocadamente fundamentadas.
Bob: Sim, acho que posso ver isso.
Dattilio: Então, as emoções e os comportamentos que se seguem estabelecem o cenário para suas reações e o que isso evoca nos outros membros da família.
Bob: Então sou eu que estou errado.
Dattilio: Não, não inteiramente. Eu só aproveitei a oportunidade para destacar essa situação a fim de a usar como um exemplo para a família porque ela foi levantada hoje. Vamos examinar os pensamentos que ocorreram com os outros. Carole, o que aconteceu quando Bob reagiu dessa maneira?
Carole: Bem, eu achei que ele ia avançar o sinal. Quero dizer, eu também teria ficado zangada, mas ele poderia ter dito para nós, "Puxa, gente, que tal me deixar uns pedaços de *pizza* com mais queijo em cima?". Quero dizer, ainda havia *pizza*. As crianças ainda não haviam comido tudo. Eles podiam ceder parte dos pedaços deles. Nós também podíamos ter pedido outra *pizza*. O lugar fica a apenas 5 minutos da nossa casa.
Dattilio: Mas como isso afetou o restante de vocês?
Rollie: Bem, eu não sabia bem o que acontecia e a próxima coisa que vi foi papai gritando e me chamando de imbecil ingrato. Aí fiquei louco.
Dattilio: Janice? E quanto a você?

Janice: Bem, eu pensei "Aqui vamos nós de novo. Ele está sempre deixando todo mundo infeliz".
Dattilio: Então, isso causou um monte de transtorno. Se Bob tivesse se aproximado de vocês com um pouco menos de fúria e dissesse que queria sua parte das fatias decentes de *pizza*, como vocês teriam reagido?
Rollie: Sem problemas – eu lhe teria dado o outro pedaço. Não quero ser injusto.
Dattilio: Então, não foi só pra chatear seu pai ou deixá-lo com os restos – vocês não são realmente glutões, são?
Rollie e Janice: (*rindo*) Não, é que ele é mais lento do que nós, e nós estávamos famintos.
Dattilio: Então é isso: "cada um por si"?
Rollie: É, nós não compartilhamos a maior parte do tempo.
Dattilio: Tudo bem, mas vocês podem entender como seu pai se sentiu?
Rollie e Janice: É, acho que sim. Quer dizer, é que estamos sempre ofendendo um ao outro na nossa família. Isso não é legal.
Dattilio: Bob, você agora está consciente de que a conclusão a que chegou foi um pouco exagerada?
Bob: É, acho que exagerei.
Dattilio: Carole, o que você está pensando – você está muito quieta.
Carole: Bem, estou apenas pensando em como isso é típico da nossa família. Isto é, esse tipo de coisa acontece o tempo todo, e eu acho que você esclareceu muito bem as coisas essa noite. Falamos muito sem pensar – às vezes a ponto de realmente nos colocarmos a todos em sérias dificuldades.
Dattilio: Bem, é isso. Posso perceber isso. Mas também acho que há mais alguma coisa acontecendo aqui com suas emoções. Vocês realmente não parecem expressar as emoções de maneira uniforme até haver uma espécie de crise ou cataclismo, e então elas vêm à tona de uma maneira extremamente carregada.

Como se pode ver nesse cenário, encorajei todos os membros da família a pensar sobre a dinâmica que estava ocorrendo com seus processos de pensamento e com a facilidade com que eles distorcem as coisas. Mais importante, abri a porta para eles começarem a fazer uma conexão entre seus pensamentos e como estavam ligados às suas emoções – e como isso especificamente conduzia a conflitos em seus relacionamentos um com o outro.

Essa família também tinha problemas com a expressão emocional, particularmente com a intimidade. Grande parte da dificuldade se originava dos pais e de suas famílias de origem e sem dúvida passaram a influenciar a maneira de funcionar dessa família em um nível emocional, cognitivo e comportamental.

Deliberadamente escolhi o pai para usar como modelo porque acreditava que, de muitas maneiras, ele estabelecia o principal tom para a família. Essa estratégia certamente não pretendia colocá-lo como alvo, mas se apresentou como uma via disponível para começar a lidar com um problema importante para a família. A mãe, que tinha uma força e um controle especiais próprios, observou em silêncio enquanto fiz essas manobras com seu marido. A minha impressão foi de que o processo de reestruturação podia ter tido menos impacto se eu a tivesse escolhido como modelo. Além disso, eu queria silenciosamente desarmar o seu poder, deslocando o foco dela e direcionando-o para o pai. Seria menos ameaçador para a família nesse ponto do tratamento do que o inverso, porque ainda estávamos no início do processo terapêutico.

Dattilio: Então, e quanto ao resto da família? Vocês todos reconhecem como podem ter tido experiências semelhantes – quando seus próprios pensamentos automáticos afetaram a maneira como reagiram emocionalmente a situações que surgiram em sua família?

Rollie: Bem, sim, acho que sim – mas às vezes fico tão furioso com as coisas que não consigo parar e pensar direito. Para mim é realmente muito difícil desacelerar as coisas. Além disso, não sei por que tenho de fazer isso se ninguém mais faz.

Dattilio: Bem, esta é a questão, Rollie. Você vê, todos precisarão começar a examinar a maneira como pensam em relação às coisas e aprender a desafiar os pensamentos e as distorções que causam conflito. Uma das maneiras de começar a fazer isso é perguntar a nós mesmos certas coisas quando percebemos que estamos nos envolvendo em pensamentos distorcidos. Chamamos esse processo de "questionamento de suas interpretações".

Foi nessa conjuntura do tratamento que comecei a orientar a família para o modelo de terapia. Foi o componente educacional que estabeleceu a maneira como procederíamos nas futuras sessões. Listei as questões que queria que eles usassem no entendimento do conteúdo do seu pensamento:

1. Quais são as evidências que apoiam minha interpretação?
2. Quais evidências não apoiam minha interpretação?
3. Pelas ações dos membros da minha família, é lógico supor que ele [ou ela] tem o motivo que lhe atribuo?
4. Há explicações alternativas para o seu comportamento?

Disse-lhes para usarem um exemplo em que um dos membros da família falasse asperamente ou de alguma outra maneira que os perturbasse ou aborrecesse e fizessem a si mesmos as seguintes perguntas:

1. Isso aconteceu porque ele [ou ela] falou asperamente que estava zangado comigo?
2. Há explicações alternativas para seu tom de voz? Por exemplo, ele [ou ela] poderia estar resfriado ou estar pressionado ou aborrecido com alguma outra coisa?
3. Mesmo que ele [ou ela] esteja zangado, ocorre de:

- ele [ou ela] não ligar para mim ou estar de alguma maneira me desvalorizando?
- ele [ou ela] ser sempre dessa maneira?
- isso necessariamente significar que ele [ou ela] vai tornar a minha vida miserável?
- eu ter feito alguma coisa errada?

Dattilio: (*para toda a família*) Vocês percebem como isso pode ser útil?
Carole: Sim, percebo. Agora só precisamos aprender a desacelerar as coisas na nossa família e nos lembrar de fazer isso sem sermos tão emocionais.
Dattilio: Sim. Essa é a parte difícil. Mas também não quero menosprezar as emoções, porque elas são uma parte vital da terapia. Certamente precisamos aprender a regulá-las melhor. Acho que podemos fazer isso primeiro examinando parte do conteúdo do nosso pensamento e entendendo melhor como isso afeta nossa emoção e nosso comportamento. As famílias são sistemas interessantes, mas complicados, que operam em cima de princípios e suposições. Essas suposições podem afetar significativamente nossas emoções e comportamentos.

Então prossegui explicando aos Steigerwalts de uma maneira simples algumas das suposições que foram colocadas por Schwebel e Fine (1994).

- *Suposição 1*: Todos os membros de uma família procuram manter seu ambiente em ordem para satisfazer suas necessidades e vontades. Eles tentam entender seu ambiente e como podem funcionar mais efetivamente dentro dele, mesmo que isso às vezes signifique testar os limites (por exemplo, Rollie pode exceder meia hora em seu horário de entrada). Quando os membros da família reúnem dados sobre como a família opera, usam essa informação para guiar seus comportamentos e para ajudar na construção e no aprimoramento do construto individual da vida familiar e dos relacionamentos familiares. Por isso, no caso de Rollie, ele pode começar a desenvolver a noção de que extrapolaria os limites e não seria castigado, inferindo assim que as regras podem ser quebradas com poucas consequências.

- *Suposição 2*. As cognições dos membros individuais afetam virtualmente todos os aspectos da vida familiar. Cinco categorias são identificadas como variáveis cognitivas que determinam tais cognições:
    1. atenção seletiva (foco de Bob e Carole nos comportamentos negativos dos filhos);
    2. atribuições (explicações de Bob para a razão de os filhos se comportarem de maneira inconveniente);
    3. expectativas (a expectativa de Bob que Carole e os filhos façam o que ele manda sem questionar);
    4. suposições (a visão de Janice de que a vida não é justa);
    5. padrões (os pensamentos de Rollie sobre como o mundo deve ser).
- *Suposição 3*. Alguns "obstáculos à satisfação estão dentro das cognições dos membros individuais da família (por exemplo, a crença de Carole de que ela precisa ser a melhor amiga de seus filhos).
- *Suposição 4*. A menos que os membros da família se tornem mais conscientes de suas cognições relacionadas à família e como essas cognições os afetam em algumas situações, eles não conseguirão identificar áreas causadoras de estresse e substituí-las por uma interação saudável.

Essas suposições em geral não são faladas dentro de uma estrutura familiar; simplesmente existem e são mantidas em um nível inconsciente. Em certo sentido, elas ocorrem automaticamente e com frequência formam as regras pelas quais uma família opera.

Rollie: Parece que nossas regras ou suposições eram todas idiotas. Quer dizer, é isso que nos deixa loucos com essa família, que metade do tempo não sabemos o que é o quê. As regras estão sempre mudando.
Dattilio: Não estou entendendo bem o que você está dizendo, Rollie – você poderia ser mais específico?
Janice: (*interrompendo*) Eu acho que ele está tentando dizer é que meus pais mudam muito as coisas. Eles nos confundem. Eles fazem o que acham que está certo na hora.
Dattilio: Ok. Mas, Janice, deixe Rollie falar por si. Acho importante que ele próprio diga isso.
Carole: Muito bem. Já entendi. Acho que é justo dizer isso. Mas vocês, meninos (*apontando para Rollie e Janice*), então pegam a coisa, correm com ela e depois manipulam até o inferno seu pai e eu.
Janice: Bem, sim, nós somos adolescentes, o que você espera?
Dattilio: Vocês sabem, me impressiona que talvez Rollie e Janice estejam esperando que você e Bob sejam mais firmes com eles, mas, até que o sejam, eles se comportam mal ou lhes causam problemas.

Carole: Mas é disso que eles estão se queixando, que somos muito rígidos com eles – nas palavras de Rollie, "só enchemos o saco deles". É como se pegássemos pelo canto e pela beirada.

Dattilio: Não, não é o que estou escutando. Vocês (*para Rollie e Janice*) podem me corrigir se eu estiver errado, mas o que estou ouvindo é que vocês reagem à inconsistência. Na verdade, acho que esse tem sido o problema geral.

Bob: Você está se referindo à inconsistência?

Dattilio: Claro. Minha impressão é que eles se sentem como se estivessem de algum modo envolvidos em um duplo vínculo, e isso para eles é confuso e perturbador.

Carole: Bem – mais uma vez, acho que sou a única culpada disso, porque eu oscilo muito. Em geral me esforço para fazer o papel de durona e ao mesmo tempo tento ser a melhor amiga.

Dattilio: E a minha impressão é de que Bob reagiria a isso assumindo uma postura mais rígida, polarizando assim vocês dois. Quando isso ocorre, dá às crianças muito espaço para fazerem o que querem, causando conflito na família.

Carole: Meu Deus, que confusão. Você acha que consegue nos ajudar a endireitar tudo isso?

Dattilio: Estou certo de que vou tentar – contanto que todos vocês também se esforcem ao máximo.

Nesse ponto, reafirmei o compromisso da família de trabalhar comigo no tratamento. A adesão de todos era muito importante, porque a explosividade e a competição pelo poder nessa família eram tais que a coesão poderia rapidamente se deteriorar, dependendo do que eu fizesse.

Nas cinco sessões subsequentes, a maior parte do meu foco se concentrou em lidar com os esquemas familiares sobre regras e regulamentos e, mais importante, sobre como os membros da família realmente se sentiam em relação um ao outro. Também fiz conexões para os pais com respeito à maneira como suas próprias experiências em suas famílias de origem haviam afetado a maneira como pensavam, expressavam as emoções e lidavam com as situações, tal como limites, consistência e assim por diante.

Segue-se um trecho da sexta sessão:

Dattilio: Janice, um momento atrás você mencionou algo sobre seus pais não estarem realmente preocupados com o que está acontecendo com você nesse exato minuto. Eu gostaria de lhe ouvir falar mais sobre seus pensamentos.

Janice: Bem, estou cansada de meus pais ficarem implicando comigo sobre o meu peso. Sei que estou acima do peso e não consigo evitar isso.

	Eles falam comigo como se fosse muito fácil simplesmente parar de comer e perder peso.
Dattilio:	Isso soa como uma questão realmente delicada pra você.
Janice:	(*Começa a chorar.*) É. Eu me sinto tão rejeitada.
Dattilio:	Quais são os pensamentos específicos que passam por sua mente quando você ouve outro membro da família fazer um comentário sobre o seu peso?
Janice:	Eu me sinto magoada e frustrada.
Dattilio:	Ok. É assim que você se sente, mas e quanto ao pensamento que precede seus sentimentos.
Janice:	(*Para um momento a fim de pensar.*) Bem, que eles não se importam em como isso pode me magoar. Que eles não estão pensando que eu não consigo evitar.
Dattilio:	Ótimo! Agora, como você acha que isso afeta a maneira como você reage a eles, como você se comporta?
Janice:	Por exemplo, isso me faz querer comer mais.
Carole:	Ah! Isso é interessante. Eu nunca soube disso.
Dattilio:	Você quer dizer que realmente experiencia raiva e passa a comer mais?
Janice:	Sim. O tempo todo.
Dattilio:	Isso soa como uma retaliação. Como se você tentasse revidar por eles serem insensíveis a você.
Janice:	Certo.
Dattilio:	Isso soa como isolamento, o seu refúgio na comida.
Bob:	É, literalmente! (*Rollie e Bob dão risadinhas. Janice começa a chorar.*)
Carole:	Ah, você está vendo, Bob? É isso que eu quero dizer. Observações maldosas como essa são realmente destrutivas.
Bob:	Está certo, sinto muito (*ainda rindo*). Eu simplesmente não consigo evitar.
Dattilio:	Eu não consigo evitar, mas percebo que o riso parece ter um propósito muito especial nessa família.
Carole:	Como assim?
Dattilio:	Bem, toda vez que alguém expressa seus sentimentos ou realmente exibe alguma vulnerabilidade, os membros da família ou partem para o ataque ou riem e se divertem com isso. O que vocês acham que isso significa?
Rollie:	Nós metemos os pés pelas mãos?
Dattilio:	Um pouco mais do que isso. É quase como se vocês tivessem problemas para lidar com a intimidade. Vocês, como uma família, quase evitam isso, ou discutindo ou rindo um do outro.
Carole:	Oh! Eu concordo plenamente com você.

Dattilio: O que poderíamos dizer sobre o esquema familiar em relação à intimidade e à expressão das nossas emoções? Que forma a intimidade assume na sua família?
Bob: Bem, acho que ela é expressada na zombaria, como quando eu chamo Janice de minha gordinha rainha do tomate. Realmente falo isso afetivamente.
Dattilio: É, mas a palavra "gorda" dificilmente é um termo carinhoso. Como pode ser afetivo?
Bob: Bem, a palavra não é.
Dattilio: Então, o que significa você usar essa palavra com ela?
Bob: Raiva, eu acho.
Dattilio: Raiva de quê?
Bob: De ela estar acima do peso nessa fase jovem da sua vida. Não deveria estar.
Dattilio: Então, por que isso não pode ser dito um ao outro sem estar disfarçado em uma piada ou em uma declaração negativa.
Bob: Não sei. Essa é realmente uma boa pergunta. Acho que é mesmo uma questão realmente sensível.
Dattilio: Bem, acho que é uma questão sensível e também uma que eu acho que você tem dificuldade de abordar. Ou seja, se o que Janice realmente necessitasse fosse de que você a confortasse, acho que teria dificuldade em fazer isso.
Bob: É verdade, eu não faço isso bem. Essa é parte da queixa da minha esposa, embora tenhamos melhorado nisso e talvez – acho – tenhamos de trabalhar isso na terapia. É que me sinto desajeitado para expressar isso e – você sabe – nunca me senti à vontade expressando meus sentimentos. Na maneira como fui criado, não demonstrávamos afeição, e por isso me sinto desajeitado em expressar meus sentimentos.
Dattilio: Bem, acho que parte do que podemos nos concentrar na terapia é em como expressar esse cuidado um pelo outro de maneira que ajude cada um de vocês a crescer. Ou seja, vocês podem crescer aprendendo a se expressar de uma maneira mais positiva, e certamente Janice e os outros membros da família vão crescer e se beneficiar se você expressar seu amor de uma maneira diferente.

Pela primeira vez, vi Bob desmoronar, o que então desencadeou uma cascata de choro nos dois jovens e encheu de lágrimas os olhos de Carole. Foi realmente incrível ver esse ponto desencadeante e como ele realmente liberou uma série de emoções que eu desconfiava estarem escondidas sob toda a raiva, gracejos e zombarias.

Decidi que era o suficiente para a sessão e disse aos membros da família que ansiava por vê-los novamente.

É interessante notar que a sessão subsequente produziu uma interação muito mais calma e respeitosa entre os membros da família nos dez dias desde a última vez que os havia visto. A maior parte do meu trabalho com a família se concentrou na reestruturação dos esquemas individuais e familiares de seus membros sobre respeito mútuo, limites, exibição de afeto e regulação emocional, assim como na aprendizagem de novos métodos para intercâmbio de intimidade. Obviamente, levou algum tempo e muito trabalho árduo. Prossegui me reunindo com essa família para outras 15 a 20 sessões durante um ano. Foi surpreendente ver como seus membros realmente se empenharam e deram alguns grandes passos. Uma das distorções consistentes entre os membros dessa família era a ideia de que expressar emoções estava relacionado ao seu medo de expor suas vulnerabilidades individuais um ao outro. Uma vez tratada essa questão com sucesso, eles todos pareceram capazes de realizar progressos na expressão mais produtiva um com o outro.

A terapia finalmente terminou com uma nota positiva, com os membros da família relatando melhoria nos seus relacionamentos e uma redução importante nas brigas e nas provocações. A maior alegria de todas, é claro, foi que Rollie e Janice decidiram não entrar com o pedido de divórcio.

10
Epílogo

A literatura científica e clínica sobre a TCC se desenvolveu bastante, e é demasiado ampla para ser captada nos limites deste texto. Fiz uma tentativa real de incluir o que acredito serem as informações de maior destaque, assim como algumas orientações para se obter recursos adicionais sobre tópicos específicos. Do mesmo modo, o campo da terapia familiar está em constante expansão, e os leitores devem continuar a atualizar o seu conhecimento lendo tudo aquilo que possam, a fim de fortalecer suas habilidades.

Tenha em mente que a TCC é uma modalidade integrativa que pode ser usada com outras abordagens para a terapia de casal e família. Por isso, os profissionais das várias modalidades consideram úteis as técnicas e estratégias deste livro, mesmo como auxiliares para as abordagens já por eles adotadas.[1]

Tentei comunicar por meio deste texto que os terapeutas precisam permanecer flexíveis em seu trabalho com casais e famílias, mas ao mesmo tempo adicionar o máximo possível de técnicas à sua caixa de ferramentas terapêuticas. Continuar a par de uma série de intervenções é um ingrediente fundamental para realizar um bom trabalho.

Finalmente, quero deixar claro que há muitas maneiras de empregar as técnicas de TCC com casais e famílias. Os profissionais precisam misturar seus próprios estilos específicos de tratamento com as técnicas e estratégias baseadas em evidências para obter os resultados mais efetivos com seus clien-

---

[1] Isso está muito claramente ilustrado em *Case studies in couple and family therapy: systemic and cognitive perspectives* (Dattilio, 1998a), em que a TCC aparece bem integrada a várias modalidades terapêuticas.

tes. Em minha opinião, este é o cerne da realização da boa terapia e é o que permite aos clínicos a liberdade de fazer o que fazem melhor para ajudar os casais e as famílias com problemas.

Dado o excelente registro de acompanhamento da TCC no último meio século, estou esperançoso de que ela continue sendo uma abordagem eficaz para as necessidades futuras dos casais e das famílias de todo o mundo.

Apêndice A
Questionários e inventários para casais e famílias

Questionários e inventários para casais

- Communication Patterns Questionnaire (CPQ; Christensen, 1988)
- Dyadic Adjustment Scale (DAS; Spanier, 1976)
- Marital Attitude Questionnaire – Revised (Pretzer, Epstein e Fleming, 1991)
- Marital Communication Inventory (Bienvenu, 1970)
- Marital Happiness Scale (MHS; Azin, Máster e Jones, 1973)
- Marital Satisfaction Inventory (MSI; Snyder, 1981)
- Primary Communication Inventory (Navaran, 1967)

Questionários e inventários para famílias

- Adolescent-Family Inventory of Life Events and Change (McCubbin e Thompson, 1991)
- The Revised Conflict Tactics Scales (CTS-2; Straus, Hamby, Bonley--McCoy e Sugarman, 1996)
- Family Adaptability and Coesion Evaluation Scale (FACES-III; Olson, Portner e Lavee, 1985)
- Family Assessment Device (FAD; Epstein, Baldwin e Bishop, 1983)
- Family Awareness Scale (FAZ; Green Kolevzon e Vosler, 1985)
- Family Beliefs Inventory (FBI [forms P & A]; Roehling e Robin, 1986)
- Family Coping Inventory (FCI; McCubbin e Thompson, 1991)
- Family Functioning Scale (FFS; Tavitian, Lubiner, Green, Grebstein e Velicer, 1987)

- Family of Origin Scale (FOS; Hovestadt, Anderson, Piercy, Cochran e Fine, 1985)
- Family Sense of Coherence (FSOC) and Family Adaptation Scales (FAZ; Antonovsky e Sourani, 1988)
- Kansas Family Life Satisfaction Scale (KFLS; Schumm, Jurich e Bollman, 1986)
- Parent-Child Relationship Survey (PCRS; Fine e Schewebel, 1983)
- Self-Report Family Instrument (SFI; Beavers, Hampson e Hulgus, 1985)

Apêndice B
Registro do pensamento disfuncional

Orientações: Quando você perceber que seu humor está piorando, pergunte-se, "O que está se passando na minha mente nesse exato momento?" e assim que possível escreva o pensamento ou imagem mental na coluna dos pensamentos automáticos.

Data Hora	Situação	Pensamentos automáticos	Emoções	Distorção	Reação alternativa	Resultado
	Descreva: 1. evento real que está conduzindo a uma emoção desagradável; ou 2. corrente de pensamentos, devaneios ou lembranças que estão conduzindo a uma emoção desagradável; ou 3. sensações físicas estressantes.	1. Escreva os pensamentos automáticos (PA) que precederam as emoções. 2. Avalie a sua convicção imediata nos pensamentos automáticos de 0 a 100%.	Descreva: 1. especifique (triste, ansioso, zangado, etc.); 2. avalie o grau de intensidade de 0 a 100%.	1. Pensamento tudo ou nada. 2. Supergeneralização. 3. Filtro mental. 4. Desqualificação do positivo. 5. Conclusões precipitadas. 6. Magnificação ou minimização. 7. Raciocínio emocional. 8. Afirmações do tipo "deveria". 9. Rotulação. 10. Personalização. 11. Leitura mental. 12. Catastrofização.	1. Escreva uma resposta alternativa aos pensamentos automáticos. 2. Avalie a convicção na resposta alternativa de 0 a 100%.	1. Reavalie a convicção nos pensamentos automáticos de 0 a 100%. 2. Reavalie a intensidade de emoções de 0 a 100%.

Perguntas para ajudar a construir uma RESPOSTA ALTERNATIVA: (1) Qual a evidência de que o pensamento automático é verdadeiro? Não é verdadeiro? (2) Há hipóteses alternativas a essas? (3) Qual é a pior coisa que poderia acontecer? Eu poderia conviver com isso? Qual é a melhor coisa que poderia acontecer? Qual é o resultado mais realista? (4) O que eu deveria fazer a respeito? (5) Qual é o efeito da minha crença no pensamento automático? Qual poderia ser o efeito de eu mudar minha maneira de pensar? (6) Se _____ (nome da pessoa) _____ estivesse nesta situação e tivesse esse pensamento, o que eu lhe diria?

Referências

Abrahms, J., & Spring, M. (1989). The flip flop factor. *International Cognitive Therapy Newsletter, 5* (1), 7-8.

Abrams, S., & Spring, J. (1996). *After the affair: Healing the pain and rebuilding trust when a partner has been unfaithful.* New York: Harper Collins.

Abrams, S., & Spring, J. (2004). *How can I forgive you?* New York: Harper Collins.

Ainsworth, M.D.S. (1967). *Infancy in Uganda: Infant care and the growth of attachment.* Baltimore: Johns Hopkins University Press.

Ainsworth, M.D.S., Blehar, M.C., Waters, E. & Wall, S. (1978). *Patterns of attachment: A psychological study of the strange situation.* Hillsdale, NJ: Erlbaum.

Alberti, R., & Emmons, M. (2001). *Your perfect right.* Atascadero, CA: Impact.

Albrecht, S.L., Bahr, H.M. & Goodman, K.L. (1983). *Divorce and remarriage: Problems, adaptations and adjustments.* Westport, CT: Greenwood Press.

Alexander, J.F., & Parsons, B.V. (1982). *Functional family therapy.* Monterey, CA: Brooks/Cole.

Alexander, P.C. (1988). The therapeutic implications of family cognitions and constructs. *Journal of Cognitive Psychotherapy 21,* 219-236.

Alford, B.A., & Beck, A.T. (1997). *The integrative power of cognitive therapy.* New York: Guilford Press.

American Psychological Association. (1985). *A selected bibliography of lesbian and gay concerns in psychology: An affirmative perspective.* Washington, DC: Author.

Antonovsky, A., & Sourani, T. (1988). Family sense of coherence and family adaptation. *Journal of Marriage and Family, 50,* 79-92.

Aron, A., Fisher, H., Mashek, D.J., Strong, G., Li, H., & Brown, L.L. (2005). Reward, motivation and emotion systems associated with early-stage intense romantic love. *Journal of Neurophysiology, 94,* 325-337.

Ascher, L.M. (1980). Paradoxical intention. In A. Goldstein & E.B. Foa (Eds.), *Handbook of behavioral interventions: A clinical guide* (pp. 129-148). New Yor: Wiley.

Ascher, L.M. (Ed.). (1984). *Therapeutic paradox.* New York: Guilford Press.

Atkinson, B.J. (2005). *Emotional intelligence in couples therapy: Advances from neurobiology and the science of intimate relationships.* New York: Norton.

Azerin, N.H., Naster, B.J., & Jones, R. (1973). A rapid learning-based procedures for marital counseling. *Behavior Research and Therapy, 11*, 365-382.

Baldwin, M.W. (1992). Relational schemas and the processing of social information. *Psychological Bulletin, 112*, 461-484.

Barnes, S., Brown, K.W., Krusemark, E., Campbell, W.K., & Rogge, R.D. (2007). The role of mindfulness in romantic relationship satisfaction and responses to relationship stress. *Journal of Marital and Family Therapy, 33* (4). 482-500.

Bartholomew, K., & Horowitz, L.M. (1991). Attachment styles among young adults: A test of the four category model. *Journal of Personality and Social Psychology, 61*, 276-244.

Barton, C., & Alexander, J.F. (1981). Functional family therapy. In A.S. Gurman & D.P. Kniskern (Eds.), *Handbook of family therapy* (pp. 403-443). New York, Brunner/Mazel.

Bateson, G., Daveson, D.D., Haley, J., & Weakland, J. (1956). Toward a theory of schizophrenia. *Behavior Sciences, 2*, 251-264.

Baucom, D.H. (1987). Attributions in distressed relations: How can we explain them? In S. Duck & D. Perlman (Eds.), *Heterosexual relations, marriage and divorce* (pp. 177-206). London: Sage.

Baucom, D.H., & Epstein, N. (1990). *Cognitive-behavior marital therapy*. New York: Brunner/Mazel.

Baucom, D.H., Epstein, B.B., Daiuto, A.D., Carels, R.A., Rankin, L., & Burnett, K. (1996). Cognitions in marriage: The relationship between standards and attributions. *Journal of Family Psychology, 10*, 209-222.

Baucom, D.H., Epstein, N., Rankin, L.A., & Burnett, C.K. (1996b). Assessing relationship standards: The Inventory of Specific Relationship Standards. *Journal of Family Pschology, 10*, 72-88.

Baucom, D.H., Epstein, N., Sayers, S., & Sher, T.G. (1989). The Role of cognition in marital relationships: Definitional, methodological and conceptual issues. *Journal of Consulting and Clinical Psychology, 57*, 3-38.

Baucom, D.H., Shoham, V., Mueser, K.T., Daiuto, A.D., & Stickle, T.R. (1998). Empirically supported couples and family therapies for adult problems. *Journal of Consulting and Clinical Psychology, 66*, 53-88.

Bavelas, J.B., Coates, L., & Johnson, T. (2000). Listeners as co-narrators. *Journal of Personality and Social Psychology, 79*, 941-952.

Bavelas, J.B., Coates, L., & Johnson, T. (2002). Listener responses as a collaborative process: The role of gaze. *Journal of Communication, 52*, 566-580.

Beach, S.R.H. (2001). *Marital and family process in depression: A scientific process for clinical practice*. Washington, DC: American Psychological Association.

Beavers, W.R., Hampson, R.B., & Hulgus, Y.F. (1985). The Beavers systems approach to family assessment. *Family Process, 24*, 398-405.

Beck, A.T. (1967). *Depression: Clinical, experimental and theoretical aspects*. New York: Hoeber.

Beck, A.T. (1976). *Cognitive therapy and the emotional disorders*. New York: International Universities Press.

Beck, A.T. (1988). *Love is never enough*. New York: Harper & Row.

Beck, A.T. (2002). Cognitive models of depression. In R.L. Leahy & T.E. Dowd (Eds.), *Clinical advances in cognitive psychotherapy: Theory and application* (pp. 29-61). New York: Springer.

Beck, A.T., Rush, A.J., Shaw, B.F., & Emery, G. (1979). *Cognitive therapy of depression*. New York: Guilford Press.

Beck, A., Wright, E., Newman, C., & Leise, B. (1993). *Cognitive therapy of substance abuse*. New York: Guilford Press.

Beck, J.S. (1995). *Cognitive therapy: Basics and beyond*. New York: Guilford Press.

Becvar, D.S., & Becvar, R.J. (2009). *Family therapy: A systemic integration* (7th ed.). Boston: Allyn & Bacon.

Bedrosian, R.C. (1983). Cognitive therapy in the family system. In A. Freeman (Ed.), *Cognitive therapy with couples and groups* (pp. 95-106). New York: Plenum Press.

Bennun, I. (1985). Prediction and responsiveness in behavioral marital therapy. *Behavioral Psychotherapy, 13*, 186-201.

Bevilacqua, L.J., & Dattilio, F.M. (2002). *Brief family therapy homework planner*. New York: John Wiley.

Bienvenu, M.J. (1970). Measurements of marital communication. *The Family Coordinator, 19*, 26-31.

Birchler, G.R. (1983). Behavioral-systems marital therapy. In J.P. Vincent (Ed.), *Advances in family intervention, assessment and theory* (Vol. 3, pp. 1-40). Greenwich, CT: JAI Press.

Birchler, G.R., & Spinks, S.H. (1980). Behavioral-systems marital and family therapy: Integration and clinical application. *American Journal of Family Therapy, 8*, 6-28.

Bishop, S.R., Lau, M., Shapiro, S., Carlson, L., Anderson, N., & Carmody, J. (2004). Mindfulness: A proposed operational definition. *Clinical Psychology: Science and Practice, 11*, 230-242.

Bitter, J.M. (2009). *Theory and practice of family therapy and counseling*. Belmont, CA: Brooks/Cole.

Bless, H., Hamilton, D.L., & Mackie, D.M. (1992). Mood on the organization of personal information. *European Journal of Social Psychology, 22*, 497-509.

Bless, H., Mackie, D.M., & Schwartz, Z. (1992). Mood effects on attitude judgments: Interdependent effects of mood before and after message elaboration. *Journal of Personality and Social Psychology, 63*, 585-595.

Bornstein, P.H., Krueger, H.K., & Cogswell, K. (1989). Principles and techniques of couple paradoxical therapy. In L.M. Ascher (Ed.), *Therapeutic paradox* (pp. 289-309). New York: Guilford Press.

Bowen, M. (1978). *Family therapy in clinical practice*. New York: Jason Aronson.

Bowlby, J. (1969). *Attachment and loss: Vol. 1. Attachment*. New York: Basic Books.

Bowlby, J. (1973). *Attachment and loss: Vol. 2. Separation, anxiety and anger*. New York: Basic Books.

Bowlby, J. (1979). *The making and breaking of affectional bonds*. London: Tavistock.

Bowlby, J. (1982). *Attachment and loss: Vol. 1. Attachment* (2nd ed.). New York: Basic Books. (Original work published 1969).

Bradbury, T.N., & Fincham, F.D. (1990). Attributions in marriage: Review and critique. *Psychological Bulletin, 107*, 3-33.

Bramlett, M.D., & Mosher, W.D. (2002). Cohabitation, marriage, divorce and remarriage in the United States. *Vital Health Statistics, 23* (22). Hyattsville, M.D: National Center for Health Statistics.

Brizendine, L. (2006). *The female brain.* New York: Broadway Books.

Brown, G.W., & Harris, T. (1978). *Social origins of depression: A psychiatric disorder in women.* London: Tavistock.

Bryant, M.J., Simons, A.D., & Thase, M.E. (1999). Therapist skill and patient variables in homework compliance: Controlling the uncontrolled variable in cognitive therapy outcome research. *Cognitive Therapy and Research, 23,* 381-399.

Cahill, L. (2003). Sex-related influences on the neurobiology of the emotionally influenced memory. *Annals of the New York Academy of Sciences, 985,* 158-173.

Carrere, S., & Gottman, J.M. (1999). Predicting divorce among newly weds from the first three minutes of marital conflict discussion. *Family Process, 38,* 293-301.

Carson, J.W., Carson, K.M., Gil, K.M., & Baucom, D.H. (2004). Mindfulness-based relationship enhancement. *Behavior Therapy, 35,* 471-494.

Cassidy, J., & Shaver, P.S. (Eds.). (1999). *Handbook of attachment: Theory, research and clinical applications.* New York: Guilford Press.

Chae, P.K., & Kwon, J.H. (2006). *The psychology of happy marriage.* Seoul: Jibmoon-Dang.

Choi, S.C. (1998). The third-person psychology and the first-person psychology: The perspectives on human relations. *Korean Social Science Journal, 25,* 239-264.

Christensen, A. (1988). Dysfunctional interaction patterns in couples. In P. Noller & M.A. Fitzpatrick (Eds.), *Perspectives on marital interaction* (pp. 31-52). Clevedon, UK: Multilingual Matters.

Christensen, A., & Heavey, C.L. (1999). Interventions for couples. *Annual Review of Psychology, 50* (1), 165-190.

Christensen, A., Sevier, M., Simpson, L.E., & Gattis, K.S. (2004). Acceptance, mindfulness and change in couple therapy. In S.C. Hayes, V.M. Follette & M.M. Linehan (Eds.), *Mindfulness and acceptance: Expanding the cognitive-behavioral tradition.* New York: Guilford Press.

Cierpka, M. (2005). Introduction to family assessment. In M. Cierpka, V. Thomas & D.H. Sprenkle (Eds.), *Family assessment: Integrating multiple clinical perspectives.* Cambridge, MA: Hogrefe.

Clayton, D.C., & Baucom, D.H. (1998, November*). Relationship standards as mediators of marital equality.* Paper apresentado no Annual Meeting of the Association for the Advancement of Behavior Therapy, Washington, DC.

Cook, J., Tyson, R., White, J., Rushe, R., Gottman, J.M., & Murray, J. (1995). The mathematics of marital conflict: Qualitative dynamic mathematical modeling of marital attraction. *Journal of Family Psychology, 9,* 110-130.

Coontz, S. (2005). *Marriage: A history from obedience to intimacy or how love conquered marriage.* New York: Viking Press.

Coyne, J.C., & Benazon, N.R. (2001). Not agent blue: Effects of marital functioning on depression and implications for treatment. In S.R.H. Beach (Ed.), *Marital and family processes in depression: A scientific foundation for clinical practice* (pp. 25-43). Washington, DC: American Psychological Association.

Crespi, T.D., & Howe, E.A. (2001). Facing the family treatment crisis: Changing parameters in marriage and family and marriage therapy education. *Family Therapy, 28* (1), 31-38.

Damasio, A.R. (1999). *The feeling of what happens: Body and emotion in the making of consciousness.* New York: Harcourt, Brace.

Damasio, A.R. (2001). Emotion and the human brain. *Annals of the New York Academy of Sciences, 935* (1), 101-106.

Dattilio, F.M. (1983, Winter). The use of operant techniques and parental control in the treatment of pediatric headache complaints: Case report. *Pennsylvania Journal of Counseling, 1* (2), 55-58.

Dattilio, F.M. (1987). The use of paradoxical intention in the treatment of panic disorder. *Journal of Counseling and Development, 66* (2), 66-67.

Dattilio, F.M. (1989). A guide to cognitive marital therapy. In P.A. Keller & S.F. Heyman (Eds.), *Innovations in clinical practice: A source book* (Vol. 8, pp. 27-42). Sarasota, FL: Professional Resource Exchange.

Dattilio, F.M. (1993). Cognitive techniques with couples and families. *Family Journal, 1*, 51-56.

Dattilio, F.M. (1994). Families in crisis. In F.M. Dattilio & A. Freeman (Eds.), *Cognitive-behavioral strategies in crisis intervention* (pp. 278-301). New York: Guilford Press.

Dattilio, F.M. (1995). Cognitive therapy in Egypt. *Journal of Cognitive Psychotherapy, 9* (4), 284-286.

Dattilio, F.M. (1997). Family therapy. In R.L. Leahy (Ed.), *Practicing cognitive therapy: A guide to interventions* (pp. 409-450). Northvale, NJ: Jason Aronson.

Dattilio, F.M. (1998a). *Case studies in couple and family therapy: Systemic and cognitive perspectives*. New York: Guilford Press.

Dattilio, F.M. (1998b). Cognitive-behavior family therapy. In F.M. Dattilio (Ed.), *Case studies in couple and family therapy: Systemic and cognitive perspectives* (pp. 62-84). New York: Guilford Press.

Dattilio, F.M. (1998c). Finding the fit between cognitive-behavioral and family therapy. *Family Therapy Networker, 22* (4), 63-73.

Dattilio, F.M. (2000). Families in crisis. In F.M. Dattilio & A. Freeman (Eds.), *Cognitive-behavioral strategies in crisis intervention* (2nd ed., pp. 316-338). New York: Guilford Press.

Dattilio, F.M. (2001a). Cognitive-behavior family therapy: Contemporary myths and misconceptions. *Contemporary Family Therapy, 23*, 3-18.

Dattilio, F.M. (2001b). The ripple effects of depressive schemas on psychiatric patients [Letter to the editor], *Archives of Psychiatry and Psychotherapy, 3* (2), 90-91.

Dattilio, F.M. (2001c). The pad and pencil technique. In R.E. Watts (Ed.), *Favorite counseling techniques with couples and families* (Vol. 2, pp. 45-47). Alexandria, VA: American Counseling Association.

Dattilio, F.M. (2002). Homework assignments in couple and family therapy. *Journal of Clinical Psychology, 58* (5), 570-583.

Dattilio, F.M. (2003). Family therapy. In R.E. Leahy (Ed.), *Overcoming roadblocks in cognitive therapy* (pp. 236-252). New York: Guilford Press.

Dattilio, F.M. (2004a). Cognitive-behavioral family therapy: A coming-of-age story. In R.L. Leahy (Ed.), *Contemporary cognitive therapy: Theory, research and practice* (pp. 389-405). New York: Guilford Press.

Dattilio, F.M. (2004b, Summer). Extramarital affairs: The much-overlooked PTSD. *The Behavior Therapist, 27* (4), 76-78.

Dattilio, F.M. (2005a). Homework for couples. In N. Kazantzis, F.P. Deane, K.R. Ronan & L. L'Abate (Eds.), *Using homework assignments in cognitive-behavior therapy* (pp. 153-170). New York: Brunner-Routledge.

Dattilio, F.M. (2005b). Restructuring family schemas: A cognitive-behavioral perspective. *Journal of Marital and Family Therapy, 31* (1), 15-30.

Dattilio, F.M. (2005c). Cognitive-behavioral therapy with an East Indian family. *Contemporary Family Therapy, 27* (3), 367-382.

Dattilio, F.M. (2005d). Clinical perspectives on involving the family in treatment. In J.L. Hudson & R.M. Rapee (Eds.), *Psychopathology and the family* (pp. 301-321). London: Elsevier.

Dattilio, F.M. (2005e). Rejoinder to Webster. *Australian and New Zealand Journal of Family Therapy, 26* (2), 81.

Dattilio, F.M. (2006a). Case-based research in family therapy. *Australian and New Zealand Journal of Family Therapy, 27* (4), 208-213.

Dattilio, F.M. (2006b). Cognitive behavior therapy in the wake of divorce. In C.A. Everett & R.E. Lee (Eds.), *When marriages fail: Systemic family therapy interventions and issues* (pp. 217-228). New York: Haworth Press.

Dattilio, F.M. (2006c). Restructuring schemata from family-of-origin in couple therapy. *Journal of Cognitive Psychotherapy, 20* (4), 359-373.

Dattilio, F.M. (2007). Breaking the pattern of interruption in family therapy. *Family Journal, 15* (2), 163-165.

Dattilio, F.M. (2009). Foreword. In N. Kazantzis, M. Reinecke & A. Freeman (Eds.), *Cognitive and behavioral theories in clinical practice* (pp. xi-xiii). New York: Guilford Press.

Dattilio, F.M., & Epstein, N.B. (2003). Cognitive-behavior couple and family therapy. In I.L. Sexton, O.R. Weeks & M.S. Robbins (Eds.), *The family therapy handbook* (pp. 147-175). New York: Routledge.

Dattilio, F.M., & Epstein, N.B. (2005. Introduction to the special section: The role of cognitive-behavioral interventions in couple and family therapy. *Journal of Marital and Family Therapy*, 31, 7-13.

Dattilio, F.M., Epstein, N.B., & Baucom, U.H. (1998). An introduction to cognitive-behavioral therapy with couples and families. In F. M. Dattilio (Ed.), *Case studies in couple and family therapy: Systemic and cognitive perspectives* (pp. 1-36). New York: Guilford Press.

Dattilio, F.M., Freeman, A., & Blue, J. (1998). The therapeutic relationship. In A.S. Bellack & M. Hersen (Eds.), *Comprehensive clinical psychology* (pp. 224-229). Oxford, UK: Elsevier Science.

Dattilio, F.M., & Jongsma, A.E. (2000). *The Family Therapy Treatment Planner*. New York: Wiley.

Dattilio, F.M., Kazantzis, N., Shinkfield, G., & Carr, A.G. (in press). A survey of homework use, experiences of barriers to homework, and attitudes about the barriers to homework among couples and family therapists. *Journal of Marital and Family Therapy*.

Dattilio, F.M., L'Abate, L., & Deane, F. (2005). Homework for families. In N. Kazantzis, F.P. Deane, K.R. Ronan & L. L'Abate (Eds), *Using homework assignments in cognitive-behavior therapy* (pp. 171-190). New York: Brunner-Routledge.

Dattilio, F.M., & Padesky, C.A. (1990). *Cognitive therapy with couples*. Sarasota, FL: Professional Resource Exchange.

Dattilio, F.M., Tresco, K.E., & Siegel, A. (2007). An empirical survey of psychological testing and the use of the term "psychological": Turf battles or clinical necessity. *Professional Psychology: Research and Practice, 38* (6), 682-689.

Dattilio, F.M., & Van Hout, G.C.M. (2006). The problem solving component in cognitive-behavioral couples therapy. *Journal of Family Psychotherapy, 17* (1), 1-19.

Daveson, D.D. (1965). Family rules. *Archives of General Psychiatry, 12,* 589-594.

Davis, M.H., & Oathout, H.A. (1987). Maintenance of satisfaction in romantic relationships: Empathy and relational competence. *Journal of Personality and Social Psychology, 53*, 397-410.

Davis, M.H., & Oathout, H.A. (1992). The effect of dispositional empathy on romantic relationship behaviors: Heterosocial anxiety as a moderating influence. *Personality and Social Psychology Bulletin, 18*, 76-83.

Davis, S.D., & Piercy, F.P. (2007). What clients of couple therapy model developers and their former students say about change: Part 1. Model dependent common factors across three models. *Journal of Marital and Family Therapy, 33* (3), 318-343.

Dawson, G. (1994). Frontal electroencephalographic correlates of individual differences in emotional expression of infants: A brain systems perspective on emotion. In N. A. Fox (Ed.), The development of emotional regulation: Biological and behavioral considerations. *Monographs of the Society of Research in Child Development, 59* (2-3, Serial No. 240), 135-151.

DeRubeis, R.J., & Beck, A.T. (1988). Cognitive therapy. In K.S. Dobson (Ed.), *Handbook of cognitive behavioral therapies* (pp. 273-306). New York: Guilford Press.

DeShazer, G. (1978). Brief therapy with couples. *International Journal of Family Counseling, 6*, 17-30.

Diamond, G.M., Diamond, G.S., & Hogue, A. (2007). Attachment-based family therapy: Adherence and differentiation. *Journal of Marital and Family Therapy, 33* (2), 177-191.

Doss, B.D., Simpson, L.E., & Christensen, A. (2004). Why do couples seek marital therapy? *Professional Psychology: Research and Practice, 35* (6), 608-614.

Dowd, E.T., & Swoboda, J.S. (1984). Paradoxical interventions in behavior therapy. *Journal of Behavior Therapy and Experimental Psychiatry, 15* (3), 229-234.

Dudek, D., Zieba, A., Jawor, M., Szymaczek, M., Opila, J., & Dattilio, F.M. (2001). The impact of depressive illness on spouses of depressed patients. *Journal of Cognitive Psychotherapy, 15* (1), 49-57.

Duncan, B.L. (1989). Paradoxical procedures in family therapy. In L.M. Ascher (Ed.), *Therapeutic paradox* (311-348). New York: Guilford.

Dunlap, K. (1932). *Habits, their making and unmaking.* New York: Liverright.

Dutton, D.G. (2007). *The abusive personality: Violence and control in intimate relationships* (2nd ed.). New York: Guilford Press.

Eidelson, F.I., & Epstein, N. (1982). Cognition and relationship maladjustment: Development of a measure of dysfunctional relationship beliefs. *Journal of Consulting and Clinical Psychology, 50*, 715-720.

Ellis, A. (1977). The nature of disturbed marital interactions. In A.Ellis & F. Grieger (Eds.), *Handbook of rational-emotive therapy* (pp. 170-176). New York: Springer.

Ellis, A. (1982). Rational-emotive family therapy. In A.M. Home & M.M. Ohlsen (Eds.), *Family counseling and therapy* (pp. 302-328). Itasca, IL: Peacock.

Ellis, A., & Harper, F.A. (1961). *A guide to rational living.* Englewood Cliffs, NJ: Prentice-Hall.

Ellis, A., Sichel, J.L., Yeager, R.J., DiMattia, D.J., & DiGiuseppe, R. (1989). *Rational-emotive couples therapy.* New York: Pergamon Press.

Epstein, N.B. (1982). Cognitive therapy with couples. *American Journal of Family Therapy, 30*, 5-16.

Epstein, N.B., Baldwin, L.M., & Bishop, D.S. (1983). The MacMaster Family Assessment Device. *Journal of Marital and Family Therapy, 9*, 171-180.

Epstein, N.B., & Baucom, D.H. (1993). Cognitive factors in marital disturbance. In K.S. Dobson & P.C. Kendall (Eds.), *Psychopathology and cognition* (pp. 351-385), San Diego, CA: Academic Press.

Epstein, N.B., & Baucom, D.H. (2002). *Enhanced cognitive-behavior therapy for couples: A contextual approach*. Washington, DC: American Psychological Association.

Epstein, N.B., & Baucom, D.H. (2003). Couple therapy. In R.L. Leahy (Ed.), *Roadblocks in cognitive-behavior therapy: Transforming challenges into opportunities for change* (pp. 217-235). New York: Guilford Press.

Epstein, N.B., & Baucom, D.H. & Rankin, L.A. (1993). Treatment of marital conflict: A cognitive-behavioral approach. *Clinical Psychology Review, 13*, 45-57.

Epstein, N.B., & Eidelson, R.J. (1981). Unrealistic beliefs of clinical couples: Their relationship to expectations, goals and satisfaction. *American Journal of Family Therapy, 9*, 13-22.

Epstein, N.B., & Schlesinger, S.E. (1996). Treatment of family problems. In M.A. Reinecke, F.M. Dattilio & A. Freeman (Eds.), *Cognitive therapy with children and adolescents: A casebook for clinical practice* (pp. 299-326). New York: Guilford Press.

Epstein, N.B., Schlesinger, S.E., & Dryden, W. (1988). Concepts and methods of cognitive-behavior family treatment. In N. Epstein, S.E. Schlesinger & W. Dryden (Eds.), *Cognitive-behavior therapy with families* (pp. 5-48). New York: Brunner/Mazel.

Epstein, N.B., & Werlinich, C.A. (2003, November). *Assessment of physical and psychological abuse in an outpatient marital and family therapy clinic: How much abuse is revealed under what conditions and with what relation to relationship distress?* Paper apresentado como parte do simpósio, "Assessment of psychological and physical abuse in couples: What can we learn through different methods?" no encontro anual da Association for Advancement of Behavior Therapy, Boston.

Epstein, N.B., Werlinch, C.A., LaTaillade, J.J., Hoskins, L.H., Dezfulian, T., Kursch, M.K., et al. (2005, October). *Couple therapy for domestic abuse: A cognitive-behavioral approach*. Paper apresentado na convenção annual da American Association for Marriage and Family Therapy, Kansas City, MO.

Fadden, G., Bebbington, P., & Kuipers, L. (1987). The burden of care: The impact of functional psychiatric illness on the patient's family. *British Journal of Psychiatry, 150*, 285-292.

Falloon, I.R.H. (Ed.). (1988). *Handbook of behavioral family therapy*. New York: Guilford Press.

Falloon, I.R.H., Boyd, B.L., & McGill, C.W. (1984). *Family care of schizophrenia*. New York: Guilford Press.

Falloon, I.R.H., & Lillie, F. (1988). Behavioral family therapy: An overview. In I.R.H. Falloon (Ed.), *Handbook of behavioral family therapy* (pp. 3-26). New York: Guilford Press.

Fincham, F.D., Beach, S.R.H., & Nelson, O. (1987). Attribution processes in distressed and nondistressed couples: Causal and responsibility attributions for spouse behavior. *Cognitive Therapy and Research, 11*, 71-86.

Fine, M.A., & Schwebel, A.I. (1983). Long-term effect of divorce on parent-child relationships. *Developmental Psychology, 19*, 703-713.

Finn, S.E., & Tonsager, M.E. (1997). Information-gathering and therapeutic models of assessment: Complementary paradigms. *Psychological Assessment, 9* (4), 374-385.

Firth, C., & Johnstone, E. (2003). *Schizophrenia: A very short introduction*. Oxford, UK: Oxford University Press.

Fogarty, T.F. (1976). Marital crisis. In P.J. Guerin (Ed.), *In family therapy: Theory and practice* (pp. 55-65). New York: Gardner Press.

Forgatch, M., & Patterson, G.R. (1998). Behavioral family therapy. In F.M. Dattilio (Ed.), *Case studies in couple and family therapy: Systemic and cognitive perspectives* (pp. 85-107). New York: Guilford Press.

Framo, J. (1992). *Family of origin therapy. An intergenerational approach.* New York: Brunner/Mazel.

Frankl, V.E. (1960). Paradoxical intention: A logo-therapeutic technique. *American Journal of Psychotherapy, 14,* 520-535.

Fredman, N., & Sherman, R. (1982). *Handbook of measurements of marriage and family therapy.* New York: Brunner/Mazel.

Freud, S. (1952). Inhibitions, symptoms and anxiety (A. Strachey, Trans.). In R.M. Hutchins (Ed), *Great books of the Western world* (pp. 718-734). Chicago: Encyclopedia Britannica. (Original work published 1926).

Friedberg, R.D. (2006). A cognitive-behavioral approach to family therapy. *Journal of Contemporary Psychotherapy, 36,* 159-165.

Fruzetti, A.E., & Iverson, K.M. (2004). Mindfulness, acceptance, validation, and "individual" psychopathology in couples. In S.C. Hayes, V.M. Follette & M.M. Linehan (Eds.), *Mindfulness and acceptance: Expanding the cognitive-behavioral tradition* (pp. 168-191). New York: Guilford Press.

Gardner, H. (1985). *The mind's new science.* New York: Basic Books.

Geiss, S.K., & O'Leary, K.D. (1991). Therapists' ratins of frequency and severity of marital problems: Implications for research. *Journal of Marital and Family Therapy, 7,* 515-520.

Ginsberg, B.G. (1997). *Relationship enhancement family therapy.* New York: Wiley.

Ginsberg, B.G. (2000). Relationship enhancement couples therapy. In F.M. Dattilio & L.J. Bevilacqua (Eds.), *Comparative treatments for relationship dysfunction* (pp. 273-298). New York: Springer.

Glass, S.P. (2000). The harder you fall, the farther you fall. In J.R. Levine & H.J. Markman (Eds.), *Why do fools fall in love?* New York: Jossey-Bass.

Glass, S.P. (2002). Couple therapy after the trauma of infidelity. In A.S. Gurman & N.S. Jacobson (Eds.), *Clinical handbook of couple therapy* (3rd ed.). New York: Guilford Press.

Glass, S.P. (2003). *Not "just friends": Protect your relationship from infidelity and heal the trauma of betrayal.* New York: Free Press.

Gleick, J. (1987). *Chaos: Making a new science.* New York: Viking.

Goldenberg, I., & Goldenberg, H. (2000). *Family therapy: An overview* (5th ed.). Belmont, CA: Brooks/Cole.

Goldenberg, I., & Goldenberg, H. (2008). *Family therapy: An overview* (8th ed.). Belmont, CA: Brooks/Cole.

Goldstein, S., & Thau, S. (2004). Integrating attachment theory and neuroscience in couple therapy. *International Journal of Applied Psychoanalytic Studies, 1* (3), 214-223.

Goleman, D. (1995). *Emotional intelligence.* New York: Bantam Books.

Gordon, K.C., & Baucom, D.H. (1998). Understanding betrayals in marriage: A synthesized model of forgiveness. *Family Process, 37,* 425-450.

Gordon, K.C., & Baucom, D.H. (1999). A multitheoretical intervention for promoting recovery from extramarital affairs. *Clinical Psychology: Science and Practice, 6,* 382-399.

Gottman, J.M. (1994). *What predicts divorce?* Hillsdale, NJ: Erlbaum.

Gottman, J.M. (1999). *The marriage clinic: A scientifically based marital therapy*. New York: Norton.

Gottman, J.M., & Gottman, J.S. (1999). Marital survival kit: A research based marital therapy. In R. Berger & M.T. Hannah (Eds.), *Preventive approaches in couples therapy* (pp. 304-330). New York: Brunner/Mazel.

Gottman, J.M., & Levenson, R.W. (1986). Assessing the role of emotion in marriage. *Behavioral Assessment, 8*, 31-48.

Gottman, J.M., Notarius, C., Gonso, J., & Markman, H.J. (1976). *A couples guide to communication*. Champaign, IL: Research Press.

Granvold, D.K. (2000). Divorce. In F.M. Dattilio & A. Freeman (Eds.), *Cognitive-behavioral strategies in crisis intervention* (2nd ed., pp. 362-384). New York: Guilford Press.

Green, R.G., Kolevzon, M.S., & Vosler, N.R. (1985). The Beavers-Timberlawn Model of Family Competence and the Circumplex Model of Family Adaptability and Cohesion: Separate, but equal? *Family Process, 24*, 385-398.

Guerin, P.J. (2002). Bowenian family therapy. In J. Carlson & D. Kjos (Eds.), *Theories and strategies of family therapy* (pp. 126-157). Boston: Allyn & Bacon.

Guerney, B.G. (1977). *Relationship enhancement*. San Francisco: Jossey-Bass.

Haley, J. (1976). *Problem solving therapy: New strategies for effective family therapy*. San Francisco: Jossey-Bass.

Hamberger, L.K., & Holtzworth-Monroe, A. (2007). Spousal abuse. In F.M. Dattilio & A. Freeman (Eds.), *Cognitive-behavioral strategies in crisis intervention* (3rd ed., pp. 277-299). New York: Guilford Press.

Hansson, R.O., Jones, W.H., & Carpenter, B.N. (1984). Relationship competence and social support. In N.P. Shaver (Ed.), *Review of personality and social psychology* (Vol. 5, pp. 265-284). Beverly Hills, CA: Sage.

Harvard Health Publications. (2007). *Couples therapy: Methods couples therapists use during couples therapy*. Disponível em https://www.health.harvard.edu/press_releases/couples.

Hayes, S.C. (2004). Acceptance and commitment therapy and the new behavior therapiew: Mindfulness, acceptance and relationship. In S.C. Hayes, V.M. Follette & M.M. Linehan (Eds), *Mindfulness and acceptance: Expanding the cognitive-behavioral tradition*. New York: Guilford Press.

Hazan, C., & Shaver, P. (1987). Romantic love conceptualized as an attachment process. *Journal of Personality and Social Psychology, 52*, 511-524.

Heitler, S. (1995). *The angry couple: Conflict-focused treatment* (videotape, 73 min.). New York: Newbridge Professional Programs.

Heyman, R.E., Eddy, J.M., Weiss, R.L., & Vivian, D. (1995). Factor analysis of the Marital Interaction Coding System (MICS). *Journal of Family Psychology, 9*, 209-215.

Heyman, R.E., & Neidig, P.H. (1997). Physical aggression in couples treatment. In W.K. Halford & H.J. Markman (Eds.), *Clinical handbook of marriage and couples intervention* (pp. 589-617). Chichester, UK: Wiley.

Hofmann, S.G. (2008). Acceptance and commitment therapy: New wave or morita therapy? *Clinical Psychology: Science and Practice, 15* (4), 280-285.

Hofmann, S.G., & Asmundson, G.J. (2008). Acceptance and mindfulness based therapy: New wave or old hat? *Clinical Psychology Review, 28*, 1-16.

Holtzworth-Munroe, A., & Jacobson, N.S. (1985). Casual attributions of married couples: When do they search for causes? What do they conclude when they do? *Journal of Personality and Social Psychology, 48*, 1398-1412.

Homans, G.C. (1961). *Social behavior: Its elementary forms*. New York: Harcourt, Brace Jananovich.

Hovestadt, A.J., Anderson, W.T., Piercy, F.P., Cochran, S.W., & Fine, M. (1985). Family of origin scale. *Journal of Marital and Family Therapy, 11* (3), 287-297.

Jacob, T., & Tennenbaum, D.L. (1988). *Family assessment: Rationale, methods and future directions*. New York: Plenum.

Jacobson, N.S. (1992). Behavioral couple therapy: A new beginning. *Behavior Therapy, 23*, 493-506.

Jacobson, N.S., & Margolin, G. (1979). *Marital therapy: Strategies based on social learning and behavior exchange principles*. New York: Brunner/Mazel.

James, I.A., Reichelt, F.K., Freeston, M.H., & Barton, S.B. (2007). Schemas as memories: Implications for treatment. *Journal of Cognitive Psychotherapy, 21* (1), 51-57.

Johnson, J.A., Cheek, J.M., & Smither, R. (1983). The structure of empathy. *Journal of Personality and Social Psychology, 45* (6), 1299-1312.

Johnson, P.L., & O'Leary, K.D. (1996). Behavioral components of marital satisfaction: An individualized assessment approach. *Journal of Consulting and Clinical Psychology, 64*, 417-423.

Johnson, S.M. (1996). *The practice of emotionally focused marital therapy: Creating connection*. New York: Brunner/Mazel.

Johnson, S.M. (1998). Emotionally focused couple therapy. In F.M. Dattilio (Ed.), *Case studies in couple and family therapy: Systematic and cognitive perspectives* (450-472). New York: Guilford Press.

Johnson, S.M., & Denton, W. (2002). Emotionally focused couple therapy: Creating secure connections. In A.S. Gurman & N.S. Jacobson (Eds.), Clinical handbook of couple therapy (3rd ed., pp. 221-250). New York: Guilford Press.

Johnson, S.M., & Greenberg, L.S. (1988). Relating process to outcome in marital therapy. *Journal of Marital and Family Therapy, 14*, 175-183.

Johnson, S.M., Hunsley, J., Greenberg, L., & Schindler, D. (1999). Emotionally focused couples: Status and challenges. *Clinical Psychology: Science and Practice, 6*, 67-79.

Johnson, S.M., & Talitman, E. (1997). *Predictors of success in emotionally focused marital therapy*. New York: Guilford Press.

Kabat-Zinn, J. (1993). Mindfulness meditation: Health benefits of an ancient Budhist practice. In D. Goleman & J. Garin (Eds.), *Mind/body medicine* (pp. 259-276). Younkers: Consumer Reports.

Kaslow, F. (1995). *Projective genogramming*. Sarasota, FL: Professional Resource Press.

Katz, E., & Bertelson, A.D. (1993). Effects of gender and response style on depressed mood. *Sex Roles, 29*, 509-514.

Kazantzis, N., & Dattilio, F.M. (in press). A survey of psychologists who use homework in clinical practice: Definitions, types, an perceived importance. *Journal of Clinical Psychology*.

Kazantzis, N., Deane, F.P., & Ronan, K. (2000). Homework assignments in cognitive-behavioral therapy: A meta-analysis. *Clinical Psychology: Science and Practice, 7*, 189-202.

Kazantzis, N., Whittington, C.J., & Dattilio, F.M. (in press). Meta-analysis of homesork effects in cognitive and behavior therapy: A replication and extension. *Clinical Psychology: Science and Practice*.

Kelly, G.A. (1955). *The psychology of personal constructs*. New York: Norton.

Kelly, H.H. (1979). *Personal relationships: Their structures and processes*. Hilldale, NJ: Erlbaum.

Kerr, M., & Bowen, M. (1988). *Family evaluation*. New York: Norton.

Kidman, A.D. (2007). *Schizophrenia: A guide for families*. St. Leonards. NSW: Biochemical and General Sciences.

Kirby, J.S., & Baucom, D.H. (2007). Integrating dialectical behavior therapy and cognitive-behavioral couples therapy: A couples skills group for emotion dysregulation. *Cognitive and Behavioral Practice, 14*, 394-405.

L'Abate, L. (1985). A training program for family psychology: Evaluation, prevention and therapy. *American Journal of Family Therapy, 13*, 7-16.

L'Abate, L. (1998). *Family psychopathology: The relational roots of dysfunctional behavior*. New York: Guilford Press.

La Taillade, J., Epstein, N.B., & Werlinich, C.A. (2006). Conjoint treatment of intimate partner violence: A cognitive-behavioral approach. *Journal of Cognitive Psychotherapy, 20* (4), 393-410.

Laumann, E.O., Gagnon, J.H., Michael, R.T., & Michaels, S. (1994). *The social organization of sexuality*. Chicago: University of Chicago Press.

Lazarus, A.A. (1976). *Multimodal behavior therapy*. New York: Springer.

Leahy, R.L. (1996). *Cognitive therapy: Basic principles and applications*. Northvale, NJ: Jason Aronson.

Leahy, R.L. (2001). *Overcoming resistance in cognitive therapy*. New York: Guilford Press.

LeBow, M.D. (1976). Behavior modification for the family. In G.D. Erickson & T.P. Hogan (Eds.), *Family therapy: An introduction to theory and technique* (pp. 347-376). New York: Jason Aronson.

LeDoux, J. (1994). Emotions, memory and the brain. *Scientific American, 270* (6), 50-57.

LeDoux, J. (1996). *The emotional brain*. New York: Simon & Schuster.

LeDoux, J. (2000). Emotional circuits in the brain. *Annual Review of Neuroscience, 23*, 155-184.

Leon, K., & Jacobvitz, D.B. (2003). Relationships between adult attachment representations and family ritual quality: A prospective longitudinal study. *Family Process, 42*, 419-432.

Leslie, L.A. (1988). Cognitive-behavioral and systems models of family therapy: How compatible are they? In N.B. Epstein, S.E. Schlesinger & W.Dryden (Eds.), *Cognitive-behavior therapy with families* (pp. 49-83). New York: Brunner/Mazel.

Lewis, T., Amini, F., & Lannon, R. (2002). *A general theory of love*. New York: Vintage Press.

Liberman, R.P. (1970). Behavior approaches to couple and family therapy. *American Journal of Orthopsychiatry, 40*, 106-118.

Linehan, M.M. (1993). *Cognitive-behavioral treatment of borderline personality disorder*. New York: Guilford Press.

Margolin, G., & Weiss, R.L. (1978). Comparative evaluation of therapeutic components associated with behavior marital treatments. *Journal of Consulting and Clinical Psychology, 46*, 1476-1486.

Markman, H.J. (1984). The longitudinal study of couples' interaction: Implications for understanding and predicting the development of marital distress. In K. Halweg & N.S. Jacobson (Eds.), *Marital interaction: Analysis and modification* (pp. 253-281). New York: Guilford Press.

Markman, H.J., Stanley, S., & Blumberg, S.L. (1994). *Fighting for your marriage.* San Francisco: Jossey-Bass.

McCubbin, H.I., Larsen, A. & Olsen, D. (1996). Family coping coherence index (FCCI). In H.I. McCubbin, A.I. Thompson & M.A. McCubbin (Eds.), *Family assessment resiliency coping and adaptation inventories for research and practice* (pp. 703-712). Madison: University of Wisconsin.

McCubbin, H.I., & Thompson, A.I. (Eds.). (1991). *Family assessment: Inventories for research and practice.* Madison: University of Wisconsin.

McCubbin, M.A. & McCubbin, H.L. (1989). Theoretical orientation to family stress and coping. In C.R. Figley (Ed.), *Treating stress in families* (pp. 3-43). New York: Brunner/Mazel.

McGoldrick, M., Gerson, R., & Petry, S. (2008). *Genograms: Assessment and intervention* (3rd ed.). New York: Norton.

McGoldrick, M., Giordano, J., & Garcia-Preto, N. (Eds.). (2005). *Ethnicity and family therapy* (3rd ed.). New York: Guilford Press.

McGoldrick, M., Giordano, J., & Pearce, J.K. (Eds.). (1996). *Ethnicity and family therapy* (2nd ed.). New York: Guilford Press.

McKay, M., Fanning, P., & Paleg, K. (2006). *Couple skills: Making your relationship work.* Oakland, CA: New Harbinger.

Meichenbaum, D. (1977). *Cognitive-behavior modification: An integrative approach.* New York: Plenum Press.

Miklowitz, D.J. (1995). The evolution of family-based psychopathology. In R. H. Mikesell, D.D. Lusterman & S.H. McDaniel (Eds.), *Integrating family therapy: Handbook of family psychology and systems theory* (pp. 183-197). Washington, DC: American Psychological Association.

Mikulincer, M., Florian, V., Cowan, P.A., & Cowan, C.P. (2002). Attachment security in couple relationships: A systemic model and its implications for family dynamics. *Family Process, 41*, 405-434.

Mikulincer, M., & Shaver, P.R. (2007). *Attachment in adulthood: Structure, dynamics and change.* New York: Guilford Press.

Miller, G.E., & Bradberry, T.N. (1995). Refining the association between attributions and behavior in marital interaction. *Journal of Family Psychology, 9*, 196-208.

Miller, I.W., Keitner, G.I., Epstein, N.B., Bishop, D.S., & Ryan, C.E. (1993). Inpatient family therapy: Part A. In J.H. Wright, M.E. Thase, A.T. Beck & J.W. Ludgate (Eds.), *Cognitive therapy with inpatients: Developing a cognitive milieu* (pp. 154-190). New York: Guilford Press.

Milner, B., Squire, L.R., & Kandel, E.R. (1998). Cognitive neuroscience and the study of memory. *Neuron, 20*, 445-468.

Minuchin, S., (1974). *Families and family therapy.* Cambridge, MA: Harvard University Press.

Minuchin, S., & Nichols, M.P. (1998). Structural family therapy. In F.M. Dattilio (Ed.), *Case studies in couple and family therapy: Systemic and cognitive perspectives* (pp. 108-131). New York: Guilford Press.

Moos, R.H., & Moos, B.H. (1986). *Family environment scale manual* (2nd ed.). Palo Alto, CA: Consulting Psychologists Press.

Morgillo-Freeman, S., & Storie, M. (2007). Substance misuse and dependency: Crisis as a process or outcome. In F.M. Dattilio & A. Freeman (Eds.), *Cognitive-behavioral strategies in crisis intervention* (3rd ed., pp. 175-198). New York: Guilford Press.

Mueser, K.T., & Glynn, S.M. (1999). *Behavior family therapy for psychiatric disorders* (2nd ed.). Oakland, CA: New Harbinger.

Navaran, L. (1967). Communication and adjustment in marriage. *Family Process, 6*, 173-184.

Nelson, T.S., & Trepper, T.S. (1993). (Eds.). *101 Interventions in family therapy.* New York: The Haworth Press.

Nelson, T.S., & Trepper, T.S. (1998). *101 More interventions in family therapy.* New York: The Haworth Press.

Nichols, M.P. (1995). *The lost art of listening: How learning to listen can improve your relationships.* New York: Guilford Press.

Nichols, M.P., & Schwartz, R.C. (2001). *Family therapy: Concepts and methods* (5th ed). Boston: Allyn & Bacon.

Nichols, M.P., & Schwartz, R.C. (2008). *Family therapy: Concepts and methods* (8th ed.). Boston: Allyn & Bacon.

Noel, N.E., & McCrady, B.S. (1993). Alcohol-focused spouse involvement with behavioral marital therapy. In T.J. O'Farrell (Ed.), *Treating alcohol problems: Marital and family interventions* (pp. 210-235). New York: Guilford Press.

Nolen-Hoeksema, S. (1987). Sex difference in unipolar depression: Evidence and theory. *Psychological Bulletin, 101*, 259-282.

Northey, W.F. (2002). Characteristics and clinical practices of marriage and family therapists: A national survey. *Journal of Marital and Family Therapy, 28*, 487-494.

Novaco, R. (1975). *Anger control: The development and evaluation of an experimental treatment.* Lexington, MA: Heath.

O'Leary, K.D., Heyman, R.E., & Jongsma, A.E. (1998). *The couples psychotherapy treatment planner.* Hoboken, NJ; Wiley.

O'Farrell, T. (1993). Couples relapse prevention sessions after a behavioral marital therapy couples group program. In T.J. O'Farrell (Ed.), *Treating alcohol problems: Marital and family interventions* (pp. 305-326). New York: Guilford Press.

O'Farrell, T., & Fals-Stewart, W. (2006). *Behavioral couples therapy for alcoholism and drug abuse.* New York: Guilford Press.

Ohman, A. (2002). Automaticity and the amygdale: Nonconscious responses to emotional faces. *Current Directions in Psychological Services, 11*, 62-66.

Olson, D.H., Portner, J., & Lavee, Y. (1985). *FACES-III, Family social sciences.* St. Paul: University of Minnesota.

Olson, M.M., Russel, C.S., Higgins-Kessler, M., & Miller, R.b. (2002). Emotional processes following disclosures of an extramarital affair. *Journal of Marital and Family Therapy, 28*, 423-434.

Orford, J., Guthrie, S., Nicholls, P. Oppenheimer, E., Egert, S., & Hensman, C. (1975). Self-reportive coping behavior of wives of alcoholics and its association with drinking outcome. *Journal of Studies on Alcohol, 36*, 1254-1267.

Paley, B., Cox, M.J., Kanoy, K.W., Harter, K.S.M., Burchinal, M., & Margand, N.A. (2005). Adult attachment and marital interactions as predictors of whole family interactions during the transition to parenthood. *Journal of Family Psychology, 19*, 420-429.

Palmer, C.A., & Baucom, D.H. (1998, November). *How our marriage lasted: Couple's reflections on staying together.* Paper apresentado no Annual Meeting of the Association for the Advancement of Behavior Therapy, Washington, D.C.

Paolino, T., & McCrady, B. (1977). *The alcoholic marriage: Alternative perspectives.* New York: Grune & Stratton.

Patterson, G.R. (1974). Interventions for boys with conduct problems: Multiple settings treatment criteria. *Journal of Consulting and Clinical Psychology, 42* (1), 471-481.

Patterson, G.R., & Forgatch, M.S. (1985). Therapist behavior as a determinant for client resistance: A paradox for the behavior modified. *Journal of Consulting and Clinical Psychology, 5*, 237-262.

Patterson, G.R., & Hops, H. (1972). Coercion, a game for two: Intervention techniques for marital conflict. In R.E. Ulrich & P. Mountjoy (Eds.), *The experimental analysis of social behavior.* New York. Appleton-Century-Crofts.

Patterson, G.R., McNeal, S., Hawkins, N., & Phelps, R. (1967). Reprogramming the social environment. *Journal of Child Psychology and Psychiatry, 8*, 181-195.

Pessoa, L. (2005). To what extent are emotional visual stimuli processed without attention and awareness? *Current Opinion in Neurobiology, 15*, 188-196.

Pessoa, L. (2008). On the relationship between emotion and cognition. *Nature Reviews/Neuroscience, 9*, 148-158.

Piaget, J. (1950). [Psychology of Intelligence] (M. Piercy & D.E. Berlyne, Trans.). New York: Harcourt, Brace. (Obra original publicada em 1947.)

Pretzer, J., Epstein, N., & Fleming B. (1991). Marital Attitude Survey: A measure of dysfunctional attributions and expectancies. *Journal of Cognitive Psychotherapy: An International Quarterly, 5*, 131-148.

Prochaska, J.O., DiClemente, C.C. & Norcross, J.C. (1992). In search of how people change: Applications for addictive behaviors. *American Psychologist 47*, 1102-1114.

Psychotherapy Networker. (2007). The top 10: The most influential therapists of the past quarter-century. *Psychotherapy Networker, 31* (2), 24-68.

Regency Films (2002). *Unfaithful.* www.unfaithful.com.

Roehling, R.V., & Robin, A.L. (1986). Development and validation of the Family Beliefs Inventory: A measure of unrealistic beliefs among parents and adolescents. *Journal of Consulting and Clinical Psychology, 54*, 693-697.

Satir, V.M., & Baldwin, M. (1983). *Satir step by step: A guide to creating change in families.* Palo Alto, CA: Science and Behavior Books.

Schore, A.M. (2003). *Affect regulation and the repair of the self.* New York: Norton.

Schore, A.N. (1994). *Affect regulation and the origin of self: The neurobiology of emotional development.* Mahwah, NJ: Erlbaum.

Schore, A.N. (2001). The effects of secure attachment relationships on right brain development, affect regulation and infant mental health. *Infant Mental Health Journal, 22*, 7-66.

Schuerger, J.M., Zarrella, K.L., & Hotz, A.S. (1989). Factors that influence the temporal stability of personality by questionnaire. *Journal of Personality and Social psychology, 56*, 777-783.

Schumm, W.R., Jurich, A.P., & Bollman, S.R. (1986). Characteristics of the Kansas Family Life Satisfaction Scale in a regional sample. *Psychological Reports, 58*, 975-980.

Schwebel, A.I., & Fine, M.A. (1992). Cognitive-behavior family therapy. *Journal of Family Psychotherapy, 3*, 73-91.

Schwebel, A.I., & Fine, M.A. (1994). *Understanding and helping families: A cognitive-behavior approach*. Hillsdale, NJ: Erlbaum.

Segal, Z.V. (1988). Appraisal of the self-schema construct in cognitive models of depression. *Psychological Bulletin, 103*, 147-162.

Seligman, M.E.P. (1995). The effectiveness of psychotherapy: The Consumer Reports Study. *American Psychologist, 50*, 965-974.

Senchak, M., & Leonard, K.E. (1992). Attachment styles and marital adjustment among newlywed couples. *Journal of Social and Personal Relationships, 9*, 51-64.

Sexton, T.L., Weeks, G.R., & Robbins, M.S. (Eds.). (2003). *Handbook of family therapy*. New York: Brunner-Routledge.

Shapiro, S.L., Schwartz, G.E., & Bonner, G. (1998). Effects of mindfulness-based stress reduction on medical and paramedical students. *Journal of Behavioral Medicine, 21*, 581-599.

Shaver, P.R., Hazan, C., & Bradshaw, D. (1988). Love as attachment: The integration of three behavioral systems. In R.J. Sternberg & M. Barnes (Eds.), *The psychology of love* (pp. 68-99). New Haven, CT: Yale University Press.

Siegel, D. (1999). *The developing mind*. New York: Guilford Press.

Smith, T.W. (1994). *The demography of sexual behavior*. Menlo Park, CA: Henry J. Kaiser Family Foundation.

Snyder, D.K. (1981). *Marital Satisfaction Inventory (MSI) Manual*. Los Angeles: Western Psychological Services.

Snyder, D.K., & Aikman, G.G. (1999). The Marital Satisfaction Inventory – Revised. In M.E. Maruish (Ed.), *Use of psychological testing for treatment planning outcome assessment* (pp. 1173-1210). Mahwah, NJ: Erlbaum.

Snyder, D.K., Baucom, D.H., & Gordon, K.C. (2009). *Getting past the affair: A program to help you cope, heal and move on – together or apart*. New York: Guilford Press.

Snyder, D.K., Cavell, T.A., Heffer, R.W., & Mangrum, L.F. (1995). Marital and family assessment: A multifaceted, multilevel approach. In R.H. Mikesell, D. D. Lusterman & S.H. McDaniel (Eds.), *Integrating family therapy: Handbook of family psychology and systems theory* (pp. 163-182). Washington, DC: American Psychological Association.

Snyder, D.K., Wills, R.M., & Grady-Fletcher, A. (1991). Long-term effectiveness of behavior versus insight-oriented marital therapy: A 4-year follow-up study. *Journal of Consulting and Clinical Psychology, 59*, 138-141.

Sonne, J.C., & Lincoln, G. (1965). Heterosexual co-therapy team experiences during family therapy. *Family Process, 4*, 177-197.

Spainer, G.B. (1976). Measuring dyadic adjustment: New scales for assessing the quality of marriage and similar dyads. *Journal of Marriage and the Family, 38*, 15-28.

Spitzer, R.L., Williams, J.B.W., Gibbon, M., & First, M.B. (1994). *Structured clinical interview for DSM-IV (SCID-IV)*. New York: Biometric Research Department, New York State Psychiatric Institute.

Sprenkle, D.H. (2003). Effectiveness research in marriage and family therapy: Introduction. *Journal of Marital and Family Therapy, 29*, 85-96.

Steinglass, P., Bennet, L., Wolin, S.J., & Reiss, D. (1987). *The alcoholic family*. New York: Basic Books.

Straus, M.A., Hamby, S.L., Boney-McCoy, S., & Sugarman, D.B. (1996). The Revised Conflict Tactics Scales (CTS2): Development and preliminary psychometric data. *Journal of Family Issues, 17*, 283-316.

Stuart, R.B. (1969). Operant-interpersonal treatment for marital discord. *Journal of Consulting and Clinical Psychology, 33*, 675-682.

Stuart, R.B. (1980). *Helping couples change: A social learning approach to marital therapy*. New York: Guilford Press.

Stuart, R.B. (1995). *Family of origin inventory*. New York: Guilford Press.

Sue, D., & Sue, D.M. (2008). *Foundations of counseling and psychotherapy: Evidence-based practices for a diverse society*. Hoboken, NJ: Wiley.

Swebel, A. (1992). The family constitution. *Topics in family psychology and counseling, 1* (1), 27-38.

Tavitian, M.L., Lubinar, J.L., Green, L., Grebstein, L.C., & Velicer, W.F. (1987). Dimensions of family functioning. *Journal of Social Behavior and Personality, 2*, 191-204.

Teasdale, J.D., Moore, R.G., Hayhurst, H., Pope, M., Williams, S., & Segal, Z. (2002). Metacognitive awareness and prevention of relapse and depression. Empirical evidence. *Journal of Consulting and Clinical Psychology, 70* (2), 275-287.

Teichman, Y. (1981). Family therapy with adolescents. *Journal of Adolescence, 4*, 87-92.

Teichman, Y. (1992). Family treatment with an acting-out adolescent. In A. Freeman & F.M. Dattilio (Eds.). *Comprehensive casebook of cognitive therapy* (pp. 331-346). New York: Plenum Press.

Terman, L.M. (1938). *Psychological factors in mental happiness*. New York: McGraw-Hill.

Thibaut, J., & Kelley, H.H. (1959). *The social psychology of groups*. New York: Wiley.

Tilden, T., & Dattilio, F.M. (2005). Vulnerability schemas of individuals in couples relationships: A cognitive perspective. *Contemporary Family Therapy, 27* (2), 137-160.

Tjaden, P., & Thoennes, N. (2000). Prevalence and consequences of male-to-female an female-to-male intimate partner violence as measured by the National Violence Against Women Survey. *Violence Against Women, 6*, 142-161.

Touliatus, J., Perlmutter, B.F., & Straus, M.A. (Eds.). (1990). *Handbook of family measurement techniques*. Newbury Park, CA: Sage.

Wachs, K., & Cordova, J.V. (2007). Mindful relating: Exploring mindfulness and emotion repertoires in intimate relationships. *Journal of Marital and Family Therapy, 33* (4), 464-481.

Wagner, T.D., & Phan, K.L. (2003). Valance, gender, and lateralization of functional brain anatomy in emotion: A meta-analysis of findings from neuroimaging. *Neuroimage, 19* (3), 513-531.

Wahler, R.G., Winkel, G.H., Peterson, R.F., & Morrison, D.C. (1971). Mothers as behavior therapists for their own children. In A.M. Graziano (Ed.), *Behavior therapy with children* (pp. 388-403). Chicago: Aldine.

Wallin, D.J. (2007). *Attachment in psychotherapy*. New York: Guilford Press.

Walsh, F. (1998). *Strengthening family resilience*. New York: Guilford Press.

Watson, D., & Tellegen, A. (1985). Toward the structure of affect. *Psychological Bulletin, 98*, 219-235.

Watzalawick, P. Beavin, J.H., & Daveson, D.D. (1967). *Pragmatics of human communication.* New York: Norton.

Watzalawick, P., Weakland, J., & Fisch, R. (1974). *Change: Principles of problem formation and problem resolution.* New York: Norton.

Webster, M. (2005). Speaking from the pained place: Engaging with Frank Dattilio. *Australian and New Zealand Journal of Family Therapy, 26* (2), 79-80.

Webster's New World College Dictionary (4th ed.). (2005). Cleveland, OH: Wiley.

Weeks, G.R., & L'Abate, L. (1979). A compilation of paradoxical methods. *American Journal of Family Therapy, 7*, 61-76.

Weeks, G.R., & L'Abte, L. (1982). *Paradoxical psychotherapy: Theory and practice with individuals, couples and families.* New York: Brunner/Mazel.

Weiss, R.L. (1980). Strategic behavioral marital therapy: Toward a model for assessment and intervention. In J.P. Vincent (Ed.), *Advances in family intervention, assessment and theory* (Vol. 1, pp. 229-271). Greenwich, CT: JAI Press.

Weiss, R.L. (1984). Cognitive and strategic interventions in behavior marital therapy. In K. Hahlweg & N.S. Jacobson (Eds.), *Marital interaction: Analysis and modification* (pp. 309-324). New York: Guilford Press.

Weiss, R.L., & Heyman, R.F. (1997). A clinical research overview of couples interactions. In W.K. Halford & N.J. Markman (Eds.), *Clinical handbook of marriage and couples interventions* (pp. 13-1). Chichester, UK: Wiley.

Weiss, R.L., Hops, H., & Patterson, G.R. (1973). A framework for conceptualizing marital conflict, a technology for altering it, some data for evaluatin it. In L.A. Hamerlynck, L.C. Handy & E.I. Mash (Eds.), *Behavior change: Methodology, concepts, and practice* (pp. 309-342). Champaign, IL: Research Press.

Weissman, M.M. (1987). Advances in psychiatric epidemiology: Rates and risks for major depression. *American Journal of Public Health, 77*, 445-451.

Weissman, M.M., & Paykel, E.S. (1974). *The depressed women: A study of social relationships.* Chicago: University of Chicago Press.

Welburn, K.R., Dagg, P., Coristine, M., & Pontefract, A. (2000). Schematic change as a result of an intensive-group therapy day-treatment program. *Psychotherapy, 37*, 189-195.

Welwood, J. (1996). *Love and awakening.* New York: HarperCollins.

Whalen, P.J. (2004). Human amygdala responsivity to masked fearful eye whites. *Science, 306*, 2061.

Whisman, M.A. (2001). The association between depression and marital dissatisfaction. In S.R.H. Beach (Ed.), *Marital and family process in depression: A scientific foundation for clinical practice* (3-24). Washington, DC: American Psychological Association.

Whisman, M.A., Dixon, A.E., & Johnson, B. (1997). Therapist's perspectives of couple problems and treatment issues in couple therapy. *Journal of Family Psychology, 11*, 361-366.

Wolcott, I.H. (1986). Seeking help for marital problems before separation. *Australian Journal of Sex, Marriage and Family, 7*, 154-164.

Wolpe, J. (1977). *Psychotherapy by reciprocal inhibition.* Palo Alto, CA: Stanford University Press.

Wright, J.H., & Beck, A.T. (1993). Family cognitive therapy with inpatients. In J.H. Wright, M.E. Thase, A.T. Beck & J.W. Ludgate (Eds.), *Cognitive therapy with inpatients* (pp. 176-190). New York: Guilford Press.

Wright, J.H., Thase, M.E., Beck, A.T., & Ludgate, J.W. (Eds.). (1993). *Cognitive therapy with inpatients: Developing a cognitive milieu.* New York: Guilford Press.

Young, J.E. (1990). *Cognitive therapy for personality disorders.* Sarasota, FL: Professional Resource Press.

Young, J.E., Klosko, S., & Weishaar, M.E. (2003). *Schema therapy: A practitioner's guide.* New York: Guilford Press.

Zitter, R., & McCrady, B. (1993). *The Drinking Patterns Questionnaire.* Questionário inédito, Rutgers University, Piscataway, NJ.

Índice

A

Abordagem dos sistemas abertos, 23
Abordagem estratégico-estrutural,
  padrões comportamentais e, 24-25
Abordagem focada na solução
  padrões comportamentais e a, 24-25
  visão geral da, 28-29
Abstrações seletivas, 33-34
Abuso de álcool
  prevenção da recaída e o, 180-181
  visão geral do, 211-213
Abuso de drogas
  prevenção de recaída e, 180-181
  visão geral do, 211-213
Abuso de substância
  prevenção da recaída e o, 180-181
  visão geral do, 211-213
Abuso doméstico, 213-219. *Ver também*
  Crise, famílias em
Acceptance and commitment therapy –
  ACT [Terapia de aceitação e
  compromisso], 230-231
Acordos de intercâmbio comportamental,
  155-156
Adaptação, 67-69
Agendas dos membros da família, 182-184
Ajustamento, *mindfulness* e, 233
Amígdala
  papel da, 102-106
  visão geral da, 101
Análise comportamental, 23
Apego
  esquemas e, 49-55
  estilos de, 47-50
  modelos de, 46-48
  processos cognitivos no, 49-51
  visão geral do, 46-55
Apresentação dos problemas, 160
Armadilha da aposentadoria, 234-247
Atribuições
  abuso doméstico e, 214
  avaliação e as, 136-137
  inferências nas, 31-32
  padrões e, 43-44
  visão geral, 31, 35-37, 39-40
Atribuições de biblioterapia. *Ver também*
  Tarefas de casa
  treinamento da assertividade e, 159
  visão geral das, 170-171
Atribuições de tarefa comportamental,
  171-173. *Ver também* Tarefa de casa
Atribuições fora da sessão. Ver Tarefas de
  casa
Autoconceito, 83-85. *Ver também*
  Esquemas
Autoesquemas, 197

Automonitoramento, 171-172. *Ver também* Tarefas de casa
Avaliação
   abuso de substância e, 212
   abuso doméstico e a, 214
   atribuição e padrões na, 136-137
   atribuições de tarefa de casa e a, 169
   consulta entre profissionais e a, 112-113
   contínua durante toda a terapia, 120
   das cognições, 125-128
   diferenciando as crenças básicas dos esquemas e a, 133-134
   dificuldades com a, 121-123
   distorções cognitivas e a, 135
   entrevista inicial conjunta para a, 110-111
   entrevistas individuais para a, 127-129
   esquemas da família de origem e a, 84-85
   estruturação negativa da, 134-135
   exemplo de caso da, 252-256
   feedback sobre a, 130-131
   genogramas e a, 119-121
   identificação dos pensamentos automáticos e das crenças básicas e a, 130-133
   interação familiar estruturada e a, 124-126
   lista de questionários e inventários para a, 271-272
   motivação para a mudança e a, 129-131
   mudança comportamental e a, 123-124
   objetivos da, 110
   observações comportamentais e a, 123-124
   padrões comportamentais e a, 137
   padrões de macronível e a, 128-130
   pensamentos automáticos e a, 137-138
   planejamento do tratamento, 138-139
   questões básicas de relacionamento na, 128-130
   testagem psicológica e, 118-119
   visão geral da, 109-110
Avaliação diagnóstica
   abordagem do terapeuta da, 122
   visão geral, 118-119
Avaliação observacional, 123-124
   interação da família estruturada e a, 124-126
   visão geral da, 123-124
Avaliação psicodiagnóstica, 118-119
Avaliações de autorrelato. *Ver também* Avaliação
   abuso de substância e as, 212
   exemplo de caso de, 252-253
   visão geral das, 114-118

C

Casais/famílias do mesmo sexo
   coterapia de, 226
   visão geral dos, 221-223
Casos extraconjugais
   abordagem do terapeuta para a revelação dos, 122
   divórcio e, 198-177
   visão geral dos, 209-211
"Ciclo de distanciamento e isolamento", 146-147
Cingulado anterior, 101
Cognições
   avaliação das, 125-128
   emoção e, 106-108
   esquemas transgeracionais e, 89-97
   processos neurobiológicos e, 106-108
Colaboração, 27-28
Comportamento
   emoção e, 66-67
   pensamentos automáticos e, 141-142
Comportamento de não comunicação, 45-46
Comportamento não verbal, avaliação e o, 123-124
Comportamentos
   avaliação e, 137
   conceituação de caso e, 136
Comportamentos definidores de limites
Comportamentos e intercâmbios de apoio social, 74-75
Comunicação
   comportamento positivo e negativo e a, 45-46
   transtornos mentais e a, 24
Comunicação circular, 146-147
Comunicação do processo, 146-147
Comunicação linear, 146-147
Comunicação orientada para o conteúdo, 146-147

Conceituação de caso
   contínua durante toda a terapia, 120
   pensamentos, emoções, comportamentos e a, 136
   visão geral da, 109
Confidencialidade
   abordagem do terapeuta entre os cônjuges, 122
   entrevistas individuais, 127-129
   limitações da, 122, 127-129
Conflict Tactics Scale – CTS2 [Escala das Táticas de Conflito], 117
Conflict Tactics Scale – Revised; CTSR [Escala das Táticas de Conflito – Revisada], 214
Construção da tolerância, abuso doméstico e a, 216-219
Consulta, 112-113, 187-189, 222-226
Consultas ao sistema judicial, 223-224
Consultas com a família de origem, 223-226
Consultas com pacientes internados, 223-224
Consultas para segunda opinião, 222-224
Contraindicações da abordagem da TCC, 218-221
Contratos de contingência, 156-158
Controle, enfrentando-o no tratamento, 184-185
Correspondência do resultado, 71
Córtex frontal orbital, 101
Coterapia, 226
Crenças
   desenvolvimento do sistema de crença da criança, 86-90
   emoção expressada e, 65-68
Crenças básicas
   avaliação e, 130-133
   diferenciação dos esquemas, 133-134
Crise, famílias em. *Ver também* Abuso doméstico
   consultas e, 223-226
   visão geral das, 220-222
Culpa
   expectativas e, 37-38
   responsabilidade pela mudança e, 184-187
Custos envolvidos nos relacionamentos, 68-72

D

Déficits das habilidades de resolução de problemas, 44-45
Déficits nas habilidades de comunicação
   abuso doméstico e, 217-219
   prevenção de recaída e, 180-181
   visão geral, 44-45, 145-147
Depressão, 208-209
Desesperança sobre a mudança, 171-183
Desligamento unificado, abuso doméstico e o, 215-217
Desprezo, 64-65, 145-146
Diferenças de gênero
   depressão e, 208-209
   processos neurobiológicos e, 101-102
Distorções cognitivas
   abuso doméstico e as, 214
   esquemas e, 82-84
   identificação e rotulação das, 135
   tipos de, 33-35
Divórcio
   casos extraconjugais e o, 210
   visão geral do, 196-201
Dramatização, 144-146
Dyadic Adjustment Scale [Escala do Ajustamento Diádico], 124

E

Emoção expressada
   pensamentos e crenças com relação à, 65-68
   transtornos mentais e, 24
   visão geral da, 63-66
Emoções. *Ver também* Emoção expressada
   cognições e as, 106-108
   conceituação do caso e as, 136
   experienciando e expressando as, 63-66
   pensamentos automáticos e as, 141-142
   pensamentos e crenças relacionados às, 65-68
   processos neurobiológicos e as, 106-108
Emotionnally focused therapy – EFT [Terapia focada nas emoções], 56-63
Empatia, treinamento da comunicação e as, 150-151
Ensaio comportamental. *Ver* Ensaio

Entrevistas clínicas. *Ver também* Avaliação
abordagem do terapeuta das, 122
entrevistas conjuntas iniciais, 110-111
entrevistas individuais, 127-129
Entrevistas conjuntas. *Ver também*
Entrevistas clínicas
entrevistas individuais e, 128-129
visão geral das, 110-111
Entrevistas individuais, 127-129
Erros do processamento de informações.
Ver Distorções cognitivas
Escuta na comunicação
abuso doméstico e a, 217-218
mindfulness e, 233
visão geral da, 147-149
Esquema básico vulnerável, 91-97
Esquema de abandono rígido, 50-51
Esquema de abandono, 49-51
Esquema de dependência/independência, 49-50
Esquema de enfrentamento protetor, 91-97
Esquema de subjugação, 49-50
Esquema familiar
padrões e o, 39-40
visão geral do, 32-34
Esquemas
abordado no tratamento, 77-78, 142, 144
cognições e os, 89-97
diferenciação das crenças básicas e os, 133-134
distorções cognitivas e os, 82-84
divórcio e os, 197-198
esquemas transgeracionais e, 89-97
exemplo de caso dos, 254-256
experiências na família de origem e os, 83-90
famílias em crise e os, 221-222
ligação e os, 49-55
pensamentos automáticos e os, 79-84
reestruturação dos, 50-55
terapia focada nas emoções e os, 57
visão geral dos, 32-33-34, 76-79
Esquemas transgeracionais. *Ver também*
Esquemas
cognições e o, 89-97
visão geral do, 41-42
Esquiva cognitiva, 53
Estilo de apego esquivo, 47-48.
Ver também Apego.

Estilo de apego preocupado, 48-49. *Ver também* Apego
Estilo de apego resistente, 47-48. *Ver também* Apego
Estilo de apego seguro, 48-49. *Ver também* Apego
Estilo de apego temeroso e esquivo, 48-49 *Ver também* Apego
Estratégias da aprendizagem operante, teoria da aprendizagem e as, 22
Estressores
divórcio e os, 197
mindfulness e, 233
técnicas baseadas na aceitação e os, 230-231
Estrutura negativa
identificação da, 134-135
visão geral da, 66-67
Estruturas cognitivas, 78. *Ver também*
Esquemas
Exame dos pares, impedimentos do terapeuta e o, 187-189
Exemplificação, estratégias de resolução de problemas e a, 154-155
Exigências da vida, dificuldade em se adaptar às, 67-69
Expectativas,
impedimentos e as, 188-189
padrões e, 43-44
teoria do intercâmbio social e as, 70
visão geral das, 31-34, 36-40
Experienciando as emoções, 63-66
Experiências com a família de origem.
avaliação e as, 117
desenvolvimento do sistema de crenças da criança e as, 86-90
esquemas de ligação e as, 51-55
esquemas e as, 80-90, 142, 144
esquemas transgeracionais e as, 89-97
exemplo de caso de, 238-239
genogramas e as, 119-121
padrões e as, 41
Experimentos comportamentais, 174-178
Explicações tendenciosas, 34-35
Exposição ao vivo, 228-229

F

Fala na comunicação
abuso doméstico e a, 217-218
visão geral da, 147-148

Family Awareness Scale – FAZ [Escala da Consciência Familiar], 253-256
Family Beliefs Inventory [Inventário das Crenças Familiares]
  exemplo de caso de, 253
  visão geral do, 115-116, 118
Family Crisis-Oriented Personal Evaluation Scales [Escalas de Avaliação Pessoal Orientada para a Crise Familiar], 117
Family Inventory of Life Events and Changes [Inventário Familiar dos Eventos e Mudanças da Vida], 117
Family of Origin Inventory [Inventário da Família de Origem], 84-85, 117
Family of Origin Scale [Escala da Família de Origem], 239, 252-256
Fator flip flop, 134. Ver também Estrutura negativa
Fatores ambientais, impedimentos e as, 190-191
Fatores culturais
  impedimentos e os, 188-189
  padrões e, 39-43
  treinamento da assertividade e, 158-159
Fatores do terapeuta
  abuso doméstico e os, 215-216
  como obstáculos, 186-189
  contraindicações e limitações da TCC e os, 218-221
  sensibilidade cultural e os, 200-208
Fatores raciais, 189-190
Feedback, avaliação e, 130-131
Foco emocional, 56-63
Funcionamento cognitivo, 191-193
Funcionamento intelectual, obstáculos e, 191-193

G

Genogramas, 119-120
Grau de dependência, 71

H

Habilidades de enfrentamento, divórcio e, 197
Habilidades de relacionamento, 167
Habilidades expressivas, abuso doméstico e, 217-218
Habilidades para o manejo da raiva, 217-218

Habilidades receptivas, abuso doméstico e, 217-218
Hipótese duplo cega, 24
Homeostase
  agendas dos membros da família e, 182-184
  contratos de contingência e, 156-158
  exemplo de caso de, 247-267
Humores negativos, 62-64, 66-67
Humores positivos, 62-64

I

Inferência arbitrária, 33-34
Inferências, 31-32
Infidelidade. Ver Casos extraconjugais
Inoculação, abuso doméstico e, 216-219
Insight, impedimentos e, 191-193
Intensidade emocional, 56-63
Interação familiar estruturada, 124-126
Interações de incomunicabilidade, 146-147
Interações de macronível
  avaliação e as, 128-130
  visão geral das, 73-75
Interações de micronível, 73-75
Interações defensivas, 145-146
Interações entre queixa/criticidade, 145-146
Interações gravadas em áudio ou vídeo, 170-171
Intercâmbios nos relacionamentos, nível micro versus nível macro, 73-75
Interdependência, teoria do intercâmbio social e, 70-71
Interpretação tendenciosa, 34-36
Interrupções, treinamento da comunicação e as, 151-153
Inundação de emoções, 105
Inventários. Ver também Avaliação
  lista de, 271-272
  visão geral dos, 114-118
Inversão de papéis, 166-167
Irmãos, teoria do intercâmbio social e os, 70

L

Leitura da mente, 34-35
Levantamento da Atitude Conjugal – Revisado (Marital Attitude Survey – Revised), 240

Ligação empática, abuso doméstico e as, 215-216
Limitações da abordagem da TCC, 218-221
Limites na família
  avaliação e, 123
  exemplo de caso de, 247-267

M

Magnificações, 33-36
Marital Interaction Coding System – MICS-IV [Sistema de Codificação da Interação Conjugal], 128-129
Mediação, divórcio e, 177-201
Membros da família, teoria do intercâmbio social e os, 70
Memória emocional, 107
Mentoria, obstáculos do terapeuta e a, 187-189
Metacognição, processos neurobiológicos e a, 105-106
Millon Clinical Multiaxial Inventory [Inventário Multiaxial Clínico de Millon – MCMI], 118-119
Mindfulness, 231-233
Minimizações, 33-35
Minnesota Multiphasic Personality Inventory – 22; MMPI-22 [Inventário da Personalidade Multifásica de Minnesota – 22], 118-119
Modelo comportamental, aprendizagem da teoria e o, 22-23
Modelo da terapia familiar cognitivo--comportamental (TFCC)
  contraindicações e limitações do, 218-221
  educação de casais e famílias sobre o, 140-141
  visão geral do, 26
Mudança
  agendas dos membros da família e a, 182-184
  avaliação da motivação para mudar, 129-131
  responsabilidade pela, 184-187
Mudança comportamental
  avaliação e a, 123-124
  papel da, 68-75
Mutualidade da dependência, 71

N

Necessidades de intimidade, 245-247
Negatividade nos membros da família, 181-183
Nível de comparação para as alternativas, 71

O

Observações comportamentais
  entrevistas individuais e as, 128-129
  interação familiar estruturada e as, 124-126
  visão geral das, 123-124
Obstáculos
  abordados no tratamento, 171-172, 186-195
  responsabilidade pela mudança e os, 185-187

P

Padrões
  avaliação e os, 136-137
  visão geral dos, 31-34, 39-44
Padrões de comportamento
  micronível versus macronível nos, 73-75
  modificação dos, 24-25
  positivos e negativos, 45-46
Pais
  avaliação e os, 117-118
  controle e os, 177-180
  desenvolvimento do sistema de crenças da criança e os, 86-90
Papéis na família
  depressão e, 209
  representações e, 144-146
"Papel limitado de doente", 209
Paralisação nas famílias, técnicas e intervenções paradoxais e a, 161-163
Pedindo um tempo, 162-164
Pensamento de causa e efeito, habilidades de comunicação e, 146-147
Pensamento dicotômico, 34-35, 133
Pensamentos
  conceituação de caso e os, 136
  emoção expressada e, 65-68
Pensamentos automáticos. *Ver também* Registro do Pensamento Disfuncional

avaliação e os, 130-133, 137-138
esquemas e, 79-84
identificação com a família, 141-143
visão geral dos, 32
Percepções, 30-31
Personalizações, 34-35
Planejamento do tratamento, avaliação e o, 138-139
Plano de tratamento, avaliação e o, 138-139
Poder, abordado no tratamento, 184-185
Potencial para a recaída
    abordado no tratamento, 179-181
    abuso de substância e, 212
    abuso doméstico e o, 216-219
Potencialidades, 28-29
Prática negativa. *Ver* Técnicas e intervenções paradoxais
Prescrição dos sintomas, 159. *Ver também* Técnicas e intervenções paradoxais.
Pressão no tratamento, 192-195
Prevenção de respostas, 228-229.
Princípios da terapia cognitiva, 25-26
Princípios da terapia cognitiva, 25-26
Processamento das informações, emoção e o, 66-67
Processo de projeção familiar, 87-90
Processo de transmissão intergeracional, genogramas e, 120-121
Processos cognitivos
    apego e, 49-51
    atenção seletiva, 34-36
    atribuições, 35-37
    comportamento positivo e negativo e, 45-46
    distorções cognitivas, 33-35
    expectativas e padrões, 31-34, 36-38
    habilidades de comunicação e resolução de problemas, 31-34, 36-38
    padrões, 39-44
    percepções, 30-31
    suposições, 38-40
    visão geral, 30-46
Processos motivacionais
    avaliação da motivação para a mudança, 129-131
Processos neurobiológicos
    amígdala e os, 102-106
    cognição versus emoção e os, 106-108

papel dos, 98-102
Programa de Prevenção de Abuso entre os Casais (Couples Abuse Prevention Programa – CAPP), 216-219
Programação das atividades, 170-172. *Ver também* Atribuições de tarefa de casa.
Proporção custo-benefício, 70-72
Psicopatologia. *Ver também* Transtornos mentais
    avaliação e a, 118-119
    genogramas e a, 119-121
    impedimentos e a, 190-192
    visão geral da, 208-209

Q

Quebra de contrato
    abuso doméstico e, 214
    famílias em crise e, 221-222
Questionamento socrático, 125-127
Questionário dos Padrões de Bebida (Drinking Patterns Questionnaire – PDQ), 212
Questionário dos Padrões de Comunicação, 117
Questionários. *Ver também* Avaliação
    abuso de substância e, 212
    lista dos,
    visão geral dos, 114-118
Questões básicas do relacionamento, 128-130
Quid pro quo, 156 158. *Ver também* Homeostase

R

Racionalidade, processos neurobiológicos e a, 107
Raiva, experiência e expressão da, 63-65
Rational-emotive therapy – RET [Terapia racional-emotiva], 22
Reações emocionais, 155-157
Rearranjos de contingência, 212-213
Reciprocidade nos relacionamentos
    comunicação e a, 146-147
    visão geral da, 72-74
Recompensas nos relacionamentos, 68-72
Redução da intensidade, 162-164
Reestruturação cognitiva
    abuso de substância e, 212-213

abuso doméstico e, 214, 217-218
como uma tarefa de casa, 172-173
Reestruturação dos esquemas
  famílias em crise e a, 221-222
  visão geral da, 142, 144
Reestruturação, representações e a,
  144-146
Reforçamento positivo, controle dos pais
  e, 177-180
Registro do Pensamento Disfuncional
  (Dysfunctional Thought Record), *Ver
  também* Pensamentos automáticos
  completo, 273
  exemplo de caso do, 240-244, 258-260
  reestruturação cognitiva e o, 172-173
  visão geral do, 131-132, 141-143,
    171-172
Regras cognitivas, 213-214
Regulação do afeto, 54-56
Regulação emocional, 54-55. *Ver também*
  Regulação do afeto
Reincidência, obstáculos e, 194-195
Rejeição do estilo de apego, 48-49. *Ver
  também* Apego
Relacionamentos
  abuso de substância e, 213
  processos neurobiológicos e os, 101
Relationship Belief Inventory [Inventário
  da Crença no Relacionamento]
  exemplo de caso do, 240
  visão geral do, 115-116
Religião, padrões e, 39-42
Representações das, através de
  reestruturação e treinamento,
  144-146
Resistência ao tratamento ou à mudança,
  181-182
  abordada no tratamento, 181-182
  agendas dos membros da família e,
    182-184
  atribuições da tarefa de casa e a, 169,
    173-175
  exemplos de caso da, 234-247
  responsabilidade pela mudança e,
    185-187
  técnicas e intervenções paradoxais e a,
    161-163
Retraimento comportamental
  abuso doméstico e, 214
  famílias em crise e, 221-222

Revelação de infidelidade
  abordagem do terapeuta da, 122
  processo de três estágios que
    acompanha a, 210-211
Rituais, 74-75
Rotulação inadequada, 34-35
Rotulação, 34-35

S

Segurança, abuso doméstico e, 214-216
Sensibilidade cultural, 200-208, 219-220
Sentimento positivo supera a técnica, 105
Sintomas, técnicas e intervenções
  paradoxais, 160
Spouse Behavior Questionnaire – SBQ
  [Questionário do Comportamento
  do Cônjuge], 212
Superação do sentimento, 182-183
Supergeneralizações, 33-34
Supervisão de caso, 222-224
Supervisão, obstáculos do terapeuta e a,
  187-189
Suposições
  exemplo de caso de, 262-265
  visão geral das, 31, 38-40

T

Tarefas de casa
  abuso doméstico e, 217-218
  acompanhamento e as, 173-174
  avaliação da motivação para a
    mudança com as, 129-130
  desenvolvimento e implementação das,
    172-174
  educando os casais e as famílias sobre
    as, 140
  exemplo de caso de, 239-240
  obstáculos e as, 193-195
  pensamentos automáticos e as, 141-142
  realização das, 173-174
  Registro de Pensamentos Disfuncionais
    e, 131-132, 141-143
  resistência às, 174-175
  treinamento da assertividade e as, 159
  visão geral das, 168-175
TCC com casais e famílias
  visão geral da, 21-22, 26-29
Técnica da seta descendente
  reações emocionais e a, 155-157
  visão geral da, 126-128

Técnica de contenção, 161. *Ver também*
    Técnicas e intervenções paradoxais
Técnica do Bloco e do Lápis, 152-154
Técnicas baseadas na aceitação, 230-231
Técnicas cognitivas, 105
Técnicas cognitivo-comportamentais
    agendas dos membros da família e,
        182-184
    desesperança com relação à mudança e
        as, 181-183
    educação de casais e famílias sobre as,
        140-141
    esquemas e as, 142, 144
    negatividade nos membros da família e
        as, 181-183
    obstáculos e as, 181-182, 186-195
    poder e controle e as, 184-185
    potencial para a recaída e as, 179-181
    representações e as, 144-146
    resistência à mudança e as, 181-182
    responsabilidade pela mudança e as,
        184-187
    técnicas comportamentais, 145-180
Técnicas comportamentais
    "pedindo um tempo", 162-164
    acordos de intercâmbio
        comportamental, 155-156
    contratos de contingência, 156-158
    controle dos pais e as, 177-180
    desescalação, 162-164
    ensaio comportamental, 164-166
    estratégias de resolução de problemas,
        153-155
    habilidades de relacionamento, 167
    inversão de papéis, 166-167
    reações emocionais e, 155-157
    tarefas de casa, 168-175
    técnicas paradoxais e intervenções,
        159-163
    testagem das previsões com os
        experimentos comportamentais,
        174-178
    treinamento da assertividade,
        158-159
    treinamento da comunicação,
        145-154
Técnicas de exposição, 228-229
Técnicas de imagens, 144-146
Técnicas paradoxais, 159-163
Teoria da aprendizagem, 22-25

Teoria do apego
    experiência e expressão da emoção e a,
        64-66
    visão geral da, 46-48
Teoria do intercâmbio social
    motivação para mudar e a, 129-131
    reciprocidade nos relacionamentos e a,
        72-74
    teoria da aprendizagem e a, 22
    visão geral da, 68-72
Teorias dos sistemas
    avaliação e as, 122-123
    esquemas e as, 78-79
    teoria da aprendizagem e as, 22-23
    visão geral das, 218-220, 250
Terapia do esquema, 77-78
Terapia familiar funcional, 26
Terapia individual
    abuso doméstico e, 214-216
    como terapia de casal, 224 226
    exemplo de caso de, 240-244
    tratamento multinível e, 226-229
Terapia integrativa, a TCC como,
    268-269
Testagem psicológica, 118-119
Testando a previsão, 174-178
Tolerância ao estresse, 231
Transtorno de estresse pós-traumático
    (TEPT)
    casos extraconjugais e, 198, 211
Transtorno de personalidade, 208-209
Transtornos mentais. *Ver também*
    Psicopatologia
    avaliação e os, 118-119
    comunicação familiar e os, 24
    genogramas e os, 119-121
    visão geral dos, 208-209
Tratamento multinível, 226-229
Tratamentos anteriores
    consulta entre profissionais e os, 112-113
    impedimentos e, 192-193
Treinamento
    estratégias de resolução de problemas
        e, 154-155
    representações e, 144-146
    visão geral do, 164-166
Treinamento da assertividade, 158-159
Treinamento da comunicação
    para o falante, 147-148
    para o ouvinte, 147-149

técnicas para o, 145-154
Treinamento das habilidades de comunicação, 23-24
Treinamento das habilidades de resolução de problemas
   abuso doméstico e o, 217-219
   famílias em crise e o, 221-222
   teoria da aprendizagem e o, 23-24
   visão geral do, 153-155
Treinamento das habilidades sociais, treinamento da assertividade, 158-159
Treinamento, 218-220

V
Validação, treinamento da comunicação e a, 150-152
Viés da atribuição, 36-37
Vieses
   avaliações de autorrelatos e os, 114-115
   visão geral dos, 34-36
Violência em casa, 213-219. *Ver também* Crise, famílias em
Visão de túnel, 34-35